普通高等教育"十三五"应用型人才培养规划教材

单片机原理及接口技术

主　编　范力旻　蔡纪鹤

副主编　庄志红　陈伦琼

参　编　邵春声　吕继东

机械工业出版社

本书全面介绍了 MCS-51 系列单片机的基本结构、工作原理、指令系统、汇编语言设计、C51 语言设计、I/O 接口和一些简单的应用技术，介绍了单片机片上系统（SoC）及开发技术。本书介绍了汇编语言和 C51 两种编程语言，例题也给出两种语言的编程方式，以满足不同的教学需要。

本书内容精练、实例丰富，可作为普通高校自动化、电气、机械、仪器等专业的教材。

本书配有电子课件，欢迎选用本书作为教材的教师登录 www.cmpedu.com 注册下载，或发邮件至 jinacmp@163.com 索取。

图书在版编目（CIP）数据

单片机原理及接口技术 / 范力旻，蔡纪鹤主编. —北京：机械工业出版社，2018.11（2024.6 重印）
普通高等教育"十三五"应用型人才培养规划教材
ISBN 978-7-111-61284-1

Ⅰ.①单… Ⅱ.①范… ②蔡… Ⅲ.①单片微型计算机—基础理论—高等学校—教材②单片微型计算机—接口技术—高等学校—教材 Ⅳ.①TP368.1

中国版本图书馆 CIP 数据核字（2018）第 249817 号

机械工业出版社（北京市百万庄大街22号　邮政编码　100037）
策划编辑：吉　玲　责任编辑：吉　玲　王　荣　王小东
责任校对：郑　婕　封面设计：张　静
责任印制：张　博
北京建宏印刷有限公司印刷
2024 年 6 月第 1 版第 4 次印刷
184mm×260mm・15.75 印张・384 千字
标准书号：ISBN 978-7-111-61284-1
定价：39.80 元

前　　言

单片机具有集成度高、功能强、结构简单、易于掌握、应用灵活、可靠性高、价格低廉等特点，广泛应用于工业控制等各个领域。因此，作为一名工科大学生，熟练掌握有关单片机的原理和应用，学会把计算机技术应用到相关的专业领域里是十分必要的。

"单片机原理及应用"课程是电气工程及其自动化专业、自动化专业及通信专业的主要专业基础课和骨干课。课程的学习目的在于使学生掌握单片机的基本概念、基本原理和应用方法；要求学生在牢固掌握单片机基本概念的基础上，具备对简单系统的硬件原理的分析与设计、接口芯片的应用和汇编语言软件编写能力，为进一步的专业课学习和参加控制与通信工程实践打下必要的基础。

根据教学的需要，我们编写了本书。本书共分为11章，全面介绍了MCS-51系列单片机的基本结构、工作原理、指令系统、汇编语言设计、C51语言设计、I/O接口和一些简单的应用技术，介绍了单片机片上系统（SoC）及开发技术。

本书在内容编排上由浅入深，对基本概念讲解清晰，在讲述原理时注意了理论同实践相结合，力求做到让读者在掌握一定理论知识的同时，能够运用知识解决实际问题。目前市场上有关单片机的书籍使用汇编语言和C51两种语言编程，在教学中我们感觉到这两种语言各有利弊，因此本书所有章节的例题都提供了两种编程方式，分别讲解了这两种语言的编程方法，以满足不同的教学和学习需要。

本书可作为高等学校电类专业或其他工科相关专业的本、专科教科书，适用于32~68学时的教学。

本书第1、4章由陈伦琼编写，第3、5章以及附录由范力旻编写，第2、6章由蔡纪鹤编写，第7、9章由庄志红编写，第10、11章由邵春声编写，第8章由吕继东编写。在编写过程中，我们参考了有关的书籍和资料，在此对这些作者表示感谢。

由于水平有限，书中难免存在一些不足和错误，恳请广大读者批评指正。

编　者

目　　录

V

第1章 概 述

1.1 单片机的概念

现代计算机由大规模集成电路组成，具有结构紧凑、系统可靠和功能强大等特性。随着半导体技术的发展，一个硅片上能制作几百万个晶体管，于是生产出了大规模集成电路的中央处理器——微处理器。微处理器以及大容量的半导体存储器，通用或专用输入/输出（I/O）接口电路，包含多种类型 I/O 的综合外围电路，由这些大规模集成电路组成各种类型的微型计算机（简称微机）。

20 世纪 70 年代，半导体厂商把微型计算机最基本的部件制作在一个硅片内，于是就出现了一种应用非常广泛和极具生命力的机种——单片微型计算机（Single Chip microcomputer），它是微型计算机的一个重要分支，简称单片机，单片机是把微型计算机中的微处理器、存储器、I/O 接口、定时器/计数器、串行接口、中断系统等电路集成在一块集成电路芯片上形成的微型计算机。由于单片机面向控制性应用领域，嵌入在各种智能化产品中，所以它又称为嵌入式微控制器（Embedded Microcontroller）。

按内部数据通道的宽度，单片机可分为 4 位、8 位、16 位和 32 位。单片机的中央处理器（CPU）和通用处理器基本相同，只是增设了"面向控制"的处理功能，例如位处理、查表、多种跳转、乘除法运算、状态检测、中断处理等，增强了实用性。

单片机有两种基本结构形式：一种是在通用微型计算机种广泛采用的，将程序存储器和数据存储器合用一个存储空间的结构，称为普林斯顿（Princeton）结构或冯·诺依曼结构；另一种是将程序存储器和数据存储器截然分开、分别寻址的结构，称为哈佛（Harvard）结构。Intel 公司的 MCS-51 和 80C51 系列单片机采用的是哈佛结构，而 Motorola 公司的 M68HC11 等则采用的是普林斯顿结构。考虑到单片机"面向控制"实际应用的特点，一般需要较大的程序存储器，目前的单片机以采用程序存储器和数据存储器截然分开的结构为多。

单片机包含了计算机的基本功能部件：中央处理器（CPU）、存储器、I/O 接口，再外加适当的外围器件和软件，就构成一个单片机应用系统。

1.2 单片机的特点及发展概况

1974 年，美国仙童（Fairchild）公司研制出世界上第一台单片微型计算机 F8，该机由两块集成电路芯片组成，结构紧凑，具有独特的指令系统，非常适用于民用电器和仪器仪表领域。从此，单片机开始迅速发展，应用范围也越来越广泛。其具体发展可以分为三个阶段：

20 世纪 70 年代为单片机发展的初级阶段，以 Intel 公司的 MCS-48 系列单片机为典型代表。MCS-48 系列单片机在一块芯片上集成了 CPU、并行口、定时器、RAM 和 ROM 存储器，是一种真正的单片机。但这个阶段的单片机受工艺和集成度的制约，品种少、功能低、存储容量小、I/O 部件和外围器件种类少，所以主要应用在比较简单的民用和仪器仪表场合。

20 世纪 80 年代为高性能单片机的发展阶段，以 Intel 公司的 MCS-51、MCS-98 系列单片机为典型代表，出现了不少 8 位或 16 位单片机。这些单片机的 CPU 和指令系统功能加强了，尤其是具有一些单片机特有的功能，存储器容量显著增加，I/O 部件增多，有的包含了 A-D 转换器之类的特殊部件。单片机应用得到极大的推广，拓展到各个领域。

20 世纪 90 年代至今为单片机的高速发展阶段。世界上著名的半导体厂商都重视新型单片机的研制、生产和推广，出现了 32 位单片机。单片机性能不断完善，性价比显著提高，种类和型号快速增加，市场竞争激烈。单片机的应用深入到国民经济的各个领域，嵌入单片机的智能产品比比皆是。从性能和用途上看，单片机正朝着面向多层次用户的多品种、多规格方向发展，哪个应用领域前景广，就有这个领域的特殊单片机出现。市场上既有特别高档的单片机，用于高级家用电器、掌上电脑、复杂的实时控制系统等领域，也有特别廉价、超小型、低功耗单片机，应用于智能玩具等消费应用领域。当然，对技术人员来说，一方面选择单片机的自由度大了，另一方面，也得不断学习和掌握新的应用技术。

目前单片机的发展体现出如下特点：

1）CPU 功能增强：CPU 功能主要表现在运算速度和精度的提高。

2）内部资源增多：单片机内部资源越丰富，用它构成的单片机控制系统的硬件开销就会越少，产品的体积和可靠性就越高。

3）引脚的多功能化：为了减少引脚数量和提高应用灵活性，单片机制造中普遍采用了一脚多用的设计方案。

4）低电压和低功耗：目前单片机制造时普遍采用 CMOS 工艺，并设有空闲和掉电两种工作方式，因此单片机不仅体积小，而且还有较低的工作电压和极小的功耗。

1.3 单片机的基本组成

单片机内部包含有中央处理器（CPU）、时钟电路和中断系统、程序存储器、数据存储器、并行口、定时器以及特殊 I/O 部件，CPU 通过内部总线和其余的模块相连。典型的单片机内部结构如图 1-1 所示。

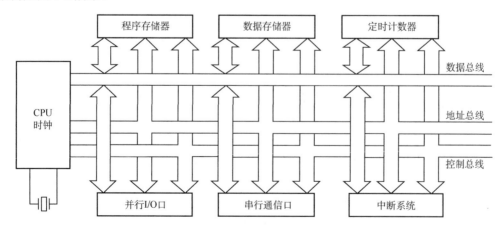

图 1-1 单片机内部结构图

1.3.1　中央处理器

中央处理器（CPU）是整个单片机的核心部件，它由运算器、控制器、中断部件、时钟和定时控制逻辑部件等组成，能处理二进制数据或代码，负责控制、指挥和调度整个单元系统协调的工作，完成运算和控制输入、输出功能等操作。

不同系列的单片机具有不同功能特性的 CPU 和指令系统，在运算速度、中断、实时控制功能等方面相差很大，CPU 及其指令系统决定了单片机主要的技术指标。

根据 CPU 字长（即一次数据运算或数据传送的位数）不同，单片机可以分为 4 位机、8 位机、16 位机和 32 位机。

1.3.2　存储器

根据用途，存储器可分为程序存储器和数据存储器，单片机应用系统一般需要较大容量的程序存储器和较小容量的数据存储器。

1. 程序存储器

程序存储器用于存放用户程序、原始数据或表格。单片机内部的程序存储器容量一般为 1～64KB，通常是只读存储器，因为单片机应用系统都是专用系统，一旦研制成功，其软件也就定型，程序固化到只读存储器，掉电后程序不会丢失，从而提高系统的可靠性；另外，只读存储器集成度高、成本低。

根据内部程序存储器类型的不同，单片机又可分为下列产品：

1）ROM 型单片机：内部具有工厂掩膜编程的只读程序存储器 ROM，这种单片机是定制的，价格最低，用户将调试好的程序代码交给厂商，厂商在制作单片机时把程序固化到 ROM 内，而用户使用时不能修改 ROM 中的代码。这种单片机一般用于大批量产品生产中。

2）EPROM 型单片机：内部具有 EPROM 程序存储器，对于有窗口的 EPROM 型单片机，可以通过紫外线擦除器擦除 EPROM 中的程序，用编程工具把新的程序代码写入 EPROM，且可以反复擦除和写入，使用方便，适用于研制样机。对于无窗口的 EPROM 型单片机，只能写一次，称为 OTP 型单片机，适用于小批量生产。

3）E^2PROM 型单片机：内部含有 E^2PROM 型程序存储器，用户可以使用编程工具擦除 E^2PROM 中的程序再写入新的程序，使用更方便。

4）Flash Memory 型单片机：内部含有快速的 Flash Memory 程序存储器，用户可以使用编程工具擦除 Flash Memory 中的程序再写入新的程序，使用也更方便。

5）无 ROM 型单片机：内部没有程序存储器，必须外接 EPROM 程序存储器。这种产品是不完整的单片机。

2. 数据存储器

单片机内部的数据存储器一般为静态随机存取存储器（SRAM），常用 RAM 表示，容量为几十字节到几千字节。也有用 E^2PROM 存储器作数据存储器的。

1.3.3　输入/输出部件

单片机有两种最基本的 I/O 部件：并行口和定时器。并行口用于数据的输入/输出，定时器用于定时操作和测量外部输入信号。除此之外，大部分单片机还有一些特殊的 I/O 部件，

3

常见的有：

1）串行接口：包括同步或异步串行口、扩展串行口、I²C BUS 串行口和时钟同步串行口。

2）A-D 转换器：一般为 8 位或 10 位的多路逐次逼近式 A-D 转换器。现在有的新型单片机还带有更高位数的 A-D 转换器。

3）多功能定时器：一般是 16 位多功能定时器，具有多路的输入捕捉、比较输出、脉宽调制（PWM）、定时等多种功能。

4）显示驱动器：常见的有发光二极管（LED）、液晶显示器 LCD 等类型的显示驱动器接口模块。

5）其他：包括双音多频（DTMF）信号接收发送模块、变频调速用的三相正弦波输出模块、基本定时实时中断模块，直接存储器存取（DMA）通道、监视定时器（watchdog）模块等。

1.4 常用单片机系列介绍

目前单片机产品多达 50 个系列，300 多种型号。但在单片机的应用中，MCS-51 系列单片机已被广泛认可和应用。近年来，世界上一些知名公司纷纷推出以 8051 为内核、独具特色而性能卓越的新型系列单片机，如 ATMEL 公司的 AT89 系列、Intel 公司的 MCS 系列、Philips 公司的 P89C5 系列、ADI 公司的 ADuC 系列等，它们大多与 MCS-51 系列单片机具有相同的指令系统、地址空间、寻址方式，还增强了内部功能部件，如 A-D 转换器、看门狗定时器（Watchdog Timer）、闪速存储器、I²C 串行总线接口等。下面对一些著名半导体厂商典型的单片机产品进行简单介绍，为读者选择单片机提供参考。

1. MCS-51 系列单片机

MCS-51 是一个单片机系列产品，具有多种芯片型号。具体说，按其内部资源配置的不同，MCS-51 可分为两个子系列和 4 种类型，见表 1-1。

表 1-1 MCS-51 系列单片机分类

资源配置 子系统	内 ROM 形式				片内 ROM 容量/KB	片内 RAM 容量/B	定时器/ 计数器	中断源
	无	ROM	EPROM	E²PROM				
51 子系列	8031	8051	8751	8951	4	128	2×16 位	5
	80C31	80C51	87C51	89C51	4	128	2×16 位	5
52 子系列	8032	8052	8752	8952	8	256	3×16 位	6
	80C32	80C52	87C52	89C52	8	256	3×16 位	6

按资源的配置数量，MCS-51 系列分为 51 和 52 两个子系列，其中 51 子系列是基本型，而 52 子系列则是增强型，以芯片型号的最末位数字的 1 和 2 作为标志。

52 作为增强型子系列，由于资源数量的增加，使其芯片的功能也有所增强。例如片内 ROM 容量从 4KB 增加到 8KB，片内 RAM 单元数从 128B 增加到 256B，定时器/计数器的数目从 2 个增加到 3 个，中断源从 5 个增加到 6 个等。单片机内部程序存储器（ROM）的配置共有不含有内部程序存储器（写为"无"或 ROM less）、掩膜只读存储器（写为 ROM 或 Mask ROM）、紫外线擦除可编程只读存储器（写为 EPROM 或 Otp ROM）、电擦除可编程只读存储器（写为 E^{2}PROM 或 Flash ROM）4 种类型，所对应的 51 子系列芯片名称依次为 8031、8051、8751 和 8951。

2．AT89 系列单片机

AT89 系列是 ATMEL 公司生产的具有 8051 结构的 FLASH 型和 E^{2}PROM 型单片机。AT89 系列单片机分为低档型、标准型、高档型 3 种。低档型主要以 AT89C1051/2051 为代表，并行 I/O 接口线少；标准型主要以 AT89C51/52 和 AT89LV51/52 为代表，与 8051 类同；高档型主要以 AT89C8252 为代表，在标准型的基础上，增加了如监视定时器、系统编程、标准总线接口等功能部件。表 1-2 列出了 ATMEL 公司的单片机主要产品的特性。

表 1-2　ATMEL 公司的 8051 结构的单片机特性

型号	FLASH/KB	RAM/B	时钟频率/MHz	I/O 口线	定时器/计数器	串行口	中断源	其他主要特性
AT89C1051	1	64	0～24	15	1	1	3	二级保密位，模拟比较器
AT89C1052	2	128	0～24	15	2	1	6	二级保密位，模拟比较器
AT89C51	4	128	0～24	32	2	1	6	三级保密位
AT89C52	8	256	0～24	32	3	1	8	三级保密位
AT89LV51	4	128	0～12	32	2	1	6	三级保密位，2.7～6V 电压
AT89LV52	8	256	0～12	32	3	1	8	三级保密位，2.7～6V 电压
AT89S8252	8	256	0～24	32	3	1	9	三级保密位，2.7～7V 电压，双数据指针，SPI 接口，2KB E^{2}PROM

3．P89C5 系列单片机

P89C5 系列单片机是 Philips 公司生产的 8051 结构的 80C51 系列单片机。P89C5 系列单片机基于高性能的静态 80C51 而设计出来的，以先进的 CMOS 工艺制造并带有非易失性的闪速程序存储器，具有 32 条 I/O 接口线、6 输入 4 优先级的嵌套中断结构，1 个串口（用于多机通信、I/O 扩展或全双工串行通用异步收发传输器（UART）），片内有振荡电路和时钟电路。

此外，由于 P89C5 系列单片机采用静态方式设计，P89C5 系列单片机可提供很宽的操作频率范围，实现两个由软件选择的节电模式：空闲模式和掉电模式。空闲模式下冻结 CPU，但 RAM、定时器、串行口和中断系统仍工作。掉电模式保存 RAM 内容，但冻结振荡器，导致片内其他所有功能停止工作。

P89C5 系列单片机是以 80C51 为核心的单片机，89C51x2、89C52x2、89C54x2、89C58x2 是这个系列的一些主要型号，分别具有 4KB、8KB、16KB、32KB 的闪速程序存储器。89C51x2 与 89C52x2/89C54x2/89C58x2 分别具有 128B 和 256B 的数据存储器，其存储器寻址范围为 64KB。

1.5　单片机的应用领域

1.5.1　单片机的应用

单片机最早是以嵌入式微控制器形式出现的。在嵌入式系统中，它是最重要也是应用最多的核心部件。由于单片机集成度高、功能强、可靠性高、体积小、功耗低、使用方便、价格低廉,目前已经渗透到人们工作和生活的各个角落,几乎是"无处不在,无所不为"。单片机的应用对各个行业的技术改造和产品的更新换代起到了重要的推动作用。

1. 单片机在智能仪表中的应用

单片机广泛用于实验室、交通运输工具、计量等各种仪器仪表中,提高其测量精度,加强其功能,简化仪器仪表的结构,便于使用、改进和维护,例如电度表校验仪,电阻、电容、电感测量仪,船舶航行状态记录仪,智能超声波测厚仪等。

2. 单片机在机电一体化中的应用

机电一体化是机械工业发展的方向。机电一体化产品是指集机械技术、微电子技术、自动化技术和计算机技术于一体,具有智能化特征的机电产品,例如微机控制的铣床、车床、钻床、磨床等。单片微型机的出现促进了机电一体化,它作为机电产品的控制器能充分发挥它的体积小、可靠性高、功能强、安装方便等优点,大大强化了机器的功能,提高了机器的自动化和智能化程度。

3. 单片机在实时控制中的应用

单片机也广泛用于各种实时控制系统中,如对工业上各种窑炉的温度、酸度、化学成分的测量和控制。将测量技术、自动控制技术和单片机技术相结合,可以充分发挥数据处理和实时控制功能,使系统工作于最佳状态,提高系统的生产效率和产品的质量。在航空航天、通信、遥控、遥测等各种实时控制系统中,都可以用单片机作为控制器。

4. 单片机在分布式多机系统中应用

分布式多机系统具有功能强、可靠性高的特点,在比较复杂的系统中,都采用分布式多机系统。系统中有若干台功能各异的计算机,各自完成特定的任务,它们又通过通信相互联系、协调工作。单片机在这种多机系统中,往往作为一个终端机,安装在系统的某些节点上,对现场信息进行实时的测量和控制。高档的单片机多机通信(并行或串行)功能很强,它们在分布式多机系统中将发挥很大作用。

5. 单片机在家用电器等消费类领域中的应用

家用电器等消费类领域的产品特点是量多面广,市场前景看好。单片机应用到消费类产品之中,能大大提高它们的性能价格比,因而受到用户的青睐,提高产品在市场上的竞争力。目前家用电器几乎都是单片机控制的微机产品,例如空调器、电冰箱、洗衣机、微波炉、彩电、音响、家庭报警器、电子宠物等。

1.5.2 单片机应用系统的结构

从系统设计角度来看,单片机应用系统是由硬件系统和软件系统两部分组成的。硬件系统是指单片机扩展的存储器、外围设备及其接口电路等,软件系统包括监控程序和各种应用程序。这里主要讨论单片机应用系统的一般硬件结构组成。

由于单片机主要用于工业测控,典型应用系统包括单片机系统、用于测控前向传感器输入通道、后向伺服控制输出通道以及基本的人机对话通道。

图1-2是一个典型单片机应用系统的结构框图。

前向通道是单片机与测控对象相连的部分,是应用系统的数据采集的输入通道。来自被控对象的现场信息多种多样,按物理量的特征可分为模拟量和数字、开关量两种。

后向通道是应用系统的伺服驱动通道。作用于控制对象的控制信号通常有两种:一种是开关量控制信号，另一种是模拟控制信号。开关量控制信号的后向通道比较简单，只需采用隔离器件进行隔离及电平转换。模拟控制信号的后向通道，需要进行 D-A 转换、隔离放大、功率驱动等。

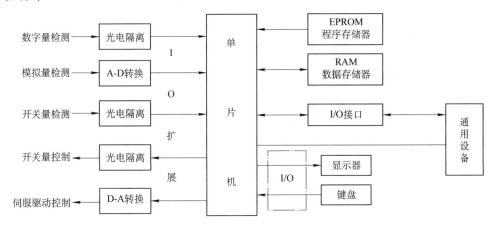

图 1-2 典型单片机应用系统的结构框图

单片机应用系统中的人机通道是用户为了对应用系统进行干预（如启动、参数设置等），以及了解应用系统运行状态所设置的对话通道，主要有键盘、显示器、打印机等通道接口。

单片机应用系统中的相互通道是解决计算机系统间相互通信的接口。在较大规模的多机测控系统中，就需要设计相互通道接口。单片机大多有串行口，方便构成相互通道。

本章小结

本章主要阐述了单片机的概念、特点和类型，简单介绍了单片机的应用领域和典型系统组成。

1）单片机是把微型计算机中的微处理器、存储器、I/O 接口、定时器/计数器、串行接口、中断系统等电路集成在一块集成电路芯片上形成的微型计算机。

2）单片机的主要特点：CPU 功能增强，运算速度和精度不断提高；内部资源增多；引脚的多功能化；低电压和低功耗。

3）单片机内部包含有中央处理器（CPU）、时钟电路和中断系统、程序存储器、数据存储器、并行口、定时器以及特殊 I/O 部件，CPU 通过内部总线和其余的模块相连。

4）单片机在智能仪表、机电一体化、实时控制的应用、分布式多机系统、家用电器等消费类领域中得到了广泛的应用。

思考题与习题

1-1 什么是单片机？什么是微处理器？它们之间有什么不同？

1-2 根据内部程序存储器的不同，单片机可分为哪些类型？

1-3 简单说明单片机的特点及发展概况。

1-4 单片机应用系统的结构组成如何？

第2章 单片机的硬件结构

2.1 单片机的基本结构

美国 Intel 公司在 20 世纪 80 年代初推出了 MCS-51 系列单片机以后，世界上许多著名的半导体厂商相继生产和这个系列兼容的单片机，使产品型号不断增加、品种不断丰富、功能不断增强。从系统结构上看，所有的 51 系列单片机都是以 Intel 公司最早的典型产品 8051 为核心，增加了一定的功能部件后构成的。

AT89S52 单片机是一种低功耗、高性能 CMOS 8 位微控制器，具有 8KB 系统可编程 Flash 存储器。使用 Atmel 公司高密度非易失性存储器技术制造，与工业 80C51 产品指令和引脚完全兼容。

51 系列单片机的主要性能如下：

1）8 位 CPU。

2）片内带振荡器及时钟电路。

3）4KB 可编程 Flash 存储器（AT89S52 单片机为 8KB 内部程序存储器）。

4）128B 内部数据存储器（AT89S52 单片机为 256B 内部数据存储器）。

5）4×8 根 I/O 线。

6）1 个全双工异步串行口（AT89S52 单片机为 2 个全双工异步串行口）。

7）2 个 16 位定时器/计数器（AT89S52 单片机为 3 个 16 位定时器/计数器）。

8）5 个中断源，2 个中断优先级（AT89S52 单片机为 6 个中断源，2 个中断优先级）。

9）可寻址 64KB 程序存储器和 64KB 外部数据存储器。

2.1.1 单片机的内部结构

单片机是一种能进行数学和逻辑运算，根据不同使用对象完成不同控制任务的面向控制而设计的集成电路，是集成在一块芯片上的微型计算机。单片机内部含有运算器、控制器、片内存储器、并行接口、串行接口、定时/计数器、中断系统和振荡器电路等功能部件。其中，运算器以算术逻辑单元为核心，含累加器、暂存器、程序状态字寄存器等许多部件。控制器含指令寄存器、指令译码器、定时及控制电路等部件，能根据不同的指令产生相应的操作时序和控制信号。51 系列单片机的内部结构如图 2-1 所示。

1. 51 系列单片机内部基本组成

51 系列单片机内部基本组成包括以下几部分：

（1）中央处理器（CPU）

中央处理器是整个单片机的核心部件，它由运算器、控制器、中断部件、时钟和定时控制逻辑部件等组成，能处理二进制数据或代码，负责控制、指挥和调度整个单元系统协调的工作，完成运算和控制输入输出功能等操作。

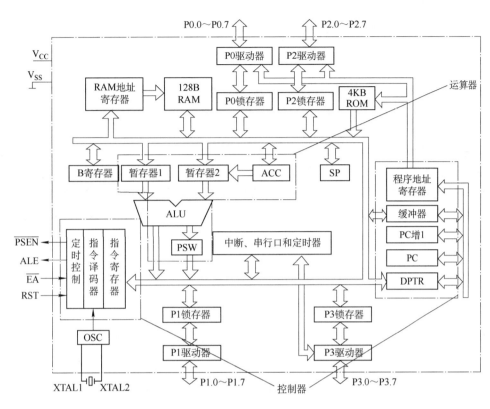

图 2-1　51 系列单片机的内部结构

（2）内部数据存储器

用于存放可读写的数据。由 RAM（128×8 位）和 RAM 地址寄存器等组成。

（3）内部程序存储器

用于存放程序和原始数据。由 ROM（4K×8 位）和程序地址寄存器等组成。

（4）定时器/计数器

51 系列单片机共有 3 个 16 位的定时器/计数器（T0、T1、T2、T3），实现定时或计数功能，并以其定时或计数结果对单片机进行控制，以满足控制应用的需要。

（5）并行 I/O 口

51 系列单片机共有 4 个 8 位的 I/O 口（P0、P1、P2、P3），实现数据的并行输入输出。

（6）串行口

51 系列单片机有 1 个全双工的串行口，以实现单片机和其他数据设备之间的串行数据传送。

（7）中断控制系统

51 系列单片机共有 5 个中断源，即外部中断 2 个、定时/计数中断 2 个、串行中断 1 个。全部中断分为高级和低级共两个优先级别。

（8）时钟电路

51 系列单片机的内部有时钟电路，但石英晶体和微调电容需外接。时钟电路为单片机产生时钟脉冲序列。典型的晶振频率有 6MHz、11.0592MHz 和 12MHz。

（9）位处理器

位处理器称为布尔处理器。以状态寄存器中的进位标志位 C 为累加位，可进行各种位操作。51 系列单片机对于位操作（布尔处理）有置位、复位、取反、测试转移、传送、逻辑与和逻辑或运算等功能。

（10）总线

地址总线、数据总线和控制总线。通过 MOVC 指令访问外部 ROM；通过 MOVX 指令访问外部 RAM，此时由 P3 口自动产生读/写（$\overline{RD}$、$\overline{WR}$）信号，再通过 P0 口对外部存储器进行读、写。

2．中央处理单元

CPU 是单片机的核心，是计算机的控制和指挥中心，51 系列单片机内部 CPU 是一个字长为 8 位二进制的中央处理单元，也就是说它对数据的处理是按字节（B）为单位进行的。CPU 由运算器（ALU）和控制器（定时控制部件等）两部分电路组成，如图 2-2 所示。

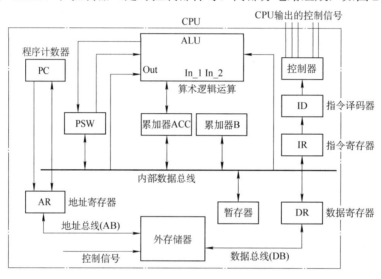

图 2-2　51 系列单片机 CPU 的内部结构

（1）运算器（ALU）

运算器（ALU）由一个加法器、两个 8 位暂存器（TMP1 与 TMP2）、8 位的累加器 ACC、寄存器 B、程序状态寄存器（PSW）和一个性能卓著的布尔处理器组成。运算器（ALU）可以对 4 位、8 位和 16 位数据进行算术运算和逻辑运算，并且能够完成数据传送、移位、判断和程序转移等操作。

1）累加器 ACC。累加器 ACC 简称累加器 A，它是一个 8 位寄存器，通过暂存器与 ALU相连。在 CPU 中，累加器 A 是工作最频繁的寄存器。在进行算术和逻辑运算时，通常用累加器 A 存放一个操作数，而 ALU 的运算结果又存放在累加器 A 中。

2）寄存器 B。寄存器 B 也是一个 8 位寄存器，一般用于乘、除法指令，它与累加器配合使用。运算前，寄存器 B 中存放乘数或除数，在乘法或除法完成后用于存放乘积的高 8 位或除法的余数。

3）程序状态字寄存器 PSW。PSW 是一个 8 位寄存器，它的各位用来存放指令执行后的状态信息，作为程序查询或判别的条件，在有些计算机中又叫标志寄存器。PSW 中各位状态信息通常是指令执行过程中自动形成的，但也可以由用户根据需要采用传送指令加以改变。它的各标志位定义见表 2-1。

表 2-1　PSW 寄存器各位名称及地址

PSW7	PSW6	PSW5	PSW4	PSW3	PSW2	PSW1	PSW0
Cy	AC	F0	RS1	RS0	OV	—	P

进位标志位 Cy：在进行加法（或减法）运算时，如果运算结果的最高位 D7 有进位（或借位），则 Cy=1；否则 Cy=0。在进行位操作时，Cy 作为位累加器 C。此外，在进行移位操作和比较转移指令时也会影响 Cy 标志位。

例如：87H+9AH=121H（1000，0111+1001，1010=110010，0001），但实际的运算结果放在 A 中时是 21H，最前面的 1 就成了进位，C=1。

半进位标志位 AC：在进行加法（或减法）运算时，如果低半字节向高半字节有进位（或借位），则 AC=1；否则，AC=0。

例如：57H+3AH=91H（0101，0111+0011，1010），AC=1。

用户标志位 F0：F0 标志位的状态是由用户根据自己的需要通过软件对其置位和复位。它可作为用户程序的流向标志。

工作寄存器选择位 RS1 和 RS0：51 系列单片机 CPU 有 4 组各 8 个 8 位的工作寄存器，每一组分别命名为 R0～R7。RS1 和 RS2 的值可决定选择哪一组工作寄存器为当前工作寄存器组。使用时由用户通过软件改变这两位的值来进行选择。工作寄存器 R0～R7 的物理地址和 RS1、RS0 之间的关系见表 2-2。

51 系列单片机上电复位后，CPU 自动选择第 0 组为当前工作寄存器组。R0～R7 的物理地址变为 00H～07H。

表 2-2　RS1、RS0 对工作寄存器的选择

RS1	RS0	R0～R7 的组号	R0～R7 的物理地址
0	0	第 0 组	00H～07H
0	1	第 1 组	08H～0FH
1	0	第 2 组	10H～17H
1	1	第 3 组	18H～1FH

溢出标志 OV：反映运算结果是否溢出，溢出时，OV=1；否则，OV=0。溢出是指有符号数进行运算时，结果超出了 –128～+127；而进位是指两个无符号数最前一位（第 7 位）相加（或相减）时有进位（或有借位）。

PSW1：无定义位。

奇偶标志位 P：用于标志运算结果的奇偶性。若累加器 A 中 1 的个数为奇数，则 P=1；否则，P=0。

【例 2-1】　设程序执行前 F0=0，RS1RS0=00B，程序执行下列指令后，PSW 中各位的状态是什么？

MOV　A,#0FH; A←0FH

ADD　A,#08H;

解：程序的算式为

```
    0 0 0 0  1 1 1 1 B
  + 1 1 1 1  1 0 0 0 B
  1 0 0 0 0  0 1 1 1 B
    CP CS        OV=CP⊕CS=0
```

CP（最高进位位）=1；CS（次高位进位位）=0；F0（用户标志）=0；RS0RS1（工作寄存器）=00B；

Cy（进位位）=1；AC（半进位）=1；P（奇偶标志位）=1；OV（溢出标志位）=0。

（2）控制器

1）程序计数器 PC。程序计数器 PC 是一个 16 位的专用计数器，用于存放 CPU 下一条要执行的指令地址，可寻址范围是 0000H～FFFFH，共 64KB。程序中的每条指令存放在 ROM 区的某一单元，并都有自己的存放地址。CPU 要执行哪条指令时，就把该条指令所在的单元的地址送上地址总线。在顺序执行程序中，当 PC 的内容被送到地址总线后，会自动加 1，即 (PC)←(PC)+1，又指向 CPU 下一条要执行的指令地址。在 MCS-51 系列单片机中，当系统复位后，PC=0000H，CPU 从这一固定入口地址开始执行程序。

2）指令寄存器 IR 和指令译码器 ID。其作用是在指令执行时，CPU 根据 PC 所指地址，取出指令经指令寄存器 IR 送指令译码器 ID 进行译码，然后通过定时控制电路产生相应的控制信号，控制 CPU 内部及外部有关器件进行协调动作，完成指令所规定的各种操作。

3）堆栈指针 SP。堆栈是一种数据结构，如图 2-3 所示。数据写入堆栈称为入栈（PUSH），数据从堆栈中读出称为出栈（POP）。

数据操作规则为"后进先出"，即先入栈的数据由于存放在栈的底部，因此后出栈；而后入栈的数据存放在栈的顶部，因此先出栈。

堆栈主要是为子程序调用和中断操作而设立的。其具体功能有两个：保护断点和保护现场。

堆栈只能开辟在芯片的内部数据存储器中，即所谓的内堆栈形式。

堆栈指针（Stack Pointer，SP）的内容是堆栈栈顶的存储单元地址。SP 是一个 8 位寄存器，在进行操作之前，先用指令给 SP 赋值，以规定栈区在 RAM 区的起始地址（栈底层）。

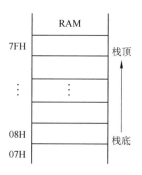

图 2-3　堆栈示意图

系统复位后，SP 的内容为 07H，但由于堆栈最好在内部 RAM 的 30H～7FH 单元中开辟，所以在程序设计时，应注意把 SP 值初始化为 2FH 以后。

4）数据指针 DPTR。数据指针 DPTR 是一个 16 位的寄存器，专门用来存放 16 位地址指针，作为间接寻址寄存器使用。它可以对 64KB 范围内的任一存储单元寻址。DPTR 还可以分成两个 8 位独立的寄存器 DPL 和 DPH 使用，DPH 为 DPTR 的高 8 位，DPL 为 DPTR 的低 8 位。当对 64KB 外部数据存储器空间寻址时，用作间址寄存器；在访问程序存储器时，用作基址寄存器。

2.1.2　单片机的封装及引脚定义

51 系列单片机常用的封装为双列直插式封装（Dual In-line Package，DIP）方式和方形扁平式封装（Quad Flat Package，QFP）方式。DIP 方式为 40 个引脚的双列直插式，QFP 方式为 44 个引脚的方形扁平式（4 个引脚未用），如图 2-4 所示。

1. 电源引脚 V_{CC} 和 V_{SS}（共 2 根）

V_{CC}（40 脚）：接+5V 电源。

V_{SS}（20 脚）：接地。

2. 外接晶振引脚 XTAL1 和 XTAL2（共 2 根）

XTAL1（19 脚）和 XTAL2（18 脚）：接外部振荡器信号，即把外部振荡器的信号直接连到内部时钟发射器的输入端。

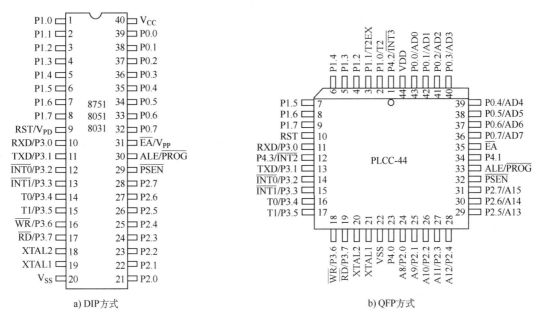

图 2-4　51 系列单片机常用封装方式

3．控制和复位引脚（共 4 根）

ALE（30 脚）：地址锁存允许线，配合 P0 口引脚的第二功能使用。在访问外部存储器时，51 系列单片机的 CPU 在 P0.0～P0.7 引脚线上输出外部存储器低 8 位地址的同时，在 ALE 线上输出一个高电平脉冲，用于把这个外部存储器的低 8 位地址锁存到外部专用地址锁存器，以便空出 P0.0～P0.7 引脚去传送随后而来的外部存储器读/写数据。在不访问外部存储器时，51 系列单片机自动在 ALE 线上输出频率为 f_{osc}/6 的脉冲序列。该脉冲序列可作为外部时钟源或定时脉冲源使用。

$\overline{PSEN}$（29 脚）：外部 ROM 选通线，在访问外部 ROM 时，51 系列单片机自动在 $\overline{PSEN}$ 线上产生一个负脉冲，作为外部 ROM 芯片的读选通信号。

$\overline{EA}$（31 脚）：外部存储器访问选择线，可以控制 51 系列单片机使用内部 ROM 或使用外部 ROM。若 $\overline{EA}$ =1，则允许使用内部 ROM；若 $\overline{EA}$ =0，则只使用外部 ROM。

RST（9 脚）：复位线，可以使 51 系列单片机处于复位（即初始化）工作状态。

4．端口引脚 P0、P1、P2、P3（共 32 根）

51 系列单片机有 4 个并行 I/O 端口，每个端口都有 8 条端口线，用于传送数据或地址。由于每个端口的结构各不相同，因此它们在功能和用途上的差别也较大，下面将分别加以介绍。

P0 口（32～39 脚）：这 8 个引脚有两种不同的功能，分别适用于两种不同情况。第一种情况是 51 系列单片机不带外部存储器，P0 口可以作为通用 I/O 口使用，P0.0～P0.7 用于传送 CPU 输入/输出数据，这时输出数据可以得以锁存，不需要外接专用锁存器，输入数据可以得到缓冲，增加了数据输入的可靠性；第二种情况是 51 系列单片机带外部锁存器，P0.0～P0.7 在 CPU 访问外部存储器时先传送外部存储器的低 8 位地址，然后传送 CPU 对外部存储器的读/写数据。P0 口为开漏输出,在作为通用 I/O 端口时,需外接上拉电阻。

P1 口(1～8 脚):当 P1 口作为通用 I/O 口使用时,P1.0～P1.7 的功能和 P0 口的第一功能相同,同样用于传送用户的输入/输出数据。

P2 口(21～28 脚):当 P2 口作为通用 I/O 口使用时,P1.0～P1.7 的功能和 P0、P1 口的第一功能相同,同样用于传送用户的输入/输出数据。它的第二功能和 P0 口引脚的第二功能相配合,用于输出外部存储器的高 8 位地址,共同选中外部存储器,但并不能像 P0 口那样传送存储器的读/写数据。

P3 口(10～17 脚):P3 口的第一功能和上述 3 个端口的第一功能相同,同样用于传送用户的输入/输出数据。P3 口的第二功能为控制功能,每个引脚功能各不相同,见表 2-3。

表 2-3　P3 口的第二功能

引脚	第二功能
P3.0	RXD(串行口输入)
P3.1	TXD(串行口输出)
P3.2	$\overline{\text{INT0}}$(外部中断 0 输入)
P3.3	$\overline{\text{INT1}}$(外部中断 1 输入)
P3.4	T0(定时器/计数器 0 的外部输入)
P3.5	T1(定时器/计数器 0 的外部输入)
P3.6	$\overline{\text{WR}}$　(外部数据存储器写允许)
P3.7	$\overline{\text{RD}}$　(外部数据存储器读允许)

2.2　单片机的存储器组织

51 系列单片机的存储器有片内和片外之分。片内存储器集成在芯片内部;片外存储器又称外部存储器,是专门的存储器芯片,需要通过印制电路板上的三总线和单片机连接。片外和片内存储器中,又有程序存储器和数据存储器之分。

从物理空间上看,51 系列单片机有 4 个存储器地址空间,即片内程序存储器、片外程序存储器、片内数据存储器和片外数据存储器。从用户使用的角度,地址空间分为 3 类:

1)64KB 片内、片外统一编址的程序存储器地址空间,地址为 0000H～FFFFH。

2)64KB 片外数据存储器地址空间,地址为 0000H～FFFFH。

3)256B 片内数据存储器地址空间,地址为 00H～FFH。

上述 3 个存储空间地址是重叠的,为了使用户能够正确使用这 3 个不同的物理空间,51 系列单片机的指令系统设计了不同的数据传送指令符号。CPU 访问片内、片外程序存储器时,指令助记符为 MOVC;访问片外数据存储器时,指令助记符为 MOVX;访问片内 RAM 时,指令助记符为 MOV。

2.2.1　程序存储器

程序存储器用于存放程序代码或表格常数。AT89S52 单片机片内有 4KB 的程序存储器,片外 16 位地址线最多可扩展 64KB ROM,两者是统一编址的。当片内有 ROM 时,$\overline{\text{EA}}$=1,程序从片内 ROM 开始执行,当 PC 值超过片内 ROM 容量时,会自动转向外部存储器空间;当片内没有 ROM 时,$\overline{\text{EA}}$=0,程序从外部存储器开始执行。51 系列单片机存储器空间配置如图 2-5 所示。

51 系列单片机复位后,PC=0000H,系统从 0000H 开始执行程序。0000H 是系统的启动地址,一般在该单元中存放一条绝对跳转指令,如 LJMP ××××。0003H、000BH、00013H、001BH 和 0023H 对应 5 种中断源的中断服务入口地址,如图 2-6 所示。

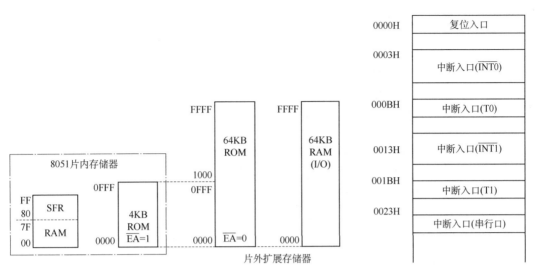

图 2-5　51 系列单片机存储空间配置图　　　图 2-6　51 系列单片机中断服务入口地址

2.2.2　数据存储器

　　51 系列单片机的数据存储器在物理和逻辑上都分为两个地址空间。片内 RAM 共 256B，地址范围为 00H～FFH；片外 RAM 共有 64KB，地址范围为 0000H～FFFFH。51 系列单片机 RAM 的实际存储容量超过 64KB，片内 RAM 与片外 RAM 的低地址空间（0000H～00FFH）是重叠的。为了指示机器到片内 RAM 寻址还是到片外 RAM 寻址，单片机设计者为用户提供了两类不同的传送指令：MOV 指令用于片内 00H～FFH 范围内的寻址，MOVX 指令用于片外 0000H～FFFFH 范围内的寻址。

　　片内 RAM 共有 256B，它又分为两个部分，低 128B（00H～7FH）是真正的 RAM 区，高 128B（80H～FFH）为特殊功能寄存器（SFR）区。对于片内有 256B 的单片机，高 128B（80H～FFH）空间特殊功能寄存器和 RAM 地址是重叠的，通过不同的寻址方式进行访问。

1. 片内低 128B RAM

　　片内低 128B RAM 分为 3 个区，即工作寄存器区、位寻址区和用户 RAM 区。

　　（1）工作寄存器区

　　该区共有 4 组通用寄存器，地址范围为 00H～1FH。每个区有 8 个工作寄存器，依次为 R0～R7。通过对 PSW 中 RS1、RS0 的设置，每组寄存器均可选作 CPU 的当前工作寄存器组。若程序中不需要 4 组，则其余的可作一般 RAM 使用。CPU 复位后，由于 RS1、RS0 的值为 0，因此选中第 0 组寄存器为当前的工作寄存器 R0～R7。

　　使用方法：一种是以寄存器的形式使用，用寄存器符号表示；另一种是以存储单元的形式使用，以单元地址表示。

　　说明：任一时刻，CPU 使用其中的一组寄存器，并且把正在使用的那组寄存器称之为当前寄存器。由程序状态字寄存器 PSW 中 RS1、RS0 位的状态组合来决定使用哪一组。

　　（2）位寻址区

　　地址范围：内部 RAM 的 20H～2FH 单元，共有 16 个 RAM 单元，总计 16×8 位=128 位，每个位单元都分配了一个特定地址，即 00H～7FH。这些地址称为位地址，如图 2-7 所示。

15

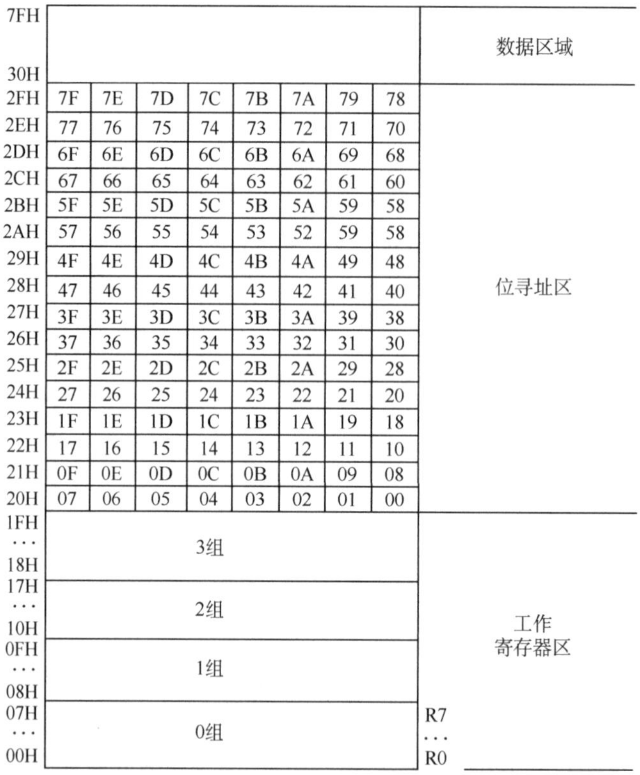

地址									说明
7FH ... 30H									数据区域
2FH	7F	7E	7D	7C	7B	7A	79	78	
2EH	77	76	75	74	73	72	71	70	
2DH	6F	6E	6D	6C	6B	6A	69	68	
2CH	67	66	65	64	63	62	61	60	
2BH	5F	5E	5D	5C	5B	5A	59	58	
2AH	57	56	55	54	53	52	59	58	
29H	4F	4E	4D	4C	4B	4A	49	48	位寻址区
28H	47	46	45	44	43	42	41	40	
27H	3F	3E	3D	3C	3B	3A	39	38	
26H	37	36	35	34	33	32	31	30	
25H	2F	2E	2D	2C	2B	2A	29	28	
24H	27	26	25	24	23	22	21	20	
23H	1F	1E	1D	1C	1B	1A	19	18	
22H	17	16	15	14	13	12	11	10	
21H	0F	0E	0D	0C	0B	0A	09	08	
20H	07	06	05	04	03	02	01	00	
1FH ... 18H	3组								
17H ... 10H	2组								工作寄存器区
0FH ... 08H	1组								
07H ... 00H	0组								R7 ... R0

图 2-7   51 系列单片机片内 RAM 配置

位地址在位寻址指令中使用。例如，要把 2FH 单元中最高位（位地址为 7FH）置位成 1，则可使用如下位操作指令：

$$SETB\ 7FH;\ 7FH \leftarrow 1。$$

其中，SETB 为位置位指令的操作码。

位地址的另一种表示方法是采用字节地址和位数相结合的表示法。例如，位地址 00H 可以表示成 20H.0，位地址 1AH 可以表示成 23H.2 等。

（3）用户 RAM 区

地址范围：内部 RAM 区单元地址为 30H～7FH，共 80 个单元，只能以存储单元的形式来使用。一般常把堆栈开辟在此区中。

2．片内高 128B RAM（专用寄存器）

片内高 128B RAM 又称之为专用寄存器区，其单元地址为 80H～FFH，用于存放相应功能部件的控制命令、状态或数据。因这些寄存器的功能已做专门规定，故而称为专用寄存器（SFR），有时也称为特殊功能寄存器，见表 2-4。51 系列单片机中特殊功能寄存器共有 21 个，其余的均为空单元，对其操作没有任何意义。

在 21 个 SFR 中，用户可以通过直接寻址指令对它们进行字节存取，也可以对带有 "*" 的 11 个寄存器进行位寻址。在字节型寻址指令中，直接地址的表示方法有两种：一种是使用物理地址，如累加器 A 用 E0H、B 寄存器用 F0H、SP 用 81H 等等；另一种是采用表 2-5 中的寄存器符号，如累加器 A 要用 ACC、B 寄存器用 B、程序状态字寄存器用 PSW 等表示。这两种表示方法中，采用后一种方法比较普遍，因为它们比较容易为人们记忆。在 SFR 中，可以位寻址的寄存器有 11 个，这些寄存器的字节地址均能被 8 整除，共有位地址 88 个，其中 5 个未用，其余 83 个位地址离散分布于 80H～FFH 范围内。SFR 中的位地址见表 2-5。

表 2-4　特殊功能寄存器一览表

符号	物理地址	名　称
*ACC	E0H	累加器
*B	F0H	B 寄存器
*PSW	D0H	程序状态字
SP	81H	堆栈指针
DPL	82H	数据寄存器指针（低 8 位）
DPH	83H	数据寄存器指针（高 8 位）
*P0	80H	端口 0
*P1	90H	端口 1
*P2	A0H	端口 2
*P3	B0H	端口 3
*IP	B8H	中断优先级控制器
*IE	A8H	中断允许级控制器
TMOD	89H	定时器方式选择
*TCON	88H	定时器控制器
*+T2CON	C8H	定时器 2 控制器
TH0	8CH	定时器 0 高 8 位
TL0	8AH	定时器 0 低 8 位
TH1	8DH	定时器 1 高 8 位
TL1	8BH	定时器 1 低 8 位
+TH2	CDH	定时器 2 高 8 位
+TL2	CCH	定时器 2 低 8 位
+RCAP2H	CBH	定时器 2 捕捉寄存器高 8 位
+RCAP2L	CAH	定时器 2 捕捉寄存器低 8 位
*SCON	98H	串行控制器
SBUF	99H	串行数据缓冲器
PCON	87H	电源控制器

注：*表示可以位寻址，+表示仅 8052 有。

表 2-5　SFR 中的位地址分布表

寄存器号	D7	D6	D5	D4	D3	D2	D1	D0	字节地址
B	F7	F6	F5	F4	F3	F2	F1	F0	F0H
ACC	E7	E6	E5	E4	E3	E2	E1	E0	E0H
PSW	D7	D6	D5	D4	D3	D2	D1	D0	D0H
IP	—	—	—	BC	BB	BA	B9	B8	B8H
P3	B7	B6	B5	B4	B3	B2	B1	B0	B0H
IE	AF	—	—	AC	AB	AA	A9	A8	A8H
P2	A7	A6	A5	A4	A3	A2	A1	A0	A0H
SCON	9F	9E	9D	9C	9B	9A	99	98	98H
P1	97	96	95	94	93	92	91	90	90H
TCON	8F	8E	8D	8C	8B	8A	89	88	88H
P0	87	86	85	84	83	82	81	80	80H

17

2.3 单片机的并行口结构与操作

51 系列单片机具有 4 个 8 位准双向并行端口（P0～P3），共 32 根 I/O 口线。每一根 I/O 口线都能独立地用作输入或输出。这 4 个端口是单片机与外围设备进行信息（数据、地址、控制信号）交换的输入或输出通道。

2.3.1 并行输入/输出端口结构

每个端口都是双向的 I/O 口。端口的每一位都有一个锁存器、一个输出驱动器（场效应晶体管）和一个输入数据缓冲器。其中，锁存器为 D 触发器。在 CPU 控制下，可对端口 P0～P3 进行读写操作或对引脚进行读操作。

P0 口和 P2 口的结构中，有一个 2 选 1 转换器 MUX，如图 2-8a、c 所示。访问外部存储器时，由内部控制信号，通过 MUX 将端口驱动器与地址或内部地址/数据线连接起来（开关向上或向右打），而对于通常的 I/O 传送，输出驱动器通过 D 锁存器与内部总线连接（开关相下或向左打）。

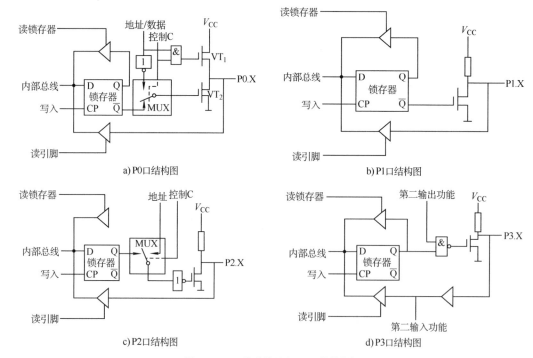

图 2-8　51 系列单片机 I/O 结构图

在 4 个并行 I/O 端口中，P0 最多可以推动 8 个低功耗肖特基晶体管-晶体管逻辑（LSTTL）门，即输出电流不大于 800μA。其余 3 个 I/O 口是准双向 I/O 口，只能推动 4 个 LSTTL 门。

P0～P3 口都可以作为准双向通用 I/O 口，其中 P1、P2、P3 内部均有上拉电阻，P0 口内部没有上拉电阻，此时 P0 口必须外接上拉电阻。

在需要扩展片外设备时，P0 口和 P2 口可作为其 16 位地址总线，其中 P0 作为低 8 位地址总线，通过地址锁存信号 ALE 实现地址/数据总线的分时复用，P2 作为高 8 位地址总线。

2.3.2 并行输入/输出端口编程举例

用 51 系列单片机实现流水灯功能，设单片机晶振频率为 12MHz，共有 8 个 LED，具体要求如下：从上到下依次循环点亮 1 个 LED。

单片机流水灯原理图如图 2-9 所示。LED 正向工作电压为 1.5V 左右，正向电流为 5～15mA。51 系列单片机引脚低电平可直接驱动 LED，当 P1 口输出低电平时，LED 点亮。

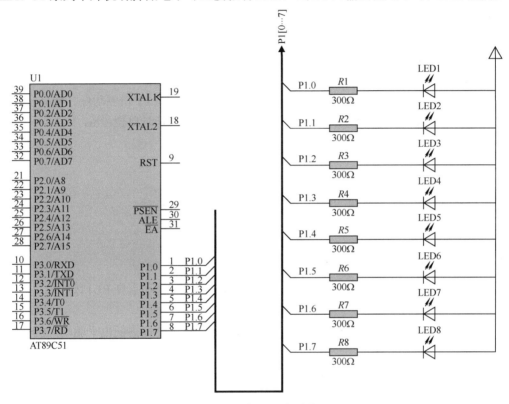

图 2-9 流水灯原理图

设 V_{CC}=5V，LED 正向导通电压按 1.5V 计算，流过 LED 的电流为 $(V_{CC}-1.5\text{V})/300\Omega$=12mA，所以电阻 R 应为 300Ω。

LED 亮灯程序用延时方式实现，常用延时程序有以下两种方法：一使用定时器中断来实现，时间控制比较精确，但要占用单片机定时器/计数器硬件资源；二是用软件延时来实现，即用空指令 NOP 加循环来实现，在系统任务不是很繁忙且对时间控制要求不是很精确的情况下，可采用软件延时法。

（1）汇编语言程序

```
ORG   0000H
START: MOV   A, #0FEH          ；第一个灯亮
 LOOP: RL   A                  ；左移
       MOV   P1, A
       LCALL  DELAY            ；调用延时子程序
       LJMP   START;
```

```
DELAY:MOV    R7, #02
DEL1:  MOV    R6, #250
DEL2:  MOV    R5, #200
DEL3:  DJNZ   R5, DEL3
       DJNZ   R6, DEL2
       DJNZ   R7, DEL1
RET
```

（2）C 语言程序

```
#include <REG52.h>
#include <INTRINS.h>
#define LED_PORT1 P1                        //用 P1 口驱动灯，低亮，高灭
void time (unsigned int ucMs);             //延时单位：ms
void main (void)
{
    unsigned char ucTimes;
    #define DELAY_TIME 200                  //延时
    while (1)
    {
        //从左往右依次点亮 LED
        for (ucTimes=0; ucTimes<8; ucTimes++)   //循环点亮 P1 口灯
            {
                LED_PORT1=_crol_(0xfe, ucTimes);  //亮灯需低电平驱动，仅 1 位低，
                                                  其他位高
                time (DELAY_TIME);
            }
        LED_PORT1=0xff;                     //灭 P1 口灯
    }
}
```

```
/*************************************************************
```
函数说明：对于 11.0592MHz 晶振而言，需要 2 个_nop_()；1 个时钟周期为$(1/11.0592)\mu s$，1 个机器周期为$12 \times (1/11.0592)\mu s = 1.085\mu s$，执行 1 条 NOP 指令需要花费 1 个机器周期，所以运行 1 条 NOP 指令所花费的时间是 $1.085\mu s$，2 个_nop_()加上调用函数时间，共计 $4 \times 1.085\mu s = 4.34\mu s$，约为 $5\mu s$。
```
*************************************************************/
void delay_5us (void)                       //延时 5μs，晶振改变时只用改变这一函数！
{
    _nop_();
    _nop_();
```

```
    }

/*********************delay_50μs***********************/
void delay_50us (void)                    //延时 50μs
{
    unsigned char i;
    for (i=0; i<4; i++)
    {
        delay_5us ();
    }
}

/*********************delay_100μs***********************/
void delay_100us (void)                   //延时 100μs
{
        delay_50us ();
        delay_50us ();
}

/*********************延时单位：ms***********************/
void time (unsigned int ucMs)             //延时单位：ms
{
    unsigned char j;
    while (ucMs>0)
    {
        for(j=0; j<10; j++) delay_100us();
        ucMs--;
    }
}
```

2.4　单片机的时钟电路与时序

单片机工作是在统一的时钟脉冲控制下一拍一拍地进行的，这个脉冲由单片机控制器中的时序电路发出。单片机的时序就是 CPU 在执行指令时所需控制信号的时间顺序。为了保证各部件的同步工作，单片机内部电路应在唯一的时钟信号下严格地控制时序进行工作。

2.4.1　振荡器与时钟电路

51 系列单片机内部有一个高增益反向放大器，用于构成振荡器，但要形成时钟，外部还需要一些附加电路。51 系列单片机的时钟产生有以下两种方法：内部时钟方式和外部时钟方式，如图 2-10 所示。

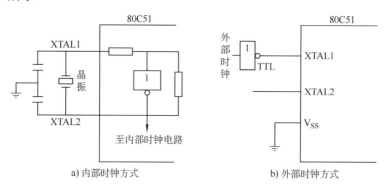

图 2-10 80C51 系列单片机时钟电路接线方法

1．内部时钟方式

内部时钟方式利用单片机内部的振荡器，然后在引脚 XTAL1（18 脚）和 XTAL2（19 脚）两端接晶振，就构成了稳定的自励振荡器，其发出的脉冲直接送入内部时钟电路，外接晶振时，晶振两端的电容一般选择为 30pF 左右。这两个电容对频率有微调的作用，晶振的频率范围可在 1.2～12MHz 之间选择。为了减少寄生电容，更好地保证振荡器稳定、可靠地工作，振荡器和电容应尽可能安装得与单片机芯片靠近。

2．外部时钟方式

外部时钟方式利用外部振荡脉冲接入 XTAL1 或 XTAL2。HMOS 和 CHMOS 单片机外时钟信号接入方式不同，HMOS 型单片机（例如 8051）的外时钟信号由 XTAL2 引脚注入后直接送至内部时钟电路，输入端 XTAL1 应接地。由于 XTAL2 端的逻辑电平不是 TTL 的，故建议外接一个上接电阻。对于 CHMOS 型的单片机（例如 80C51），因内部时钟发生器的信号取自反相器的输入端，故采用外部时钟源时，接线方式为外时钟信号接到 XTAL1 而 XTAL2 悬空。

外接时钟信号通过一个二分频触发器而成为内部时钟信号，要求高、低电平的持续时间都大于 20ns，一般为频率低于 12MHz 的方波。片内时钟发生器就是上述的二分频触发器，它向芯片提供了一个 2 节拍的时钟信号。

2.4.2 CPU 的工作时序

单片机时序就是 CPU 在执行指令时所需控制信号的时间顺序。在执行指令时，CPU 首先到程序存储器中取出需要执行指令的指令码，然后对指令码译码，并通过复杂的时序电路产生一系列控制信号去完成指令的功能。这些控制信号在不同的时刻控制某一部件产生相应的动作，这种时间上的相互关系就是 CPU 时序。

为了便于对 CPU 时序进行分析，一般按指令的执行过程规定了几种周期，即时钟周期、机器周期和指令周期，也称为时序定时单位。下面分别加以说明。

1．时钟周期

时钟周期又称为振荡周期，其频率通常为晶振频率。它是时序中最小的时间单位，是计算机的基本工作周期。每两个时钟周期称为一个状态 S，每个状态又分为 P1 和 P2 两拍。

2．机器周期

CPU 完成一种基本操作所需要的时间称为机器周期。51 系列单片机的 1 个机器周期由

12 个振荡周期构成，分为 6 个 S 状态，即 S1～S6。因此，1 个机器周期中的 12 个振荡周期表示为 S1P1、S1P2、S2P1、S2P2、…、S6P2。也就是说，1 个机器周期=6 个状态周期=12 个时钟周期，如图 2-11 所示。

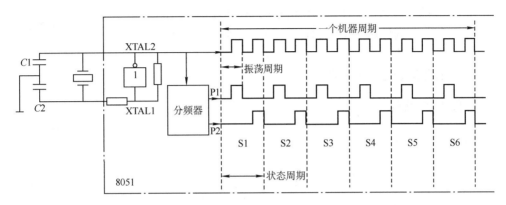

图 2-11　时钟（振荡）周期、状态周期、机器周期之间的关系

例如，若晶振频率 $f_{osc}=12MHz$，则 1 个机器周期$=12/f_{osc}$ $1\mu s$。

3. 指令周期

执行 1 条指令所需的时间称为指令周期。由于机器执行不同指令所需时间不同，因此不同指令所包含的机器周期数也不相同。占用 1 个机器周期的指令称为单周期指令，占用 2 个机器周期的指令称为双周期指令。在 51 系列单片机中，有单周期指令、双周期指令和四周期指令。图 2-12 为 51 系列单片机指令的取指/执行时序。

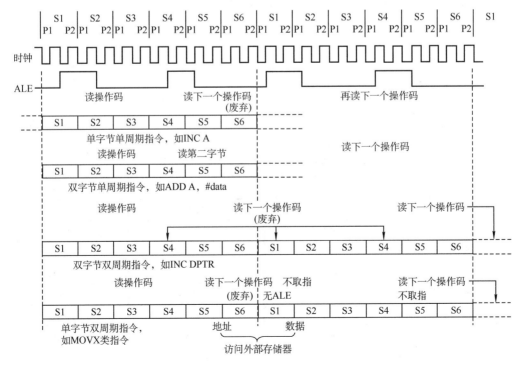

图 2-12　51 系列单片机指令的取指/执行时序

2.5　单片机的复位电路

复位是单片机的初始化操作。单片机系统在上电启动运行时，都需要先复位，其作用是使 CPU 和其他部件都处于一个确定的初始状态，并从这个状态开始工作。单片机本身不能自动进行复位，必须配合相应的外部复位电路才能实现。

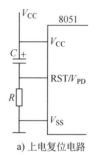

a) 上电复位电路

2.5.1　复位电路设计

复位操作有上电自动复位和手动复位两种方式。

1. 上电复位

上电自动复位是通过外部复位电路的电容充电来实现的，电路如图 2-13a 所示。为了保证复位成功，只要 RST 引脚保持足够时间（即两个周期以上）的高电平，就可实现系统自动上电复位。

2. 手动复位

除了上电自动复位外，有时程序运行在时，可以通过手动按键强制单片机进入复位状态。手动复位有电平方式和脉冲方式两种。其中按键电平复位是通过使复位端经电阻与 V_{CC} 电源接通而实现的，其电路如图 2-13b 所示。而按键脉冲复位则是利用 RC 微分电路产生的正脉冲来实现的，其电路如图 2-13c 所示。

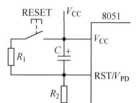

b) 按键电平复位电路

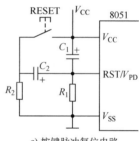

c) 按键脉冲复位电路

图 2-13　各种复位电路

2.5.2　复位状态

初始复位不改变 RAM（包括工作寄存器 R0～R7）的状态，复位后 51 系列单片机内部特殊功能寄存器的状态见表 2-6，其中"×"为不定数。

表 2-6　复位后的内部特殊功能寄存器状态

寄存器	复位状态	寄存器	复位状态
PC	0000H	TMOD	00H
ACC	00H	TCON	00H
B	00H	TH0	00H
PSW	00H	TL0	00H
SP	07H	TH1	00H
DPTR	0000H	TL1	00H
P0～P3	FFH	SCON	00H
IP	××000000B	SBUF	××××××××B
IE	0×000000B	PCON	0×××0000B

复位时，ALE 和 $\overline{\text{PSEN}}$ 成输入状态，即 ALE= $\overline{\text{PSEN}}$ =1，片内 RAM 不受复位影响。复位后，P0～P3 口输出高电平且这些双向 I/O 口均处于输入状态，并将 07H 写入堆栈指针 SP，同时将 PC 和其余专用寄存器清零。此时，单片机从起始地址 0000H 开始重新执行程序。所以，单片机运行出错或进入死循环时，可使其复位后重新运行。

2.6　单片机的低功耗方式

51 系列单片机除具有一般的程序执行方式外，还具有两种低功耗运行方式：待机（或称空闲）方式和掉电（或称停机）方式。在待机方式时，CPU 停止工作，RAM、定时器、串行口和中断系统继续工作；在掉电方式时，仅给片内 RAM 供电，片内所有其他的电路均不工作。

2.6.1　电源控制寄存器

待机方式和掉电方式都是由电源控制寄存器 PCON 中的相关位（见表 2-7）控制的。

表 2-7　PCON 寄存器各位名称及地址

	D7	D6	D5	D4	D3	D2	D1	D0
PCON	SMOD				GF1	GF0	PD	IDL

IDL：待机方式位。若 IDL=1，则进入待机方式。

PD：掉电方式位。若 PD=1，则进入掉电方式。

GF0 和 GF1：通用标志位。这两位由软件进行置位、复位。

SMOD：波特率倍增位。在串行口工作方式 1、2、3 下，SMOD=1，使波特率加倍。

如果 PD 和 IDL 同时为 1，则进入掉电方式。复位时，PCON 中所有位均为 0，下面介绍两种低功耗方式的操作过程。

2.6.2　待机方式

电源控制寄存器 PCON 的 IDL 位控制单片机进入待机方式。当 CPU 执行一条置 PCON.0 位（IDL）为 1 的指令后，IDL=1，则单片机进入待机方式，此时振荡器继续运行，时钟信号继续提供中断逻辑、串行口和定时器，但提供给 CPU 的内部时钟信号被切断，CPU 停止工作。这时，堆栈指针、程序计数器、程序状态字、累加器及所有工作寄存器的内容都被保留。

终止待机方式的方法有以下两种：

（1）通过硬件复位

由于在待机方式下时钟振荡器一直在运行，RST 引脚上的有效信号只需要保持两个时钟周期就能使 IDL 置 0，单片机即退出待机状态，从它停止运行的地方恢复程序的执行。

（2）通过中断方法

在待机期间，任何一个允许的中断被触发，IDL 都会被置 0，从而单片机退出待机方式，进入中断服务程序。

2.6.3　掉电方式

电源控制寄存器 PCON 的 PD 位控制单片机进入待机方式。当 CPU 执行一条置 PCON.1

位（PD）为 1 的指令后，PD=1，则单片机进入掉电方式，此时振荡器被封锁，一切功能都停止，只有片内 RAM 的 00H～07H 的内容被保留，端口的输出状态值都被保存在对应的 SFR 中。

退出掉电方式的唯一方法是硬件复位，硬件复位 10ms 后即能使单片机退出掉电方式。

本章小结

单片机的 CPU 由控制器和运算器组成，在时钟电路和复位电路的支持下，按一定的时序工作。单片机的时序定时单位包括振荡周期（时钟周期）、机器周期和指令周期。

51 系列单片机采用哈佛结构存储器，共有 3 个逻辑存储空间和 4 个物理存储空间。片内低 128B RAM 中包含 4 个工作寄存器组、128 个位地址单元和 80 个字节地址单元。片内高 128B RAM 中有 21 个特殊功能寄存器。

P0～P3 口都可作为准双向通用 I/O 口，其中只有 P0 口需要外接上拉电阻；在需要扩展片外设备时，P2 口可作为其地址线接口，P0 口可作为其地址线/数据线复用接口，此时它是真正的双向口。

思考题与习题

2-1 程序状态字寄存器 PSW 的作用是什么？常用的状态标志位有哪些？当 PSW 的值为 88H 时，表示什么含义？

2-2 综述 51 系列单片机各引脚的作用。

2-3 P3 口的第二功能有哪些？

2-4 P0、P1、P2 和 P3 口各有哪几种功能？

2-5 什么是时钟周期、机器周期、指令周期？当晶振频率为 8MHz 时，单片机的时钟周期、机器周期、指令周期分别为多少？

2-6 复位的作用是什么？51 系列单片机有几种复位方法？复位后单片机的状态如何？

2-7 单片机进入待机方式时，单片机的振荡器是否工作？采用什么办法才能使单片机退出待机方式？

2-8 单片机进入掉电方式时，单片机的振荡器是否工作？采用什么办法才能使单片机退出掉电方式？

第3章 51系列单片机的指令系统和程序设计方法

3.1 指令概述

指令是计算机能够识别和执行、用于控制各种功能部件完成某一特定动作的命令。所有指令的集合构成了该类计算机的指令系统。这里讲的是汇编语言指令，以英文名称或者缩写形式作为助记符（帮助记忆的符号）。计算机的指令越丰富、寻址方式越多，则其总体功能就越强。

3.1.1 指令分类

51系列单片机的指令系统共有111条指令，按照不同的分类标准可以有下列3种分类。

1. 按指令功能可分成5类

1）数据传送类指令（29条）：内部8位数据传送指令15条，内部16位数据传送指令1条，外部数据传送指令4条，交换和查表指令9条。

2）算术传送类指令（24条）：加法指令（包括BCD码调整指令1条）14条，减法指令8条，乘/除法指令各1条。

3）逻辑运算类指令（24条）：逻辑运算指令20条，循环移位指令4条。

4）位操作类指令（17条）：位传送指令2条，位置位、位清零和位取反6条，位运算指令4条，位转移指令3条，判CY标志指令2条。

5）控制转移类指令（17条）：无条件转移指令4条，条件转移指令8条，调用和返回指令5条。

2. 按指令执行所需要的时间可分为3类

1）单周期指令（64条）。

2）双周期指令（45条）。

3）四周期指令（2条）。

3. 按指令所占的字节数可分为3类

1）单字节指令（49条）。

2）双字节指令（46条）。

3）三字节指令（16条）。

3.1.2 指令格式

1. 指令格式

在汇编语言中，指令的语句格式应符合下列结构：

$$[标号：] 操作码 \quad [目的操作数] \quad [，源操作数] \quad [；注释]$$

1）汇编语言语句由标号、操作码、操作数和注释4部分组成。其中，标号和注释部分可以没有，某些指令也可以没有操作数，如 NOP、RET 指令等。

2）标号位于语句的开始，由 1～8 个 ASCII 字符组成，第一个字符必须是字母。标号不能使用关键字（系统中已经定义的助记符、伪指令及其他标号）。标号的后面必须加冒号，标号与冒号之间不能有空格，冒号与操作码之间可以有空格。标号并不是每一条语句都需要。

3）操作码是用英文缩写的指令功能助记符。它确定了本条指令完成什么样的操作功能，不能缺少。

4）操作数在操作码之后，两者用空格分开。操作数是指参加操作的对象或者对象存放的地址，可以是数据，也可以是地址。指令中有多个操作数时，操作数之间用逗号分开。一条指令中的操作数可以是 1 个、2 个、3 个或没有。

5）注释在语句的最后，以";"开始，是说明性的文字，与语句的具体功能无关，但是能增加程序的可阅读性，便于程序的调试与交流。注释内容不参与程序的汇编。

2．指令中数的表示

指令中的数据可以是十进制、十六进制、二进制、八进制数和字符串，具体格式如下：

1）十进制数以 D 结尾，也可以省略，如 55D 或 55。

2）十六进制数以 H 结尾，如 55H。如果数据以 A～F 开头，其前必须加数字 0，如 0FFH。

3）二进制数以 B 结尾，如 00110011B。

4）八进制数以 O 或 Q 结尾，如 55O 或 55Q。

5）字符串用 ' ' 或 " " 括起来，如 'M' 表示字符 M 的 ASCII 码。

例如：   MAIN: MOV   A, #00H   ；将 A 清零

在这条指令中，MAIN 为标号，表示该指令的地址；MOV 为操作码，表示指令的功能为数据传送；A 和#00H 为操作数；将 A 清零为注释，用于说明这条语句的功能、不参与汇编。

3.1.3 指令中常用缩写符号的意义

在各类指令中，约定了一些符号用于说明操作数或者操作数存放方式。指令系统中常用符号意义如下：

1）#data：8 位立即数。

2）#data16：16 位立即数。

3）Rn：工作寄存器，R0～R7，n=0～7。

4）Ri：工作寄存器，i=0 或 1。

5）@：间接地址符号。@Ri 即寄存器 Ri 间接寻址。

6）direct：8 位直接地址，可以是特殊功能寄存器 SFR 的地址或内部数据存储器单元地址。

7）addr11：11 位目的地址，用于 AJMP 和 ACALL 指令，均在 2KB 地址范围内转移或调用。

8）addr16：16 位目的地址，用于 LJMP 和 LCALL 指令，可在 64KB 地址范围内转移或调用。

9）rel：有符号的 8 位偏移地址，主要用于所有的条件转移指令和 SJMP 指令。其范围是相对于下一条指令的第一字节地址，再偏移–128～+127 字节。

10）bit：位地址。片内 RAM 中的可寻址位和专用寄存器中的可寻址位。

11）/：位操作数的前缀，表示对该位操作数取反，如/bit。

12）$：当前指令存放的地址。

13）（X）：表示由 X 所指定的某寄存器或某单元中的内容。

14）（（X））：表示由 X 间接寻址单元中的内容。

15）B：通用寄存器，常用于乘法 MUL 和除法 DIV 的指令。

16）C：进位标志位或者布尔处理器中的累加器。

17）←：表示指令的操作结果是将箭头右边的内容传送到左边。

3.2　寻址方式

计算机传送数据、执行算术操作、逻辑操作等都涉及操作数。一条指令的运行，需要寻找操作数或者从操作数所在地址寻找到本指令有关的操作数，这就是寻址方式。计算机的指令系统中操作数以不同的方式给出，其相应的寻址方式也不尽相同。51 系列单片机的指令系统有立即寻址、直接寻址、寄存器寻址、间接寻址、变址寻址、相对寻址和位寻址 7 种寻址方式。

3.2.1　立即寻址

立即寻址是指令中直接给出操作数的寻址方式。立即操作数用前面加有#号的 8 位或 16 位数来表示。立即数是指令代码的一部分，只能用作源操作数。这种寻址方式主要用于对特殊功能寄存器和指定的存储单元赋初值。

例如：　MOV　A, #60H　　　　　；(A)←60H

MOV　DPTR, #3400H　　；(DPTR)←3400H

MOV　30H, #40H　　　　；(30H)单元←40H

上述 3 条指令执行完后，累加器 A 中数据为立即数 60H，DPTR 寄存器中数据为立即数 3400H，30H 单元中数据为立即数 40H。

3.2.2　直接寻址

指令中直接给出操作数所在的存储单元的地址号的寻址方式称为直接寻址方式。该地址为操作数所在的字节地址或位地址，可以直接使用由符号名称所表示的地址，即符号地址。

例如：　MOV　A, 40H　　　　　；(A)←(40H)

该指令的功能是把内部数据存储器 RAM 40H 单元的内容送到累加器 A。指令直接给出了源操作数的地址 40H。

51 系列单片机中，直接寻址可访问 3 种地址空间为：

1）特殊功能寄存器 SFR：直接寻址是唯一的访问形式。

2）内部数据 RAM 低 128B 单元（地址范围 00H～7FH）。

3）221 个位地址空间。

寄存器寻址就是操作数存放于寄存器中（Rn、ACC、B、DPTR、Cy）的寻址方式。

3.2.3　寄存器寻址

例如：　MOV　A, R7　　　　　；(A)←(R7)

其功能是把寄存器 R7 内的操作数传送到累加器 A 中。由于操作数在 R7 中，因此在指令中指定了 R7，就能从中取得操作数。

3.2.4 寄存器间接寻址

由指令指出某个寄存器的内容作为操作数地址的寻址方法，称为寄存器间接寻址方式，简称寄存器间址。

寄存器间接寻址使用所选定寄存器区中的 R0 和 R1 作为地址指针（对堆栈操作时，使用堆栈指针 SP），来寻址片内数据存储器 RAM（00～FFH）的 256 个单元，但它不能访问特殊功能寄存器 SFR。寄存器间接寻址也适用于访问外部数据存储器，此时，用 R0、R1 或 DPTR 作为地址指针。为了区别于寄存器寻址，在寄存器间接寻址中的寄存器名前用间址符号 "@"。

例如：　　　MOV　A, R0　　　　　　; (A)←(R0)

　　　　　　MOV　A, @R0　　　　　　; (A)←((R0))

其中，第一条指令是寄存器寻址，R0 中为操作数，指令码为 E8H；第二条指令是寄存器间址，R0 中为操作数地址，不是操作数，指令码为 E6H。两条指令的含义是截然不同的。如图 3-1 所示，第一条指令执行后累加器 A 中为 30H，第二条指令执行后累加器 A 中为操作数 20H。

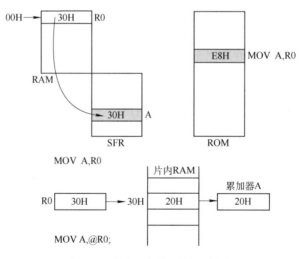

图 3-1　寄存器间接寻址示意图

3.2.5 变址寻址

变址寻址就是基址寄存器（DPTR 和 PC）与变址寄存器（A）的内容相加，作为操作数的地址，实现对程序存储器的访问。由于程序存储器是只读的，因此变址寻址只有读操作而无写操作，指令助记符采用 MOVC。51 系列单片机的变址寻址指令只有 3 条：

MOVC　A, @A+DPTR　　　　　; (A)←((A)+(DPTR))

MOVC　A, @A+PC　　　　　　; (A)←((A)+(PC))

JMP　　@A+DPTR　　　　　　; (PC)←((A)+(DPTR))

例如：　　MOVC　A, @A+DPTR　　　; (A)←((A)+(DPTR))

该指令的执行过程如图 3-2 所示。

3.2.6　相对寻址

以当前程序计数器 PC 的内容为基础，加上指令给出的 1 个字节补码（偏移量）形成新的 PC 值的寻址方式。

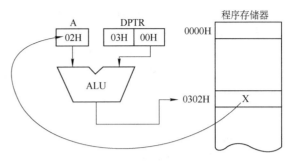

图 3-2　变址寻址示意图

在使用相对寻址时要注意以下两点：

1）当前 PC 值是指相对转移指令所在地址（一般称为源地址）加上转移指令字节数。即当前 PC 值=源地址+转移指令字节数。也就是相对转移指令的下一条指令所在的地址。

例如，JZ　　rel 是一条累加器 A 为零就转移的双字节指令。若该指令地址（源地址）为 2050H，则执行该指令时的当前 PC 值即为 2052H。

2）偏移量 rel 是有符号的单字节数，以补码表示，其相对值的范围是–128～+127，负数表示从当前地址向地址减小的方向转移，正数表示从当前地址向地址增大的方向转移。所以，相对转移指令满足条件后，转移的地址（一般称为目的地址）应为：目的地址=当前 PC 值+rel=源地址+转移指令字节数+rel。

若指令 JZ　　08H 和 JZ　　0F4H 存放在 2050H 开始的程序存储器单元，则累加器 A 为零的条件满足后，从源地址（2050H）分别转移 10 个单元。其相对寻址示意如图 3-3a、b 所示。这两条指令均为双字节指令，机器代码分别为 60H、08H 和 60H、F4H。

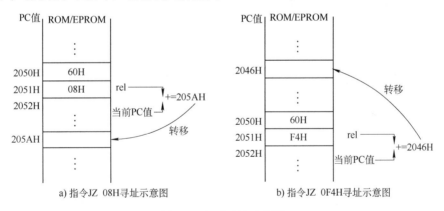

a) 指令 JZ　08H 寻址示意图　　　　　b) 指令 JZ　0F4H 寻址示意图

图 3-3　相对寻址示意图

3.2.7　位寻址

51 系列单片机具有位寻址功能，即指令中直接给出位地址，可以对内部数据存储器 RAM 中的位寻址区的 128 位和部分特殊寄存器 SFR 中的相关位进行寻址，并且位操作指令可对可寻址的每一位进行传送及逻辑操作。

【注意】位寻址只能对有位地址的单元作位寻址操作。位寻址其实是一种直接寻址方式，不过其地址是位地址，只能用在位操作指令之中。

例如：SETB　PSW.3　　　　　　 ;（PSW.3）←1

该指令的功能是将程序状态字 PSW 中的第 3 位（RS0）置 1。

51 系列单片机的位地址有如下 4 种表示方法：

1）直接使用位地址。例如，PSW 寄存器第 5 位地址为 0D5H。

2）位名称表示方法。例如，PSW 寄存器第 5 位是 F0 标志位，则可使用 F0 表示该位。

3）单元地址加位数的表示方法。例如，PSW 寄存器第 5 位，表示为 0D0H.5。

4）专用寄存器符号加位数的表示方法。例如，PSW 寄存器的第 5 位，表示为 PSW.5。

【例 3-1】 将 D5H 位的内容送入 Cy，可用几种方式表达？

解：可有下列 4 种方式。

  MOV C, 0D5H

  MOV C, 0D0H.5

  MOV C, F0

  MOV C, PSW.5

综上所述，在 51 系列单片机的存储空间中，指令究竟对哪个存储器空间进行操作是由指令操作码和寻址方式确定的。7 种寻址方式及其寻址空间见表 3-1。

表 3-1 7 种寻址方式及寻址空间

序号	寻址方式	寻址空间范围
1	寄存器寻址	R0～R7，A，B，Cy，DPTR 寄存器
2	立即寻址	程序存储器
3	寄存器间址	内部 RAM 的 00H～FFH，外部 RAM
4	直接寻址	内部 RAM 的 00H～7FH，SFR
5	变址寻址	程序存储器
6	相对寻址	程序存储器
7	位寻址	内部 RAM 的 20H～2FH 的 128 位，SFR 中的 93 位

3.3 数据传送类指令

数据传送指令共有 29 条。51 系列单片机中的传送指令有从右向左传送数据的约定，即指令的右边操作数为源操作数，表达的是数据的来源；而左边操作数为目的操作数，表达的则是数据的去向。数据传送指令的特点：把源操作数传送到目的操作数，指令执行后，源操作数不改变，目的操作数修改为源操作数。

数据传送指令主要用于在单片机片内 RAM 和特殊功能寄存器 SFR 之间传送数据，也可以用于在累加器 A 和片外存储单元之间传送数据。交换指令也属于数据传送指令，是把两个地址单元中的内容相互交换。

数据传送类指令不影响标志位（进位标志 Cy、半进位标志 AC 和溢出标志 OV），但当传送或交换数据后影响累加器 A 的值时，奇偶标志位 P 的值则按 A 的值重新设定。

3.3.1 内部 RAM 数据传送指令

内部数据存储器 RAM 是数据传送最活跃的区域，可用的指令数也最多，共有 16 条指令，指令操作码助记符为 MOV。

指令格式为:

　　MOV #[目的操作数], [源操作数]

功能: 把源字节的内容传给目的字节, 而源字节的内容不变, 不影响标志位。但当执行结果改变累加器 A 的值时, 会使奇偶标志变化。

单片机内部 RAM 之间数据传递关系如图 3-4 所示。

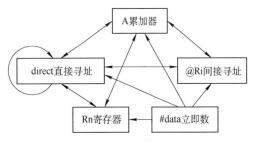

图 3-4　内部 RAM 间数据传递关系

1. 以累加器为目的操作数的指令 (4 条)

MOV	A, Rn	; (A)←(Rn)(n=0～7)
MOV	A, direct	; (A)←(direct)
MOV	A, @Ri	; (A)←((Ri))(i=0、1)
MOV	A, #data	; (A)←data

这组指令的目的操作数都是累加器 A, 源操作数的寻址方式采用寄存器寻址、直接寻址、寄存器间接寻址和立即寻址。

2. 以寄存器 Rn 为目的操作数的指令 (3 条)

MOV	Rn, A	; (Rn)←(A)(n=0～7)
MOV	Rn, direct	; (Rn)←(direct)(n=0～7)
MOV	Rn, #data	; (Rn)←data(n=0～7)

这组指令都是以工作寄存器为目的操作数, 源操作数的寻址方式采用寄存器寻址、直接寻址和立即寻址。

3. 以直接地址为目的操作数的指令 (5 条)

MOV	direct, A	; (direct)←(A)
MOV	direct, Rn	; (direct)←(Rn)(n=0～7)
MOV	direct1, direct2	; (direct1)←(direct2)
MOV	direct, @Ri	; (direct)←((Ri))(i=0、1)
MOV	direct, #data	; (direct)←data

这组指令的目的操作数都是直接寻址单元, 源操作数采用寄存器寻址、直接寻址、寄存器间接寻址和立即寻址。

4. 以间接地址为目的操作数的指令 (3 条)

MOV	@Ri, A	; ((Ri))(i=0.1)←(A)
MOV	@Ri, direct	; ((Ri))(i=0.1)←(direct)
MOV	@Ri, #data	; ((Ri))(i=0.1)←data

这组指令的目的操作数都是间接寻址单元, 源操作数可采用寄存器寻址、直接寻址和立即寻址方式。

5. 十六位数据的传递指令 (1 条)

　　MOV　DPTR, #data16　;

指令功能: 将 16 位立即数送入 DPTR, 高 8 位送入 DPH, 低 8 位送入 DPL。

例如:　MOV　DPTR, #1234H

该指令执行之后, DPH 中的值为 12H, DPL 中的值为 34H。如果分别向 DPH, DPL 送数，则结果也一样。如下面两条指令：

  MOV DPH, #35H

  MOV DPL, #12H

就相当于执行了 MOV DPTR, #3512H。

  在使用指令编程时应注意：每条指令的格式和功能均由制造厂家定义和提供用户使用，因而是合法的，用户只能正确使用它们。若要定义新的指令，则必须重新设计单片机。例如，下列指令是非法的、错误的。

  MOV Rn, @Ri   ; 寄存器不能同寄存器间址互传数据

  MOV #data, A   ; 立即数不能作目标操作数

  【例 3-2】 若(R0)=30H，片内 RAM(30H)=57H，片内 RAM(40H)=7FH，试比较下列 4 条指令执行后的结果：

  MOV A, R0

  MOV A, @R0

  MOV A, #40H

  MOV A, 40H

  解：它们的执行结果为

  MOV A, R0   ; (A)=30H

  MOV A, @R0 ; (A)=57H

  MOV A, #40H ; (A)=40H

  MOV A, 40H   ; (A)=7FH

  【例 3-3】 内部 RAM 中(70H)=60H，(60H)=20H，若 P1 口输入的数据为#0B7H，执行下列程序段后的结果如何？

  MOV R0, #70H

  MOV A, @R0

  MOV R1, #60H

  MOV B, @R1

  MOV @R0, P1

  MOV P3, P1

  解：运行结果为：

  P3=0B7H (70H)=0B7H A=60H B=20H R1=60H R0=70H

  【例 3-4】 用指令完成将片内 RAM 15H 单元的内容 0A7H 送 55H 单元。

  解法 1： MOV 55H, 15H

  解法 2： MOV R6, 15H

      MOV 55H, R6

  解法 3： MOV R1, #15H

      MOV 55H, @R1

  解法 4： MOV A, 15H

      MOV 55H, A

  【例 3-5】 编写程序使 30H 单元和 40H 单元中的内容进行交换。

34

解：30H 和 40H 单元中都装有数据，要想把其中的内容相交换必须寻求第三个存储单元对其中的一个数进行缓冲，这个存储单元若选为累加器 A，则相应程序如下：

```
MOV    A, 30H          ; (A)←(30H)
MOV    30H, 40H        ; (30H)←(40H)
MOV    40H, A          ; (40H)←(A)
```

3.3.2　访问外部 RAM 数据传送指令

在 51 系列单片机中，与外部存储器 RAM 或 I/O 端口之间进行数据交换的只可以是累加器 A，即所有片外 RAM 或者 I/O 端口数据传送必须通过累加器 A 进行。指令助记符为 MOVX，其中的 X 表示外部（External）。

```
MOVX   A, @Ri          ; (A)←((Ri))(i=0.1)
MOVX   @Ri, A          ; ((Ri))(i=0.1)←(A)
MOVX   A, @DPTR        ; (A)←((DPTR))
MOVX   @DPTR, A        ; ((DPTR))←(A)
```

要点分析：

1）要访问片外 RAM，必须要知道 RAM 单元的地址，在后两条指令中，地址是被直接放在 DPTR 中，可寻址外部 RAM 的 64KB 空间。而前两条指令，由于 Ri（即 R0 或 R1）是 8 位的寄存器，所以仅限于访问片外 RAM 的低 256 个单元。

2）使用访问外部 RAM 数据传送指令时，应当首先将要读或写的地址送入 DPTR 或 Ri 中，然后再用读或者写命令。

3）也可以由 P2 与 R0 或 P2 与 R1 组成 16 位地址指针，寻址外部 RAM 的 64KB 空间。

【例 3-6】　编写程序将外部存储器 2000H 单元的内容送入外部 RAM 的 2100H 单元中。

解：程序如下：

```
MOV    DPTR, #2000H    ; (DPTR)←2000H
MOVX   A, @DPTR        ; (A)←((DPTR))
MOV    DPTR, #2100H    ; (DPTR)←2100H
MOVX   @DPTR, A        ; ((DPTR))←(A)
```

3.3.3　程序存储器向累加器 A 传送数据指令

这类指令共有两条，均属于变址寻址指令，因专门用于从 ROM 中查找数据而又称为查表指令。指令助记符为：MOVC，其中的 C 表示代码（Code）。指令的格式为

```
MOVC   A, @A+DPTR      ; (A)←((A)+(DPTR))
MOVC   A, @A+PC        ; (PC)←(PC)+1, (A)←((A)+(PC))
```

功能：把累加器 A 中内容（8 位无符号数）加上基址寄存器（PC，DPTR）内容，求得程序存储器某单元地址，再将该单元内容送到累加器 A 中。

以上第一条 MOVC 指令是 64KB 存储空间内的查表指令，实现程序存储器到累加器的常数传送，每次传送一个字节，如图 3-5 所示。

两条指令的不同之处如下：

1）MOVC　A, @A+DPTR：这条指令的执行结果只与指针 DPTR 及累加器 A 的内容有

35

关，与该指令存放的地址无关。因此，表格的大小和位置可以在 64KB 程序存储器中任意安排，并且一个表格可以为各个程序块所共用。

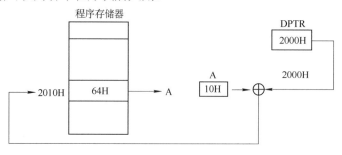

图 3-5 查表指令

2）MOVC A, @A+PC：这条指令的优点是不改变特殊功能寄存器和 PC 的状态，只要根据 A 的内容就可以取出表格中的常数。缺点是表格只能放在该条查表指令后面的 256 个单元之内，表格的大小受到限制，而且表格只能被一段程序所利用。

【例 3-7】 在片内 20H 单元存有一个 0～9 的 BCD 码数，用查表法获得相应的 ASCII 码，并将其送入 21H 单元（设当(20H)=07H 时）。

解：设 1008H 单元开始存放 BCD 码数的 ASCII 码，设 MOVC 指令所在地址（PC）=1004H，则有偏移量=1008H–(1004H+1)=03H。

相应的程序如下：

```
                    ORG    1000H          ; 指明程序在 ROM 中存放始地址
1000H   BCD_ASC1: MOV   A, 20H          ; (A)←(20H), (A)=07H
1002H             ADD   A, #3           ; 累加器(A)←(A)+3, 修正偏移量
1004H             MOVC  A, @A+PC         ; ┌ PC 当前值 1005H
1005H             MOV   21H, A           ; │ (A)+(PC)=0AH+1005H=100FH
1007H             RET                      │ A←ROM(100FH), (A)=37H
1008H       TAB:  DB 30H                  └
1009H             DB 31H
100AH             DB 32H
100BH             DB 33H
100CH             DB 34H
100DH             DB 35H
100EH             DB 36H
100FH             DB 37H
1010H             DB 38H
1011H             DB 39H
```

一般在采用 PC 作基址寄存器时，常数表与 MOVC 指令放在一起，称为近程查表。当采用 DPTR 作基址寄存器时，程序如例 3-8 所示，TAB 可以放在 64KB 程序存储器空间的任何地址上，称为远程查表，不用考虑查表指令与表格之间的距离。

若使用远程查表指令，编程如下：

```
                    ORG      1000H
```

```
BCD_ASC2:  MOV    A, 20H
           MOV    DPTR, #TAB      ; TAB 首址送 DPTR
           MOVC   A, @A+DPTR      ; 查表
           MOV    21H, A
           RET
TAB:       DB 30H, 31H, 32H, 33H, 34H, 35H, 36H, 37H, 38H, 39H
```

【例 3-8】 已知累加器 A 中有一个 0～9 范围内的数，试用以上查表指令编出能查找出该数二次方值的程序。

解：分析，为了进行查表，必须确定一张 0～9 的二次方值表。若该二次方值表起始地址为 2000H，则相应二次方值表如图 3-6 所示。

2000H	0
2001H	1
2002H	4
2003H	9
2004H	16
2005H	25
2006H	36
2007H	49
2008H	64
2009H	81

表中，累加器 A 中之数恰好等于该数二次方值对表起始地址的偏移量。例如，5 的二次方值为 25，25 的地址为 2005H，它对 2000H 的地址偏移量也为 5。因此，查表时作为基址寄存器用的 DPTR 或 PC 的当前值必须是 2000H。

```
MOV    DPTR, #2000H   ; (DPTR)←表起始地址 2000H
MOVC   #A, @A+DPTR    ; (A)←((A)+(DPTR))
```

图 3-6　0～9 二次方值表

```
TAB: DB   0, 1, 4, 9, 16, 25, 36, 49, 64, 81
```

显然，单片机根据 A+DPTR 便可找到累加器 A 中数的二次方值，且保留在 A 中。

3.3.4　数据交换指令

数据交换指令分为两种：字节交换指令和半字节交换指令。

1. 字节交换指令（XCH，Exchange　3 条）

```
XCH   A, Rn          ; (A)←→(Rn)
XCH   A, @Ri         ; (A)←→((Ri))(i=0.1)
XCH   A, direct      ; (A)←→(direct)
```

功能：将累加器 A 的内容与源操作数（Rn、direct 或@Ri）所指定单元的内容相互交换。

2. 半字节交换指令（1 条）

```
XCHD A, @Ri          ; (A)₃~₀←→((Ri))₃~₀(i=0.1)
```

功能：将累加器 A 中的内容的低 4 位与 Ri 所指定的片内 RAM 单元中的低 4 位互换，但它们的高 4 位均不变。

例如：设(A)=0ABH，(R0)=30H，(30H)=12H，执行指令 XCHD A，@R0 后，(A)=A2H，(30H)=1BH。

3. 累加器 A 高低半字节交换指令（1 条）

```
SWAP   A             ; (A)₇~₄←→(A)₃~₀
```

功能：将累加器 A 的高 4 位与低 4 位内容互换，不影响标志位。

【注意】 数据交换主要是在内部 RAM 单元与累加器 A 之间进行，可以保存目的操作数。

例如将片内 RAM 60H 单元与 61H 单元的数据交换，不能用：XCH　　60H, 61H

应该写成：　MOV　　A, 60H

```
        XCH     A, 61H
        MOV     60H, A
```

【例 3-9】 已知外部 RAM 20H 单元中有一个数 X，内部 RAM 20H 单元中有一个数 Y，试编写可以使它们互相交换的程序。

解：本题是一个字节交换问题，故可以采用三条字节交换指令中的任何一条。若采用第三条字节交换指令，则相应程序为

```
        MOV     R1, #20H        ; (R1)←20H
        MOVX    A, @R1          ; (A)←X
        XCH     A, @R1          ; (20H)←X, (A)←Y
        MOVX    @R1, A          ; Y→(20H)(片外 RAM)
```

【例 3-10】 已知 50H 中有一个 0～9 的数，请使用交换指令编程把它变成相应的 ASCII 码程序。注意本题与例 3-7 的区别。

解：0～9 的 ASCII 码为 30H～39H。进行比较后发现，两者之间仅相差 30H，故可以利用半字节指令把 0～9 的数装配成相应的 ASCII 码。程序如下：

```
        MOV     R0, #50H        ; (R0)←50H
        MOV     A,  #30H        ; (A)←30H
        XCHD    A,  @R0         ; A 中形成相应的 ASCII 码
        MOV     @R0, A          ; ASCII 码送回 50H 单元
```

3.3.5 堆栈操作指令

片内 RAM 数据区中具有先进后出特点的存储区域称为堆栈，主要用于保护断点和恢复现场。堆栈操作有进栈和出栈操作，即压入和弹出数据。

```
        PUSH    direct          ; (SP)←(SP)+1, (SP)←(direct)
        POP     direct          ; (direct)←(SP), (SP)←(SP)–1
```

功能如下：

1）PUSH 称为压栈指令，将指定的直接寻址单元的内容压入堆栈。先将堆栈指针 SP 的内容+1，指向栈顶的一个单元，然后把指令指定的直接寻址单元内容送入该单元。

2）POP 称为出栈指令，它是将当前堆栈指针 SP 所指示的单元内容弹出到指定的内部 RAM 单元中，然后再将 SP 减 1。

指令执行过程如图 3-7 所示。

【注意】 堆栈操作的特点是"先进后出"，在使用时应注意指令顺序；进栈、出栈指令只能以直接寻址方式来取得操作数，不能用累加器 A 或工作寄存器 Rn 作为操作数。

【例 3-11】 分析以下程序的运行结果。

```
        MOV     R2, #05H
        MOV     A, #01H
        PUSH    ACC             ; ACC 表示累加器 A 的直接地址
        PUSH    02H             ; 02H 表示 R2 的直接地址
        POP     ACC
        POP     02H
```

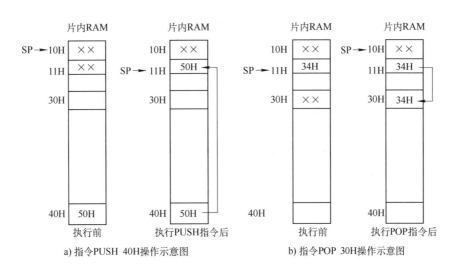

a) 指令 PUSH 40H 操作示意图　　　　　b) 指令 POP 30H 操作示意图

图 3-7　堆栈指令执行过程

解：结果是 (R2)=01H，而 (A)=05H。也就是两者进行了数据交换。因此，使用堆栈时，入栈的顺序和出栈的顺序必须相反，才能保证数据被送回原位，即恢复现场。

3.4　算术运算类指令

51 系列单片机的算术运算类指令共有 24 条，包括加、减、乘、除 4 种基本算术运算指令，这 4 种指令能对 8 位的无符号数进行直接运算，借助溢出标志，可对有符号数进行补码运算；借助进位标志，可实现多字节的加、减运算，同时还可对压缩的 BCD 码进行运算，其运算功能较强。

算术运算指令执行结果将影响标志位，但是加 1 和减 1 指令不影响进位标志（Cy）、辅助进位标志（AC）和溢出标志位（OV）这些标志。

3.4.1　加法指令

51 系列单片机的加法指令分为 4 类，共 14 条。

1. 不带进位位的加法指令（ADD，Addition 4 条）

　　ADD　A, Rn　　　　　　　　　; (A)←(A)+(Rn)(n=0~7)
　　ADD　A, direct　　　　　　　; (A)←(A)+(direct)
　　ADD　A, @Ri　　　　　　　　; (A)←(A)+((Ri))(i=0.1)
　　ADD　A, #data　　　　　　　; (A)←(A)+ #data

功能：将两个操作数相加，结果再送回累加器中。

说明：对于无符号数相加，若 Cy 置"1"，说明和数溢出（大于 255）。对于有符号数相加时，和数是否溢出（大于 +127 或小于 –128），可通过溢出标志 OV 来判断，若 OV 为"1"，说明和数溢出。

【例 3-12】 (A)=85H，R0=20H，(20H)=0AFH，执行指令：ADD　A, @R0 后，求 PSW 各位的值。

解：

$$\begin{array}{r} 10000101 \\ +\quad 00101111 \\ \hline 1\ 00110100 \end{array}$$

结果：(A)=34H；Cy=1；AC=1；OV=1；P=1。

对于加法，溢出只能发生在两个同符号数相加的情况。在进行有符号数的加法运算时，溢出标志 OV 是一个重要的编程标志，利用它可以判断两个有符号数相加，和数是否溢出。

2. 带进位加法指令（ADDC，Addition with Carry 4 条）

ADDC	A, Rn	; (A)←(A)+(Rn)+(Cy)
ADDC	A, direct	; (A)←(A)+(direct)+(Cy)
ADDC	A, @Ri	; (A)←(A)+((Ri))+(Cy)
ADDC	A, #data	; (A)←(A)+data+(Cy)

功能：累加器 A 中的内容加上源操作数中的内容及进位位 Cy，再存入累加器 A 中。

说明：进位位为上一次进位标志 Cy 的内容。指令对于标志位的影响与不带进位加法指令相同。

【例 3-13】 试把存放在 R1R2 和 R3R4 中的两个 16 位数相加，结果存于 R5R6 中。

解：参考程序为

MOV	A, R2	; 取第一个数的低 8 位
ADD	A, R4	; 两数的低 8 位相加
MOV	R6, A	; 保存和的低 8 位
MOV	A, R1	; 取第一个数的高 8 位
ADDC	A, R3	; 两数的高 8 位相加，并把低 8 位相加时的进位位加进来
MOV	R5, A	; 把相加的高 8 位存入 R5 寄存器中
SJMP	$	

3. 增量指令（INC，Increase 5 条）

INC	A	; (A)←(A)+1
INC	Rn	; (Rn)←(Rn)+1
INC	direct	; (direct)←(direct)+1
INC	@Ri	; ((Ri))←((Ri))+1
INC	DPTR	; (DPTR)←(DPTR)+1

功能：将指令中指出的操作数的内容加 1，第一条指令对 P 标志有影响，其余指令不影响任何标志位。

说明：若原来的内容为 0FFH，则加 1 后将产生溢出，使操作数的内容变成 00H，但不影响任何标志。最后一条指令是对 16 位的数据指针寄存器 DPTR 执行加 1 操作，指令执行时，先对低 8 位指针 DPL 的内容加 1，当产生溢出时就对高 8 位指针 DPH 加 1，也不影响任何标志。

【例 3-14】 设(A)=12H，(R3)=0FH，(35H)=4AH，(R0)=56H，(56H)=00H，分析执行如下指令后的结果。

INC	A
INC	R3
INC	35H

```
INC    @R0
```

解：执行后(A)=13H；(R3)=10H；(35H)=4BH；(56H)=01H。

4．十进制调整指令（Decimal Adjust for Addition　1 条）

```
DA    A
```

功能：若$(A)_{3\sim0}>9$ 或 AC=1，则$(A)_{3\sim0}\leftarrow(A)_{3\sim0}+6$；

若$(A)_{7\sim4}>9$ 或 Cy=1，则$(A)_{7\sim4}\leftarrow(A)_{7\sim4}+6$。

要点分析：

1）这条指令必须紧跟在 ADD 或 ADDC 指令之后，对加法指令的结果进行调整，且这里的 ADD 或 ADDC 的操作是对压缩的 BCD 码表示的数进行运算。

2）DA 指令不影响溢出标志。

例如，两个十进制数"65"与"58"相加，结果应为 BCD 码"123"，程序如下：

```
MOV    A,#65H
ADD    A,#58H
DA     A
```

结果：(A)=23H　　(Cy)=1

这段程序中，第一条指令将立即数 65H（BCD 码）送入累加器 A；第二条指令进行如下加法，得结果 BDH；第三条指令对累加器 A 进行十进制调整，最后得到调整的 BCD 码 23，(Cy)=1，如下所示：

```
    6   5      0110 0101
    5   8      0101 1000
+   6   6      0110 0110
  ─────────────────────────
   17  19      10010 0011
                 1   2   3
```

3.4.2　减法指令

51 系列单片机的减法指令分为 2 类，共 8 条。

1．带借位减法指令（SUBB, Subtract with Borrow　4 条）

```
SUBB    A, #data    ; (A)←(A)–data–Cy
SUBB    A, Rn       ; (A)←(A)–(Rn)–Cy
SUBB    A, direct   ; (A)←(A)–(direct)–Cy
SUBB    A, @Ri      ; (A)←(A)–((Ri))–Cy
```

功能：累加器 A 中的内容减去源操作数中的内容及进位位 Cy，差值存入累加器 A 中。

2．减 1 指令（DEC, Decrease　4 条）

```
DEC    A         ; (A)←(A)–1
DEC    Rn        ; (Rn)←(Rn)–1
DEC    direct    ; (direct)←(direct)–1
DEC    @Ri       ; ((Ri))←((Ri))–1
```

功能：使指令中源地址所指 RAM 单元中的内容减 1。第一条减 1 指令对奇偶标志位有影响，其余减 1 指令不影响 PSW 标志位。

【例 3-15】 分析执行程序指令 SUBB　A, #64H 的结果，设(A)=49H，(Cy)=1。

解：　　　　　　　0100 1001(49H)

　　　　　　　　　0110 0100(64H)

　　　　　　−)　　　　　　　1

　　　　　　　　1｜1110 0100

结果：(A)=E4H，(Cy)=1，(P)=0，(AC)=0，(OV)=0。

【例 3-16】 设(A)=D9H，(R0)=87H，求执行减法指令后的结果。

解：CLR　　　C；清进位位

　　SUBB　　A, R0

　　　　　　11011001(D9H)

　　　　　　10000111(87H)

　　−　　　　　　0(Cy)

　　　01010010

结果：(A)=52H，(CY)=0，(AC)=0，(P)=1，(OV)=0。

【例 3-17】 十进制减法程序（单字节 BCD 数减法）要求：
(20H)−(21H)→(22H)。

解：本例主要考虑到 DA　A 只能对加法调整，故必须先化
BCD 减法为加法做，关键为求两位十进制减数的补码（9AH−
减数）流程图如图 3-8 所示。

参考程序如下：

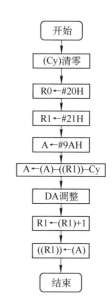

图 3-8　例 3-17 程序流程图

```
CLR     C
MOV     R0, #20H
MOV     R1, #21H
MOV     A, #9AH
SUBB    A, @R1          ; 求补
ADD     A, @R0          ; 求差
DA      A
INC     R1
MOV     @R1, A          ; 存结果
```

3.4.3　乘法指令

　　　　　　MUL　　AB　　　　　; (B)(A)←(A)×(B)

功能：把累加器 A 和寄存器 B 中的 8 位无符号整数相乘，乘积为 16 位，乘积的低 8 位
存于 A 中，高 8 位存于 B 中。指令执行对 PSW 的影响如下：

1）若乘积大于 255，OV=1；否则，OV=0。

2）Cy 总是为"0"。

3）P 受累加器 A 中的内容影响。

例如：(A)=50H，(B)=A0H，执行 MUL　AB 后，结果为(B)=32H，(A)=00H，(OV)=1。

3.4.4　除法指令

DIV　AB　　　　　　　　　；(A)←(A/B)的(商)，(B)←(A/B)的(余数)

功能：把累加器 A 中的 8 位无符号整数除以寄存器 B 中 8 位无符号整数，商放在 A 中，余数放在 B 中。指令执行对 PSW 的影响如下：

1）Cy、OV 清零。

2）若(B)=0，则 OV=1。

3）P 受累加器 A 中的内容影响。

除法指令说明：

1）乘法指令和除法指令需要 4 个机器周期，是指令系统中执行时间最长的指令。

2）在进行 8 位数乘除法运算时，必须将相应的被乘数和乘数、被除数和除数分别放入累加器 A 和寄存器 B 中，才能进行计算。

3）在 51 系列单片机中，乘法和除法指令仅适用于 8 位数乘法和除法运算。如果被乘数、被除数和除数中有一个是 16 位数，则不能用这两个指令。

3.5　逻辑运算类指令

逻辑操作指令用于对两个操作数进行逻辑乘、逻辑加、逻辑取反和异或等操作。循环移位指令可以对累加器 A 中的数进行循环移位。

逻辑运算指令共 24 条，包括与、或、异或、清零、求反和左、右移位等逻辑指令。按操作数也可分为单、双操作数两种。逻辑运算指令涉及寄存器 A 时，影响 P，但对 AC、OV 及 Cy 没有影响。

3.5.1　累加器 A 的逻辑运算指令

A 操作指令共有 6 条，可以实现将累加器 A 中的内容进行取反，清零，循环左、右移位、带 Cy 循环左、右移位。

1．累加器清零（CLR, Clear　1 条）

　　　CLR　A　　　　　；(A)←0

2．累加器按位取反指令（CPL, Complement　1 条）

　　　CPL　A　　　　　；(A)←(/A)

【注意】 逻辑运算是按位进行的，累加器的按位取反实际上是逻辑非运算；当需要只改变字节数据的某几位，而其余位不变时，不能使用直接传送方法，只能通过逻辑运算完成。

3．循环移位指令（4 条）

前两条属于不带 Cy 标志位的循环移位指令，后面两条指令为带 Cy 标志位的左移和右移。

　　　RL　　A　　　　　　　；RL 即 Rotate Left，将 A 的内容循环左移 1 位

$$A7 \leftarrow A6 \leftarrow A5 \leftarrow A4 \leftarrow A3 \leftarrow A2 \leftarrow A1 \leftarrow A0$$

　　　RLC　　A　　　　　　；RLC 即 Rotate Left with Carry，带 Cy 循环左移 1 位

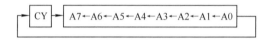

RR A   ；RL 即 Rotate Right，循环右移 1 位

RRC A   ；RLC 即 Rotate Right with Carry，带 Cy 循环右移 1 位

【注意】 执行 RL 指令 1 次，相当于把原内容乘以；执行 RR 指令 1 次，相当于把原内容除以 2。

【例 3-18】 编程实现 16 位数的算术左移。设 16 位数存放在内部 RAM 40H、41H 单元，低位在前。提示：算数左移是指将操作数整体左移一位，最低位补充 0，相当于完成对 16 位数的乘 2 操作。

解：需要带 Cy 的循环左移，在第一次移位之前 Cy 必须清零。程序如下：

```
CLR    C           ; Cy 清零
MOV    A, 40H      ; 取操作数低 8 位送 A
RLC    A           ; 低 8 位左移一位
MOV    40H, A      ; 送回原单元保存
MOV    A, 41H      ; 指向高 8 位
RLC    A           ; 高 8 位左移
MOV    41H, A      ; 送回 41H 单元保存
```

3.5.2 两个操作数的逻辑操作运算指令

两个操作数的逻辑运算指令共有 18 条，分为逻辑与指令、逻辑或指令和逻辑异或指令。

1. 逻辑"与"操作指令（And on logical　6 条）

```
ANL    A, Rn           ; (A)←(A)∧(Rn)
ANL    A, direct       ; (A)←(A)∧(direct)
ANL    A, @Ri          ; (A)←(A)∧((Ri))(i=0.1)
ANL    A, #data        ; (A)←(A)∧data
ANL    direct, A       ; (direct)←(direct)∧(A)
ANL    direct, #data   ; (direct)←(direct)∧data
```

功能：将两个操作数的内容按位进行逻辑与操作，并将结果送回目的操作数的单元中。利用"与"操作可屏蔽一些位或影响标志位。例如要将一个字节中的高 4 位清零，可用 0FH 进行"与"操作。

2. 逻辑"或"操作指令（Or on Logical　6 条）

```
ORL    A, Rn           ; (A)←(A)∨(Rn)
ORL    A, direct       ; (A)←(A)∨(direct)
ORL    A, @Ri          ; (A)←(A)∨((Ri))
```

```
ORL     A, #data         ; (A)←(A)∨data
ORL     direct, A        ; (direct)←(direct)∨(A)
ORL     direct, #data    ; (direct)←(direct)∨data
```

功能：将两个操作数的内容按位进行逻辑或操作，并将结果送回目的操作数的单元中。利用"或"操作可进行数位的组合。例如要把数字转换成 ASCII 码，可用 30H 进行或操作。

【例 3-19】　在 30H 与 31H 单元有两个非压缩 BCD 码（高位在 30H 单元），编程将它们合并到 30H 单元以节省内存空间。

解：程序为

```
MOV     A, 30H
SWAP    A                ; A 中高，低 4 位数互换
ORL     A, 31H           ; 合并为压缩 BCD 码
MOV     30H, A           ; 回存到 30H 单元
```

【例 3-20】　编写程序将累加器 A 中的低 4 位从 P1 口的低 4 位输出，P1 口的高 4 位不变。

解：程序为

```
ANL     A, #00001111B
MOV     30H, A           ; 保留 A 中的低 4 位
MOV     A, P1
ANL     A, #11110000B    ; P1 的高 4 位不变
ORL     A, 30H
MOV     P1, A
```

3. 逻辑异或指令（6 条）

```
XRL     A, Rn            ; (A)←(A)⊕(Rn)
XRL     A, direct        ; (A)←(A)⊕(direct)
XRL     A, @Ri           ; (A)←(A)⊕((Ri))
XRL     A, #data         ; (A)←(A)⊕data
XRL     direct, A        ; (direct)←(direct)⊕(A)
XRL     direct, #data    ; (direct)←(direct)⊕data
```

功能：将两个操作数的内容按位进行逻辑"异或"操作，并将结果送回目的操作数。

【注意】　逻辑"异或"指令常用来使字节中某些位进行取反操作，其他位保持不变。若某位需要取反则该位与"1"相异或；保留某位则该位与"0"相"异或"。利用"异或"指令对某单元自身"异或"，可以实现清零操作。

【例 3-21】　已知外部 RAM 30H 中有数 0AAH，现欲令它高 4 位不变和低 4 位取反，试编写相应程序。

解：完成本题有多种求解方法，现介绍其中两种。

（1）利用 MOVX　A, @Ri 类指令

```
ORG     0100H            ; 定位程序的起始地址
MOV     R0, #30H         ; 地址 30H 送 R0
MOVX    A, @R0           ; (A)←0AAH
XRL     A, #0FH          ; (A)←0AAH⊕0FH=A5H
```

MOVX	@R0, A	; 送回 30H 单元
SJMP	$	; 等待
END		; 汇编程序结束

程序中，异或指令执行过程为

$$
\begin{array}{r}
(30\text{H}) = 1\ 0\ 1\ 0\ 1\ 0\ 1\ 0\ \text{B} \\
\oplus \quad data = 0\ 0\ 0\ 0\ 1\ 1\ 1\ 1\ \text{B} \\
\hline
(30\text{H}) \quad 1\ 0\ 1\ 0\ 0\ 1\ 0\ 1\ \text{B}
\end{array}
$$

（2）利用 MOVX　A, @DPTR　类指令

ORG	0200H	; 定位程序的起始地址
MOV	DPTR, #0030H	; 地址 0030H 送 DPTR
MOVX	A, @DPTR	; (A)←0AAH
XRL	A, #0FH	; (A)←0AAH⊕0FH=A5H
MOVX	@DPTR, A	; 送回 30H 单元
SJMP	$	; 等待
END		; 汇编程序结束

【例 3-22】 编写程序完成下列各题：

（1）选用工作寄存器组中 0 区为工作区。

（2）利用移位指令实现累加器 A 的内容乘 6。

解：程序如下：

（1）	ANL	PSW, #11100111B	; PSW 的 D4、D3 位为 00
（2）	CLR	C	
	RLC	A	; 左移一位，相当于乘 2
	MOV	R0, A	
	CLR	C	
	RLC	A	; 再乘 2，即乘 4
	ADD	A, R0	; 乘 2+乘 4=乘 6

3.6　位操作指令

位操作指令又称为布尔指令。51 系列单片机的硬件结构除了 8 位 CPU 外，还有一个布尔处理器（或称位处理器），可以进行位寻址。位操作指令可以分为位传送指令、位修改及位逻辑操作等。该类指令一般不影响标志位。

寻址内部 RAM 中的范围为内部 20H～2FH（00H～0FFH）中的 128 个可寻址位和 SFR 中的可寻址位。

3.6.1　位变量传送指令

位变量传送指令有互逆的 2 条，可实现进位位 C 与某直接寻址位 bit 间内容的传送。

MOV	C, bit	; (Cy)←(bit)
MOV	bit, C	; (bit)←(Cy)

功能：把源操作数的布尔变量送到目的操作数指定的位地址单元，其中一个操作数必须为进位标志 Cy，另一个操作数可以是任何可直接寻址位。

【例 3-23】 编写程序将 20H.0 的内容传送到 22H.0。

解：程序如下：

```
MOV    C, 20H.0
MOV    22H.0, C
```

也可写成：

```
MOV    C, 00H          ; (Cy)←20H.0
MOV    10H, C          ; 22H.0←(Cy)
```

值得注意的是：后两条指令中的 00H 和 10H 分别为 20H.0 和 22H.0 位地址，它不是字节地址。

3.6.2　位变量修改指令

位变量修改指令共有 6 条，分别是对位进行清 0、置 1 和取反指令，不影响其他标志。

```
CLR    C              ; (Cy)←0
CLR    bit            ; (bit)←0
CPL    C              ; (Cy)←(/Cy)
CPL    bit            ; (bit)←(/bit)
SETB   C              ; (Cy)←1
SETB   bit            ; (bit)←1
```

3.6.3　位变量逻辑操作指令

位变量逻辑操作指令包括位变量逻辑"与"和逻辑"或"，共有 4 条指令。

```
ANL    C, bit         ; (Cy)←(Cy)∧(bit)
ANL    C, /bit        ; (Cy)←(Cy)∧(/bit)
ORL    C, bit         ; (Cy)←(Cy)∨(bit)
ORL    C, /bit        ; (Cy)←(Cy)∨(/bit)
```

【注意】 位变量逻辑运算指令中无逻辑"异或"（XRL）。

【例 3-24】 编写程序段满足只在 P1.0 为 1、ACC.7 为 1 和 OV 为 0 时，置位 P3.1 的逻辑控制（其硬件电路见图 3-9）。

解：程序如下：

```
MOV    C, P1.0
ANL    C, ACC.7
ANL    C, /OV
MOV    P3.1, C
```

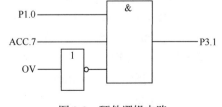

图 3-9　硬件逻辑电路

3.7　控制转移类指令

转移类指令的共同特点是可以改变程序执行的顺序，使 CPU 转移到另一处执行，或者是继续顺序地执行。无论是哪一类指令，执行后都以改变程序计数器 PC 中的值为目标。

转移类指令分为 4 类：无条件转移、条件转移、调用指令及返回指令，共计有 16 条指令，另外还有一条 NOP 指令。除 NOP 指令执行时间为一个机器周期外，其他转移指令的执行时间都是两个机器周期。

3.7.1 无条件转移指令

无条件转移指令有 4 条，执行指令后程序的执行顺序是必须转移的。

1. 绝对转移指令（Absolute Jump）

AJMP　　addr11　　　　　　　；(PC)←(PC)+2, (PC)$_{10\sim0}$←addr11

这是 2KB 范围内的无条件转移指令，执行该指令时，先将 PC 的内容加 2，然后将 addr11 送入(PC)$_{10\sim0}$，而(PC)$_{15\sim11}$保持不变。需要注意的是，由于 AJMP 是双字节指令，当程序转移时 PC 的内容加 2，因此转移的目标地址应与 AJMP 下相邻指令第一字节地址在同一双字节范围。本指令不影响标志位。

其指令格式为

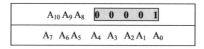

例如，程序存储器的 2070H 地址单元有绝对转移指令：

2070H　　AJMP　　16AH(00101101010B)

因此指令的机器代码为

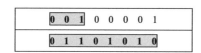

程序计数器 PC $_{当前}$=PC+2=2070H+02H=2072H(0010 0000 0111 0010)，取 PC $_{当前}$的高 5 位 00100 和指令机器代码给出的 11 位地址 00101101010 最后形成的目的地址为 0010 0001 0110 1010B=216AH。

2. 相对转移指令（Short Jump）

SJMP　　rel　　　　　　　　；(PC)←(PC)+2+rel

转移范围为当前 PC 值的–128～+127 范围内，共 256 个单元。

若偏移量 rel 取值为 0FEH（–2 的补码），则目标地址等于源地址，相当于动态停机，程序终止在这条指令上，停机指令在调试程序时很有用。51 系列单片机没有专用的停机指令，若要求动态停机，可用 SJMP 指令来实现：

HERE：SJMP　　HERE　　　；动态停机

或写成 HERE：SJMP　　$　；"$"表示本指令首字节所在单元的地址，使用它可省略标号。

3. 长转移指令（Long Jump）

LJMP　　　addr16　　　　　；(PC)←addr16

执行该指令时，将 16 位目标地址 addr16 装入 PC，程序无条件转向指定的目标地址。转移指令的目标地址可在 64KB 程序存储器地址空间的任何地方，不影响任何标志。

4. 间接转移指令（散转指令）

JMP　　@A+DPTR　　　　；(PC)←(A)+(DPTR)

功能：把累加器 A 中的 8 位无符号数与数据指针 DPTR 的 16 位数相加，其和作为下一条指令的地址送入 PC，不影响标志。间接转移指令采用变址方式实现无条件转移，其特点是转移地址可以在程序运行中加以改变。例如，把 DPTR 作为基地址时，根据 A 的不同值就可以实现多分支转移，故一条指令可完成多条条件判断转移指令功能。这种功能称为散转功能，所以间接指令又称为散转指令。

【例 3-25】 编写程序根据 A 中的内容（命令编号 0～9）转相应的命令处理程序。

解：由于 LJMP 为 3 个字节指令，因此变址寄存器的内容必须乘 3。

```
        ORG     1000H
START:  MOV     R1, A
        RL      A               ; 乘 2
        ADD     A, R1           ; 完成偏移量(A)=(A)×3
        MOV     DPTR, #TABLE    ; 设定表格首地址
        JMP     @A+DPRT
TABLE:  LJMP    COMD0
          ⋮
        LJMP    COMD9
COMD0:
          ⋮
COMD9:
        END
```

3.7.2　条件转移指令

本类指令有 13 条。若条件满足，则进行程序转移，若条件不满足，仍按原程序顺序执行，故称为条件转移指令或称判跳指令。

1. 进位/无进位转移指令（Jump on Carry/Not Carry　2 条）

```
JC      rel         ; (Cy)=1，则(PC)←(PC)+2+rel
                    ; (Cy)=0，则(PC)←(PC)+2
JNC     rel         ; (Cy)=1，则(PC)←(PC)+2+rel
                    ; (Cy)=0，则(PC)←(PC)+2
```

功能：第一条指令执行时，先判断 Cy 中的值。若 Cy=1，则程序发生转移；若(Cy)=0，则程序不转移，继续执行原程序。第二条指令执行时的情况与第一条指令恰好相反：若(Cy)=0，则程序发生转移；若(Cy)=1，则程序不转移，继续执行原程序。

2. 累加器内容为零/非零转移指令（Jump on Zero/Not Zero　2 条）

```
JZ      rel         ; (A)=0，则(PC)←(PC)+2+rel
                    ; (A)≠0，则(PC)←(PC)+2
JNZ     rel         ; (A)≠0，则(PC)←(PC)+2+rel
                    ; (A)=0，则(PC)←(PC)+2
```

功能：指令不改变原累加器内容，不影响标志位。转移的目标地址在以下一条指令的起始地址为中心的 256 个字节范围之内（−128～+127）。当条件满足时，(PC)←(PC)+2+rel，其

中，(PC)为该条件转移指令的第一个字节的地址。其执行过程如图 3-10 所示。

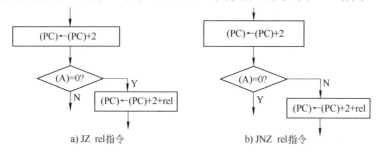

a) JZ rel指令   b) JNZ rel指令

图 3-10   JZ 和 JNZ 指令执行示意图

3. 比较不相等转移指令（Compare Jump on Not Equal 4 条）

CJNE   A, #data, rel   ; (A)=data，则(PC)←(PC)+3

; (A)≠data，则(PC)←(PC)+3+rel，并产生 Cy 标志

CJNE   A, direct, rel   ; (A)=(direct)，则(PC)←(PC)+3

; (A)≠(direct)，则(PC)←(PC)+3+rel

; 并产生 Cy 标志

CJNE   Rn, #data, rel   ; (Rn)=data，则(PC)←(PC)+3

; (Rn)≠data，则(PC)←(PC)+3+rel，并产生 Cy 标志

CJNE   @Ri, #data, rel   ; ((Ri))=data，则(PC)←(PC)+3

; ((Ri))≠data，则(PC)←(PC)+3+rel，并产生 Cy 标志

比较不相等转移指令为 3 字节、3 操作数的相对转移指令。

功能：比较前面两个操作数的大小，如果它们的值不相等，则转移。转移地址的计算方法与上述两条指令相同。

这类指令十分有用，但使用时应注意以下问题：

1）这四条指令都是 3 字节指令，指令执行时 PC 三次加 1，然后再加地址偏移量 rel。由于 rel 的地址范围为–128～+127，因此指令的相对转移范围为–125～+130。

2）指令执行过程中的比较操作实际上是减法操作，但不保存两数之差，产生 Cy 标志。

3）若参加比较的两个操作数 X 和 Y 是无符号数，则可以直接根据指令执行后产生的 Cy 来判断两个操作数的大小。若 Cy=0，则 X≥Y；若 Cy=1，则 X<Y。

4）若参加比较的两个操作数 X 和 Y 是有符号数补码，判断有符号数补码的大小可采用如图 3-11 所示的方法。

由图 3-11 可见，若 X>0 且 Y<0，则 X>Y；若 X<0 且 Y>0，则 X<Y；若 X>0 且 Y>0（或 X<0 且 Y<0）时，则需对比较条件转移中产生的 Cy 值进一步判断。若 Cy=0，则 X>Y；若 Cy=1，则 X<Y。不影响任何操作数的内容。

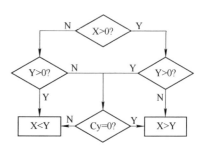

图 3-11   带符号数的比较方法

【例 3-26】已知 20H 中有一无符号数 X，若它小于 50，则转向 LOOP1 执行；若它等于 50，则转向 LOOP2 执行；若它大于 50，则转向 LOOP3 执行，试编写相应程序。

解：程序如下：

```
        MOV     A, 20H          ; (A)←X
        CJNE    A, #50, COMP    ; 若 X≠50，则转移到 COMP，产生 Cy 标志
        SJMP    LOOP2           ; 若 X=50，则转移到 LOOP2
COMP:   JNC     LOOP3           ; 若 X>50，则转移到 LOOP3
LOOP1:  ↙                      ; LOOP1 程序段
LOOP2:  ↙                      ; LOOP2 程序段
LOOP3:  ↙                      ; LOOP3 程序段
        END
```

【例 3-27】 已知内部 RAM 的 M1 和 M2 单元中各有一个无符号 8 位二进制数。试编程比较它们的大小，并把大数送到 MAX 单元。

解：程序如下：

```
        MOV     A, M1           ; (A)←(M1)
        CJNE    A, M2, LOOP     ; 若(A)≠(M2)，则转移到 LOOP，产生 Cy 标志
LOOP:   JNC     LOOP1           ; 若(A)≥(M2)，则转移到 LOOP1
        MOV     A, M2           ; 若(A)<(M2)，则(A)←(M2)
LOOP1:  MOV     MAX, A          ; 大数→MAX
```

4. 减 1 不为零转移指令（Decrease Jump on Not Zero 2 条）

```
DJNZ #Rn, rel           ; 2 字节指令
DJNZ #direct, rel       ; 3 字节指令，direct 可以是片内 RAM 任意字节地址。
```

功能：把源操作数减 1，结果回送到源操作数中去，如果结果不为 0，则转移。

【注意】 这两条指令均可以构成循环结构程序。

【例 3-28】 编写程序将内部 RAM 从 DATA 单元开始的 10 个无符号数相加，相加结果送 SUM 单元保存（假设结果不超过 8 位二进制数）。

解：程序如下：

```
        MOV     R0, #0AH        ; 设置循环次数
        MOV     Rl, #DATA       ; R1 作地址指针，指向数据块首地址
        CLR     A               ; A 清零
LOOP:   ADD     A, @R1          ; 加一个数
        INC     R1              ; 修改指针，指向下一个数
        DJNZ    R0, LOOP        ; R0 减 1 不为 0，继续循环
        MOV     SUM, A          ; 存 10 个数相加的和
```

5. 位测试指令（Jump on Bit/Not Bit　3 条）

```
JB      bit, rel        ; (bit)=1，则(PC)←(PC)+3+rel
                        ; (bit)=0，则(PC)←(PC)+3

JNB     bit, rel        ; (bit)=0，则(PC)←(PC)+3+rel
                        ; (bit)=1，则(PC)←(PC)+3

JBC     bit, rel        ; (bit)=1，则(PC)←(PC)+3+rel 且(bit)←0
                        ; (bit)=0，则(PC)←(PC)+3
```

功能：当某一特定条件满足时，执行转移操作指令（相当于一条相对转移指令）；条件不满足时，顺序执行下面的一条指令。

说明：这类指令可以根据位地址 bit 中的内容来决定程序的流向。其中，第一条指令和第三条指令的不同是 JBC 指令执行后还能把 bit 位清零，一条指令起到了两条指令的作用。

【例 3-29】 编写程序，统计片内 RAM 30H 单元开始的 20 个带符号数中负数的个数，结果存入 50H 单元。

解：程序如下：

```
        MOV    R7, #20        ; 循环次数存 R7
        MOV    R3, #0         ; 计数变量清零
        MOV    R0, #30H       ; 数据单元首地址存 R0
LOOP:   MOV    A, @R0         ; 取数据至 A
        RLC    A              ; 带进位向左循环移 1 位
        JNC    L1             ; Cy=0（非负数）转 L1
        INC    R3             ; Cy=1，负数，统计，(R3)←(R3)+1
L1:     INC    R0             ; 修改 R0，取下一个数
        DJNZ   R7, LOOP       ; (R7)←(R7)−1，若(R7)≠0 继续循环
        MOV    50H，R3
        SJMP   $
```

【例 3-30】 利用 P1.0、P1.1 作为外接发光二极管的起停按钮，P1.2 作为外接发光二极管端，试编制控制程序。

解：本例的硬件原理图及流程图如图 3-12 所示。程序如下：

```
START:  MOV    P1, #03H       ; P1 口作输入时，端口锁存器先置 1
WT1:    JB     P1.0, WT1
        SETB   P1.2
WT2:    JB     P1.1, WT2
        CLR    P1.2
        SJMP   WT1
```

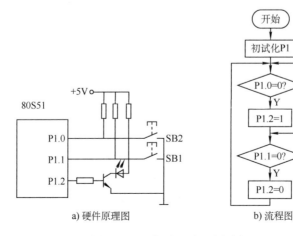

a) 硬件原理图　　　　b) 流程图

图 3-12　硬件原理图及流程图

3.7.3　调用与返回指令

在程序设计中，通常把具有一定功能的公用程序段编写成子程序，供主程序需要时调用。当主程序需要调用子程序时用调用指令，而在子程序的最后安排一条程序返回指令，以便执行完子程序后能返回主程序继续执行。按两者的关系有多次调用和子程序嵌套两种调用情况，如图 3-13 所示。

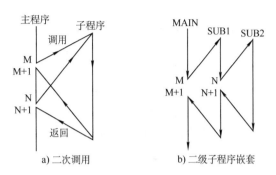

图 3-13　主程序与子程序结构

执行调用指令时，CPU 自动将当前 PC 值（该值也称断点地址）压入堆栈中，并自动将子程序入口地址送入程序计数器 PC 中；当执行返回指令时，CPU 自动把堆栈中的断点地址恢复到程序计数器 PC 中。

图 3-14a 是一个二级子程序嵌套示意图，图 3-14b 为二级子程序调用后堆栈中断点地址的存放情况。

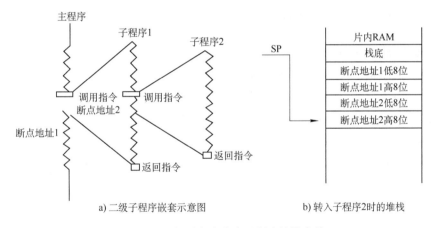

图 3-14　二级子程序嵌套及断点地址存放

当单片机执行主程序中的调用指令时，断点地址 1 被压入堆栈保护起来（先压入低 8 位，后压入高 8 位）。当执行到子程序 1 中的调用指令时，断点地址 2 又被压入堆栈。当执行到子程序 2 中的返回指令时，堆栈中的断点地址 2 被恢复到程序计数器 PC，故计算机能自动返回断点地址 2 处执行程序，此时 SP 指向断点地址 1 的高 8 位单元。当执行到子程序 1 中的返回指令时，断点地址 1 被恢复到程序计数器 PC，再返回断点地址 1 处执行主程序，此时 SP 指向堆栈的栈底（即堆栈已空）。

1. 绝对调用指令（Absolute Call　1 条）

ACALL　　addr11　　　；$(PC) \leftarrow (PC)+2$

　　　　　　　　　　　；$(SP) \leftarrow (SP)+1, (SP) \leftarrow (PC)_{7\sim0}$

　　　　　　　　　　　；$(SP) \leftarrow (SP)+1, (SP) \leftarrow (PC)_{15\sim8}$

　　　　　　　　　　　；$(PC)_{10\sim0} \leftarrow addr11$

执行时：

1）(PC)+2→(PC)，并压入堆栈，先压入 PC 低 8 位，后压入 PC 高 8 位。

2）$(PC)_{15\sim11}$ addr10～0→PC，获得子程序起始地址。

【例 3-31】 设 ACALL addr11 指令在程序存储器中起始地址为 1FFEH，堆栈指针 SP 为 60H。试画出单片机执行该指令时的堆栈变化示意图。

解：分析，执行指令时的断点地址为 1FFEH+2=2000H，指令执行后堆栈中的数据变化如图 3-15 所示。

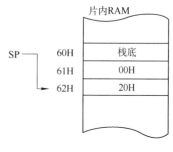

图 3-15 例 3-31 图

2. 长调用指令（Long Call 1 条）

LCALL addr16	；(PC)←(PC)+3
	；(SP)←(SP)+1, (SP)←$(PC)_{7\sim0}$
	；(SP)←(SP)+1, (SP)←$(PC)_{15\sim8}$
	；(PC)←addr16

执行时：

1）(PC)+3→(PC)，并压入堆栈，先压入 PC 的低 8 位，后压入 PC 的高 8 位。

2）addr16→PC，获得子程序起始地址；

3）可调用 64KB 地址范围内的任意子程序。

功能：指令执行后，断点进栈保存，addr16 作为子程序起始地址，编程时可用标号代替。

调用指令与转移指令的主要区别如下：

1）转移指令不保存返回地址，而子程序调用指令在转向目的地址的同时，必须保留返回地址（也称为断点地址），以便执行返回指令时回到主程序断点的位置。通常采用堆栈技术保存断点地址，这样可以允许多重子程序调用，即在子程序中再次调用子程序。

2）堆栈是内部 RAM 中一片存储区，采用先进后出的原则存取数据，调用时保护断点的工作由调用指令完成，调用后恢复断点的工作由返回指令完成。

3. 返回指令（2 条）

返回指令能自动恢复断点，将原压入堆栈的 PC 值弹回到 PC 中，保证回到断点处继续执行主程序。返回指令必须用在子程序或中断服务子程序的末尾。

（1）子程序的返回

| RET | ；$(PC)_{15\sim8}$←(SP), (SP)←(SP)−1 |
| | ；$(PC)_{7\sim0}$←(SP), (SP)←(SP)−1 |

功能：RET (Return) 指令从堆栈中取出 16 位断点地址送回 PC，使子程序返回主程序。

（2）中断返回指令

| RETI | ；$(PC)_{15\sim8}$←(SP), (SP)←(SP)−1 |
| | ；$(PC)_{7\sim0}$←(SP), (SP)←(SP)−1 |

功能：RETI (Return for Interrupt) 将堆栈顶部 2B 的内容送到 PC 中，该指令用于中断服务程序的末尾。

与 RET 指令不同的是，RETI 指令还具有清除中断优先级触发器状态、恢复中断逻辑等功能。

【例 3-32】 如图 3-16 所示，在 P1.0～P1.3 分别连接两个红灯和两个绿灯，试编制一种红绿灯定时切换的程序。红 1 和绿 1 为东西灯，红 2 和绿 2 为南北灯。

解：
```
MAIN:  MOV    A, #03H
ML:    MOV    P1, A        ; 切换红绿灯
       ACALL  DL           ; 调用延时子程序
MXCH:  CPL    A
       AJMP   ML
DL:    MOV    R7, #0A3H     ; 置延时用常数
DL1:   MOV    R6, #0FFH
DL6:   DJNZ   R6, DL6       ; 用循环来延时
       DJNZ   R7, DL1
       RET                  ; 返回主程序
```

在执行上面的程序过程中，执行到 ACALL DL 指令时，程序转移到子程序 DL，执行到子程序中的 RET 指令后又返回到主程序中的 MXCH 处。这样 CPU 不断在主程序和子程序之间转移，实现对红绿灯的定时切换。

4. 空操作指令（1 条）

NOP   ; (PC)←(PC)+1

说明：

1）该指令不执行任何操作，仅仅将程序计数器 PC 加 1，使程序继续向下执行。

2）该指令为单周期指令，所以在时间上占用一个机器周期，常用于程序的等待或时间的延迟。

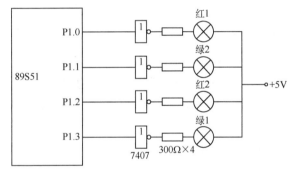

图 3-16 红绿灯和 P1 口连接图

3.8 汇编语言程序设计

汇编语言是用助记符、符号和数字等来表示指令的程序语言，它与机器码指令一一对应。用汇编语言编写的程序必须经汇编后才能生成目标代码，才能被计算机识别和执行，汇编语言和用高级语言写的程序均称为源程序。

3.8.1 汇编语言程序设计概述

源程序转换成目标程序的过程是由通用 PC 执行一种特定的翻译程序（称为汇编程序）自动完成的。这个翻译过程称为汇编。

1. 程序设计的三种语言

程序是完成某一特定任务的若干指令的有序集合。程序设计就是用计算机所能识别的语言把解决问题的步骤描述出来，即编写程序。目前计算机语言种类繁多，性能各异，大致可分为三类：机器语言、汇编语言和高级语言。

（1）机器语言

在计算机中，用二进制代码表示的指令、数字和符号简称为机器语言。直接用机器语言

编写的程序称为机器语言程序，但是用机器语言编制的程序不易看懂，难于编写、难于查错和难于交流，容易出错。

（2）汇编语言

汇编语言是一种面向机器的程序设计语言，它用英文字符来代替对应的机器语言。例如用 ADD 代替机器语言中的加法运算，这些英文字符被称为助记符。

（3）高级语言

计算机高级语言是一种面向算法、过程和对象的程序设计语言，它采用更接近人们习惯的自然语言和数学语言描述算法、过程和对象，如 BASIC、C、JAVA 等都是常用的高级语言。

2．汇编语言程序设计思路

在编写汇编语言程序时，应遵循程序设计简明，占用内存少，执行时间最短的原则，一般有以下几个过程：

（1）分析问题，确定算法

先对所需解决的问题进行分析，明确目的和任务，了解现有条件和目标要求后再确定解决该问题的方法和步骤，即通常所说的算法。对于一个问题，一般有多种不同的解决方案，通过比较从中挑选最优方案。

（2）画程序流程图

把算法用流程图描述出来，即用流程图中的各种图形、符号、流向线等来描述程序设计的过程，它可以清晰表达程序的设计思路。

起止框：开始和结束框，在程序的开始和结束时使用。

判断框：进行条件判断，以决定程序的流向。

处理框：表示各种处理和运算。

流向线：表示程序执行的流向。

连接点：圈中标注相同数字或符号的，表示连接在一起。

（3）编写源程序

根据流程图中各部分的功能，选取合适的指令和结构编写出具体程序。

（4）汇编和调试

对已编写好的程序，先进行汇编。在汇编过程中，若还有语法错误，需要对源程序进行修改。

汇编工作完成后，上机调试运行。先输入给定的数据，运行程序，检查运行结果是否正确，若发现错误，通过分析，再对源程序进行修改。

3.8.2　常用伪指令

伪指令又称汇编程序控制指令，是指示性语句，并不是真正的指令，不产生相应的机器码。它们只在计算机将汇编语言转换为机器码时指导汇编过程，告诉汇编程序如何完成汇编工作。

1．汇编起始地址伪指令

格式：ORG　16 位绝对地址或表达式

功能：规定程序块或数据块存放的起始地址。

例如：　　　　ORG　8000H

START: MOV　A, #30H

　　　　　　　...

该伪指令规定第一条指令从地址单元 8000H 开始存放，即标号 START 的值为 8000H。

【注意】　一个源程序中，可以多次使用 ORG 指令，规定不同的程序段地址。地址必须由小到大，不能交叉、重叠。若程序段前无 ORG 伪指令，则汇编后的目标程序将从 0000H 地址开始或紧接前段程序。

2．汇编结束伪指令

格式：END

功能：END 是汇编源程序的结束标志，在整个源程序中只能有一条 END 命令，且位于程序的最后。如果 END 命令出现在中间，则其后的源程序汇编时将不予处理。

3．定义字节数据伪指令

格式：[标号：]　DB　8 位字节数据表

功能：DB (Definition Byte) 命令用于定义从指定的地址开始，在程序存储器的连续单元中定义字节数据，常用于存放数据表格。

说明：字节数据可以是 1B 常数或字符、用逗号分开的字符串、或用引号括起来的字符串。

例如：　　　ORG　1000H

TAB:　DB　　23H, 73, '6', 'B'

TAB1:　DB　　110B

DB 功能是从指定地址单元 1000H 开始定义若干字节：

(1000H)=23H　　　(1001H)=49H

(1002H)=36H　　　(1003H)=42H

(1004H)=06H

其中，36H 和 42H 分别是字符 6 和 B 的 ASCII 码，其余的十进制数（73）和二进制数（110B）也都换算为十六进制数了。

4．定义字数据伪指令

格式：[标号：]　DW　16 位字数据表

功能：DW (Definition Word) 命令用于定义从指定地址开始，在程序存储器的连续单元中定义 16 位的字数据。

说明：存放时，数据的高 8 位在前（低地址），低 8 位在后（高地址）。

例如：　　　ORG　1000H

TAB: DW　　1234H, 0ABH, 10

汇编后：(1000H)=12H　　　(1001H)=34H　　　(1002H)=00H　　　(1003H)=ABH

(1004H)=00H　　　(1005H)=0AH

【注意】　DB 和 DW 定义的数据表，数的个数不得超过 80 个。如果数据的数目较多，可使用多个定义命令。

5．赋值伪指令

格式：字符名称　　EQU　　赋值项

功能：EQU (Equate) 用于给字符名称赋值。赋值后，其符号值在整个程序中有效。

57

说明：赋值项可以是常数、地址、标号或表达式，其值为 8 位或 16 位二进制数。赋值以后的字符名称既可以作立即数使用，也可以作地址使用，必须先定义后使用，放在程序开头。

例如：　　　　　　TEST　EQU　80H

　　　　　　　　　MOV　　A, TEST

表示 TEST=80H，在汇编时，凡是遇到 TEST，均以 80H 代替。

6．数据地址赋值伪指令

格式：字符名称　DATA　表达式

功能：将数据地址赋给字符名称。DATA 与 EQU 指令既相似又有区别：

1）EQU 指令可以把一个汇编符号赋给一个字符名称，而 DATA 指令不能。

2）EQU 指令应先定义后使用，而 DATA 指令可以先使用后定义。

7．位地址符号定义伪指令

格式：字符名称　　BIT　　位地址

功能：用于给字符名称赋以位地址。

说明：位地址可以是绝对地址，也可以是符号地址（即位符号名称）。

例如：　　　　　　KEY0　BIT　P1.0

表示把 P1.0 的位地址赋给变量 KEY0，在其后的编程过程中，KEY0 就可以作为位地址（P1.0）使用。

58

3.8.3　顺序结构程序设计

顺序结构程序是最简单、最基本的程序。程序按编写的顺序依次往下执行每一条指令，直到最后一条指令。它能够解决某些实际问题，或成为复杂程序的子程序。

顺序结构是按照语句出现的先后次序执行一系列的操作，它没有分支、循环和转移。

【例 3-33】 将片内 RAM 30H 单元中的压缩型 BCD 码转换成二进制数，送到片内 RAM 40H 单元中。

解：两位压缩 BCD 码转换成二进制数的算法为：$(a_1a_0)_{BCD}=10 \times a_1 + a_0$

程序流程图如图 3-17 所示。

```
        ORG    1000H
START: MOV    A, 30H     ; 取两位 BCD 压缩码 a₁a₀ 送入 A
        ANL    A, #0F0H   ; 取高 4 位 BCD 码 a₁
        SWAP   A          ; 高 4 位与低 4 位换位
        MOV    B, #0AH    ; 将二进制数 10 送入 B
        MUL    AB         ; 将 10×a₁ 送入 A 中
        MOV    R0, A      ; 结果送入 R0 中保存
        MOV    A, 30H     ; 再取两位 BCD 压缩码 a₁a₀ 送入 A
        ANL    A, #0FH    ; 取低 4 位 BCD 码 a₀
        ADD    A, R0      ; 求和 10×a₁+a₀
        MOV    40H, A     ; 结果送入 40H 保存
        SJMP   $          ; 程序执行完，"原地踏步"
        END
```

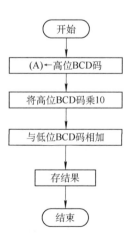

图 3-17　例 3-33 流程图

3.8.4 分支结构程序设计

分支结构又叫条件选择结构，根据不同情况做出判断和选择，以便执行不同的程序段。分支的意思是在两个或多个不同的操作中选择其中的一个，根据不同的条件，确定程序的走向。它主要靠条件转移指令、比较转移指令和位转移指令来实现。分支程序的结构如图 3-18 所示。编写分支程序主要在于正确使用转移指令。分支程序有单分支结构、双分支结构、多分支结构（散转）。结构框图如图 3-19 所示。

分支程序的设计要点如下：

1）建立测试条件。

2）选用合适的条件转移指令。

3）在转移的目的地址处设定标号。

图 3-18 分支程序结构图

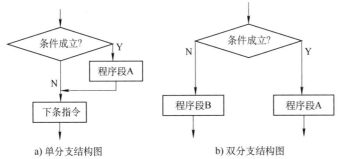

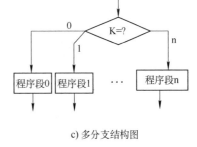

a) 单分支结构图   b) 双分支结构图   c) 多分支结构图

图 3-19 分支程序结构框图

1. 单分支程序

单分支程序是通过条件转移指令实现的，即根据条件对程序的执行结果进行判断，条件满足则进行程序转移，条件不满足则程序顺序执行。

在 51 系列单片机指令系统中，可利用 JZ、JNZ、CJNE、DJNZ、JC、JNC、JB、JNB、JBC 等指令，完成为 0、为 1、为正、为负以及相等、不相等各种条件判断。

【例 3-34】 编程实现，设 a 存放在累加器 A 中，b 存放在寄存器 B 中，结果 Y 存放在 A 中。若 a≥0，则 Y=a–b；若 a<0，则 Y=a+b。

解：这里的关键是判断 a 是正数，还是负数；可通过判断 ACC.7 确定。

程序如下：

```
            ORG     0000H
            SJMP    BR
            ORG     0100H
    BR:     JB      ACC.7, MINUS        ; 负数，转到 MINUS
            CLR     C                   ; 清进位位
            SUBB    A, B                ; A–B
            SJMP    DONE
MINUS:      ADD     A, B                ; A+B
```

59

```
DONE:   SJMP    $                        ; 等待
        END
```

2. 多分支程序

51 系列单片机指令系统没有多分支转移指令，无法使用单条指令完成多分支转移。要实现多分支转移，可采用以下几种方法：

1）使用多条 CJNE 指令，通过逐次比较，实现多分支程序转移。

2）使用查地址表方法实现多分支程序转移。

【例 3-35】 某温度控制系统，采集的温度值（Ta）放在累加器 A 中。此外，在内部 RAM 的 54H 单元存放控制温度下限值（T54），在内部 RAM 55H 单元存放控制温度上限值（T55）。若 Ta>T55，程序转向 JW（降温处理程序）；若 Ta<T54，则程序转向 SW（升温处理程序）；若 T55≥Ta≥T54，则程序转向 FH（返回主程序）。

解：根据题意，程序流程图如图 3-20 所示。

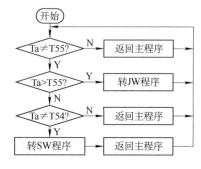

图 3-20 例 3-35 程序流程图

程序如下：

```
            ORG     0300H
            CJNE    A, 55H, LOOP1       ; Ta≠T55，转 LOOP1
            AJMP    FH                  ; Ta=T55，返回主程序
LOOP1:      JNC     JW                  ; (Cy)=0，Ta>T55，转 JW
            CJNE    A, 54H, LOOP2       ; Ta≠T54，转 LOOP2
            AJMP    FH                  ; Ta=T54，返回主程序
LOOP2:      JC      SW                  ; (Cy)=1，Ta<T54，转 SW
   FH:      RET                         ; T55≥Ta≥T54，返回主程序
            END
```

3.8.5 循环结构程序设计

循环结构是重复执行一系列操作，直到某个条件出现为止。采用循环结构程序设计可以有效地缩短程序，减少程序占用的内存空间，提高程序的紧凑性和可读性。

循环程序结构一般由下面四部分组成：

1）循环初始化。循环初始化位于循环程序开头，用于完成循环前的准备工作，如设置各工作单元的初始值以及循环次数。

2）循环体。循环体位于循环内，是循环程序的主体，被多次重复执行，要求编写得尽可能简练，以提高程序的执行速度。

3）循环控制。循环控制一般由循环次数的修改、循环修改和条件语句等组成，用于控制循环次数和修改每次循环的相关参数。

4）循环结束。循环结束用于存放执行循环程序所得的结果。

按照条件判断执行的先后不同，可以把循环分为"直到型循环"和"当型循环"，前者是先执行一次循环，然后判断是否继续循环；后者先进行条件判断，决定是否执行循环体，如图 3-21 所示。

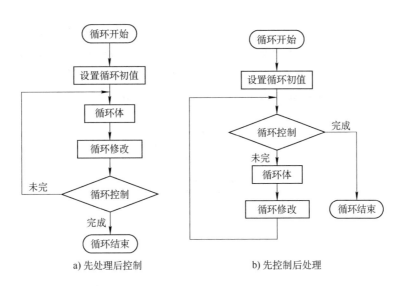

图 3-21　循环程序结构

循环程序按结构形式，有单重循环与多重循环之分。

1. 单重循环程序

循环体内部不包括其他循环的程序称为单重循环程序。

【例 3-36】　内部 RAM 30H 开始的 20 个连续单元中，存放有 20 个数，统计等于 8 的单元个数，结果放在 R2 中。

解：取一个数与 8 比较，若相等，R2 加 1，不相等则跳过，并进行 20 次重复即可。程序流程图如图 3-22 所示。

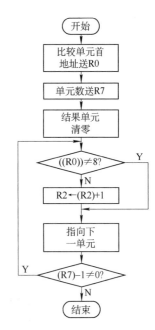

```
        ORG     1000H
START:  MOV     R0, #30H      ; 设数据区指针
        MOV     R7, #20       ; 设置循环计数器
        MOV     R2, #0        ; 设置统计计数器
LOOP:   CJNE    @R0, #08H, NEXT
        INC     R2
NEXT:   INC     R0
        DJNZ    R7, LOOP
        SJMP    $
```

2. 多重循环程序

图 3-22　例 3-36 流程图

若循环体中还包含有循环，称为多重循环（或循环的嵌套）。

【例 3-37】　排序程序。片内 RAM 从 50H 单元开始存放了 10 个无符号数，编写程序将它们按由小到大的顺序排列。

解：数据排序的方法有很多，本例采用常用的冒泡排序法，又称为两两比较法。

把 10 个数纵向排列，自上而下将存储单元相邻的两个数进行比较，若前数大于后数，则存储单元中的两个数互换位置；若前数小于后数，则存储单元中的两个数保持原来位置。按同样的原则依次比较后面的数据，直到该组数据全部比较完。经过第 1 轮的比较，最大的数据就像冒泡一样排在了存储单元最末的位置上，经过 9 轮冒泡，便可完成 10 个数据的排序。

在实际排序中，10 个数不一定要经过 9 轮排序冒泡，可能只要几次就可以了。为了减少不必要的冒泡次数，可以设计一个交换标志，每一轮冒泡的开始将交换标志位清零，在该轮数据比较中若有数据位置互换，则将交换标志位置 1；每轮冒泡结束时，若交换标志位仍为 0，则表明数据排序已完成，可以提前结束排序。程序流程图如图 3-23 所示。

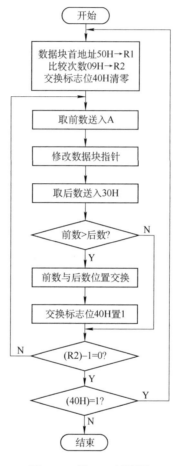

图 3-23　例 3-37 流程图

```
            ORG    0000H
            LJMP   MAIN
            ORG    0100H
MAIN:  MOV    R1, #50H        ; 设置数据块首地址
            MOV    R2, #09H        ; 设置每次冒泡比较次数
            CLR    40H             ; 交换标志位清零
LOOP1: MOV    A, @R1          ; 取前一个数
            INC    R1
            MOV    30H, @R1        ; 取后一个数
            CJNE   A, 30H, LOOP2   ; 比较前数与后数的大小
LOOP2: JC     LOOP3           ; 若前数小于后数，则转移，不互换
            MOV    @R1, A          ; 大数存放到后数的位置
```

```
        DEC     R1
        MOV     @R1, 30H        ; 小数存放到前数的位置
        INC     R1              ; 恢复数据指针，准备下一次比较
        SETB    40H             ; 有互换，标志位置 1
LOOP3:  DJNZ    R2, LOOP1       ; 若一次冒泡未完，继续进行比较
        JB      40H, MAIN       ; 若有交换，继续进行下一轮冒泡
        SJMP    $
        END
```

3.8.6　子程序设计

在解决实际问题时，经常会遇到一个程序中多次使用同一个程序段，例如延时程序、查表程序、算术运算程序等功能相对独立的程序段。为了节约内存，人们把这种具有一定功能的独立程序段编写成子程序。当需要时，可以去调用这些独立的子程序。调用子程序的程序叫作主程序或称调用程序。被调用的程序称为子程序。

子程序的特点：子程序可以多次重复使用，避免重复性工作，缩短整个程序，节省程序存储空间，有效地简化程序的逻辑结构，便于程序调试。

1．子程序的调用与返回

主程序调用子程序的过程：在主程序中需要执行这种操作的地方执行一条调用指令（LCALL 或 ACALL），然后程序转到子程序，当完成规定的操作后，再执行子程序最后一条 RET 指令返回到主程序断点处，继续执行下去。

（1）子程序的调用

子程序的起始地址：子程序的第一条指令地址称为子程序的起始地址（或者称为入口地址），常用标号表示。

程序的调用过程：单片机执行 ACALL 或 LCALL 指令后，首先将当前的 PC 值（调用指令的下一条指令的首地址）压入堆栈（低 8 位先进堆栈，高 8 位后进堆栈），然后将子程序的起始地址送入 PC，转去执行子程序。

（2）子程序的返回

主程序的断点地址：子程序执行完毕后，返回主程序的地址称为主程序的断点地址，它在堆栈中保存。

子程序的返回过程：子程序执行到 RET 指令后，将压入堆栈的断点地址弹回给 PC（先弹回 PC 的高 8 位，后弹回 PC 的低 8 位），使程序回到原先被中断的主程序地址（断点地址）去继续执行。

【注意】　中断服务程序是一种特殊的子程序，它是在计算机响应中断时，由硬件完成调用而进入相应的中断服务程序。RETI 指令与 RET 指令相似，区别在于 RET 是从子程序返回，RETI 是从中断服务程序返回。

2．保存与恢复寄存器内容

（1）保护现场

主程序转入子程序后，保护主程序的信息以便在运行子程序时不被丢失的过程，称为保护现场。保护现场通常在进入子程序的开始时，由堆栈操作完成。如：

63

```
PUSH    PSW
PUSH    ACC
...
```

（2）恢复现场

从子程序返回时，将保存在堆栈中的主程序的信息还原的过程称为恢复现场。恢复现场通常在从子程序返回之前将堆栈中保存的内容弹回各自的寄存器。如：

```
...
POP     ACC
POP     PSW
```

3．子程序的参数传递

主程序在调用子程序时传送给子程序的参数和子程序结束后送回主程序的参数统称为参数传递。

入口参数：子程序需要的原始参数。主程序在调用子程序前将入口参数送到约定的存储器单元（或寄存器）中，然后子程序从约定的存储器单元（或寄存器）中获得这些入口参数。

出口参数：子程序根据入口参数执行程序后获得的结果参数。子程序在结束前将出口参数送到约定的存储器单元（或寄存器）中，然后主程序从约定的存储器单元（或寄存器）中获得这些出口参数。

子程序的参数传递方法有以下几种：

1）应用工作寄存器或累加器传递参数。优点是程序简单、运算速度较快；缺点是工作寄存器有限。

2）应用内存单元。优点是能有效节省传递数据的工作量。

3）应用堆栈传递参数。优点是简单，能传递的数据量较大，不必为特定的参数分配存储单元。

4）利用位地址传送子程序参数。

4．子程序的嵌套

在子程序中若再调用子程序，称为子程序的嵌套，如图 3-24 所示。51 系列单片机也允许多重嵌套。

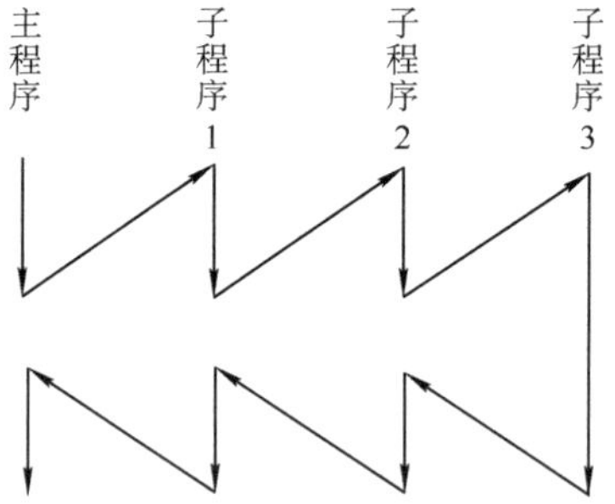

5．典型子程序设计

图 3-24　子程序嵌套示意图

（1）延时程序

软件延时程序一般都是由 DJNZ　Rn，rel 指令构成的。执行一条 DJNZ 指令需要两个机器周期。软件延时程序的延时时间主要与机器周期和延时程序中的循环次数有关，在使用 12MHz 晶振时，一个机器周期为 1μs，执行一条 DJNZ 指令需要两个机器周期，即 2μs。适当设置循环次数，即可实现延时功能。但是注意，软件延时不允许有中断，否则将严重影响定时的准确性。

【例 3-38】　利用 DJNZ 指令设计延时子程序，已知 f_{osc}=12MHz。

解：根据题意，延时子程序的时限可以有以下几种方法。

入口参数：循环的次数放在 R7、R6、R5 中。

出口参数：无。

1）单循环延时，延时时间Δt=2μs×10+1μs+2μs=23μs。

程序如下：

```
DELAY:  MOV    R7, #10
        DJNZ   R7, $
        RET
```

2）双重循环延时，延时时间Δt=(2μs×100+2μs+1μs)×10+1μs+2μs=2033μs。程序如下：

```
DELAY:  MOV    R7, #0AH
    DL: MOV    R6, #64H
        DJNZ   R6, $
        DJNZ   R7, DL
        RET
```

3）三重循环延时，程序流程图如图 3-25 所示。延时时间Δt=((2μs×250+2μs+1μs)×200)+2μs+1μs)×10+1μs+2μs=1006033μs≈1s

程序如下：

```
DELAY:  MOV    R7, #10
   DL2: MOV    R6, #200
   DL1: MOV    R5, #250
        DJNZ   R5, $
        DJNZ   R6, DL1
        DJNZ   R7, DL2
        RET
```

（2）代码转换程序

在计算机内部，任何数据最终都是以二进制形式出现的。但是人们通过外围设备与计算机交换数据采用的常常又是一些其他形式。在前面已经讲述过有关代码转换的例题，这里做进一步分析。

例如标准的编码键盘和标准的 CRT 显示器使用的都是ASCII 码；人们习惯使用的是十进制数，在计算机中表示为BCD 码等。因此，汇编语言程序设计中经常会遇到代码转换的问题，这里介绍 BCD 码、ASCII 码与二进制数之间相互转换的基本方法和相应的子程序。

【例 3-39】 ASCII 码转换为二进制数，将累加器 A 中十六进制数的 ASCII 码（0～9，A～F）转换成 4 位二进制数。

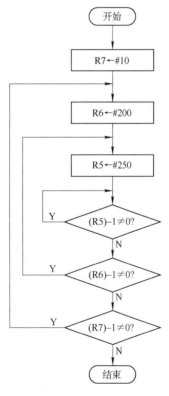

图 3-25　延时子程序流程图

解：前面已经讲过，在单片机汇编程序设计中，数字 0～9 的 ASCII 码为该数值加上 30H，而对于字母 "A～F" 的 ASCII 码为该数值加上 37H。

参考程序如下：

入口参数：要转换的 ASCII 码（30H～39H，41H～46H）存在 A 中。

出口参数：转换后的 4 位二进制数（0～F）存放在 A 中。

```
ASCBCD:PUSH    PSW            ;保护现场
```

```
        PUSH    0F0H                ；B 入栈
        CLR     C                   ；清 Cy
        SUBB    A, #30H             ；ASCII 码减 30H
        MOV     B, A                ；结果暂存 B 中
        SUBB    A, #0AH             ；结果减 10
        JC      SB10                ；如果 Cy=1，表示该值≤9
        XCH     A, B                ；否则该值>9，必须再减 7
        SUBB    A, #07H
        SJMP    FINISH
SB10:   MOV     A, B
FINISH: POP     0F0H                ；恢复现场
        POP     PSW
        RET
```

（3）算术运算子程序

【例 3-40】 双字节乘法程序。设被乘数和乘数分别放在 R0R1 和 R2R3 中，乘积放入 R4R5R6R7 中。

解：双字节乘法实质上是相应字节相乘后对应字节相加，计算过程如下：

		R0	R1
×		R2	R3
		$(R1×R3)_高$	$(R1×R3)_低$
	$(R0×R3)_高$	$(R0×R3)_低$	
	$(R1×R2)_高$	$(R1×R2)_低$	
+	$(R0×R2)_高$	$(R0×R2)_低$		
R4	R5	R6	R7

双字节乘法程序段如下：

```
START:  MOV     A, R1
        MOV     B, R3
        MUL     AB                  ；(R1)×(R3)
        MOV     R7, A
        MOV     R6, B               ；(R1)×(R3)存入 R6R7 中
        MOV     A, R0
        MOV     B, R3
        MUL     AB                  ；(R0)×(R3)
        ADD     A, R6
        MOV     R6, A               ；(R0)×(R3)低字节送 R6
        MOV     A, B                ；(R0)×(R3)高字节送 A
        ADDC    A, #0H              ；加 Cy
        MOV     R5, A               ；(R0)×(R3)存入 R5R6 中
        MOV     A, R1
        MOV     B, R2
```

```
MUL    AB              ; (R1)×(R2)
ADD    A, R6
MOV    R6, A           ; (R1)×(R2)低字节累加进入 R6
MOV    A, B            ; (R1)×(R2)高字节送 A
ADDC   A, R5
MOV    R5, A           ; (R1)×(R2)累加存入 R5R6
CLR    A
ADDC   A, #0H
MOV    R4, A           ; (R1×R2)高+(R0×R3)高产生的进位存入 R4
MOV    A, R0
MOV    B, R2
MUL    AB              ; (R0)×(R2)
ADD    A, R5
MOV    R5, A           ; (R0)×(R2)低字节送 R5
MOV    A, B            ; (R0)×(R2)高字节送 A
ADDC   A, R4
MOV    R4, A           ; (R0)×(R2)存入 R4R5
RET
```

本章小结

　　本章介绍了 51 系列单片机的指令系统，分析了 111 条汇编语言指令的功能和使用方法，介绍了汇编语言程序设计方法。

　　寻址方式就是 CPU 寻找操作数或操作数存储地址的方式。51 系列单片机有 7 种寻址方式，分别是立即寻址、直接寻址、寄存器寻址、寄存器间接寻址、变址寻址、相对寻址和位寻址。寄存器寻址可以访问工作寄存器 R0～R7、A、B 和 DPTR，直接寻址可以访问内部 RAM 低 128B 和 SFR，寄存器间接寻址可以访问片内 RAM 低 128B 和外部 RAM 64KB，变址寻址可以访问程序存储器，用来查找存放在程序存储器中的常数表格。特别注意，SFR 只能采用直接寻址访问，片外 RAM 只能采用寄存器间接访问。

　　指令根据功能可分为数据传送类指令（29 条）、算术运算类指令（24 条）、逻辑运算和移位操作指令（24 条）、控制转移类指令（17 条）和位操作指令（17 条）。若按指令的字节数分类，有 49 条单字节指令、46 条双字节指令和 16 条 3 字节指令。若按指令的执行时间分类，有 64 条单机器周期指令、45 条 2 个机器周期指令和 2 条 4 个机器周期指令。

　　数据传送指令是把源操作的内容传送到目的操作数中，而源操作数内容不变。外部 RAM 数据传送指令只能通过累加器 A 进行。堆栈是具有"后入先出"存储原则的连续的数据存储器。堆栈操作指令可以将某一直接寻址单元内容入栈，也可以把栈顶单元内容弹出到某一直接寻址单元。

　　算术运算类指令中的加、减、乘、除指令执行后影响 PSW 中的 Cy、AC 和 OV 标志位。但是加 1 和减 1 指令不影响进位标志（Cy）、辅助进位标志（AC）和溢出标志位（OV）。

67

逻辑运算指令是将对应的存储单元按位进行逻辑操作，并将结果保存到累加器 A 或者直接寻址的存储器单元中。

控制转移指令包括无条件转移指令、条件转移指令、子程序调用和返回指令。绝对转移和绝对调用的范围是在指令下一个存储单元所在的 2KB 空间。长转移和长调用的范围是 64KB 空间。相对寻址的转移指令转移范围为 256B。

位操作指令中的位寻址空间包括内部 RAM 的 20H～2FH 单元（位地址是 00H～7FH），及字节地址是 8 的倍数的特殊功能寄存器中的可寻址位。

汇编语言的源程序结构紧凑、灵活，汇编成的目标程序占存储空间少、运行速度快、实时性强、应用广泛。但它是面向机器的语言，所以缺乏通用性，编程复杂烦琐等。单片机汇编语言源程序由汇编语句构成，汇编语句包括指令性语句和指示性语句。指令性语句由指令构成，一般包括标号、操作码、操作数和注释四个部分；指示性语句由伪指令构成，不产生指令代码。汇编语言程序的基本结构有顺序结构、分支结构、循环结构和子程序四种。应用程序通常由一个主程序和多个子程序构成。应用程序设计首先要确定解决实际问题的方法和步骤，即算法，然后采用模块化的程序设计方法设计结构，再编写程序和调试。

思考题与习题

3-1　什么是寻址方式？51 系列单片机有哪几种寻址方式？

3-2　访问片外 RAM，有哪几种寻址方式？

3-3　访问 ROM，有哪几种寻址方式？

3-4　试按寻址方式对 51 系列单片机的各指令重新进行归类（一般根据源操作数寻址方式归类，程序转移类指令例外）。

3-5　针对 51 系列单片机，试分别说明 MOV　A，direct 指令与 MOV　A，@Ri 指令的访问范围。

3-6　数据传送类指令中哪几个小类是访问 RAM 的？哪几个小类是访问 ROM 的？

3-7　51 系列单片机汇编语言有哪几条常用伪指令？各有什么作用？

3-8　什么是指令系统？51 系列单片机共有多少条指令？

3-9　"DA　A"指令的作用是什么？怎样使用？

3-10　片内 RAM 单元 20H～2FH 中的 128 个位地址与直接地址 00H～7FH 形式完全相同，如何在指令中区分出位寻址操作和直接寻址操作？

3-11　在"MOVC　A，@A+DPTR"和"MOVC　A，@A+PC"中，分别使用了 DPTR 和 PC 作基址，请问这两个基址代表什么地址？使用中有何不同？

3-12　设堆栈指针(SP)=60H，片内 RAM 中的(30H)=24H，(31H)=10H。执行下列程序后，61H、62H、30H、31H 及 SP 中的内容将有何变化？

```
    PUSH    30H
    PUSH    31H
    POP     60H
    POP     61H
```

3-13　请选用指令，分别实现下列操作：

（1）将累加器内容送工作寄存器R0。

（2）将累加器内容送片内RAM的7BH单元。

（3）将累加器内容送片外RAM的7BH单元。

（4）将累加器内容送片外RAM的007BH单元。

（5）将片外ROM中007BH单元内容送累加器。

3-14　指出下列指令功能有何不同：

（1）MOV　A, #24H　与　MOV　A, 24H

（2）MOV　A, R0　与　MOV　A, @R0

（3）MOV　A, @R0　与　MOVX　A, @R0

3-15　设片内RAM 30H单元的内容为40H；片内RAM 40H单元的内容为10H；片内RAM 10H单元的内容为00H；(P1)=0CAH。

请写出执行下列指令后的结果（指各有关寄存器、RAM单元与端口的内容）。

```
MOV    R0, #30H
MOV    A, @R0
MOV    R1, A
MOV    B, @R1
MOV    @R0, P1
MOV    P3, P1
MOV    10H, #20H
MOV    30H, 10H
```

3-16　已知(A)=55H, (R0)=8FH, (90H)=0F0H, (SP)=0B0H，试分别写出执行下列各条指令后的结果。

（1）MOV　　R6, A

（2）MOV　　@R0, A

（3）MOV　　A, #90H

（4）MOV　　A, 90H

（5）MOV　　80H, #81H

（6）MOVX　@R0, A

（7）PUSH　A

（8）SWAP　A

（9）XCH　　A, R0

3-17　已知(A)=02H, (R1)=89H, (DPTR)=2000H，片内RAM (89H)=70H，片外RAM (2070H)=11H，ROM (2070H)=64H，试分别写出执行下列各条指令后的结果。

（1）MOV　　A, @R1

（2）MOVX　@DPTR, A

（3）MOVC　A, @A+DPTR

（4）XCHD　A, @R1

3-18　已知(A)=78H, (R1)=78H, (B)=04H, C=1，片内RAM (78H)=0DDH，片内RAM (80H)=6CH，试分别写出执行下列各条指令后的结果（若涉及标志位，也需要写出）。

（1）ADD　A, @R1

（2）ADDC　A, 78H

（3）SUBB　A, #77H

（4）INC　R1

（5）DEC　78H

（6）MUL　AB

（7）DIV　AB

（8）ANL　78H, #78H

（9）ORL　A, #0FH

（10）XRL　80H, A

3-19　编程计算片内 RAM 区 30H～37H 的 8 个单元中数的算术平均值，结果存在 3AH 单元中。

3-20　试编写一查表程序，从片外首地址为 2000H、长度为 9FH 的数据块中找出第一个 ASCII 码 A，并将其地址送到片外 20A0H 和 20A1H 单元中。

3-21　编制程序将片内 RAM 的 30H～4FH 单元中的内容传送至片外 RAM 的 2000H 开始的单元中。

3-22　求符号函数的值。已知片内 RAM 的 40H 单元内有一自变量 X，编写程序按如下条件求函数 Y 的值，并将其存入片内 RAM 的 41H 单元中。

$$Y = \begin{cases} 1 & X>0 \\ 0 & X=0 \\ -1 & X<0 \end{cases}$$

3-23　两个 8 位无符号二进制数比较大小。假设在外部 RAM 中有 ST1、ST2 和 ST3 共 3 个连续单元（单元地址从小到大），其中 ST1、ST2 单元中存放两个 8 位无符号二进制数 N1、N2，要求找出其中的大数并存入 ST3 单元中。

3-24　设双字节数存放在内部 RAM 的 addr1 和 addr1+1 单元（高字节在低地址），将其取补后存入 addr2（存放高字节）和 addr2+1（存放低字节）单元。

3-25　编程统计累加器 A 中"1"的个数。

3-26　假设在片内 RAM 41H～4AH 和 51H～5AH 单元分别存放 10 个无符号数，求两组无符号数据的最大值之差。

3-27　编制一个循环闪烁灯程序。设 8051 单片机的 P1 口作为输出口，经驱动电路 74LS240（8 反相三态缓冲/驱动器）接 8 只发光二极管，如图 3-26 所示。当输出位为"0"时，发光二极管点亮，输出位为"1"时，发光二极管为暗。试编程实现：每个灯闪烁点亮 10 次，再转移到下一个灯闪烁点亮 10 次，循环不止。

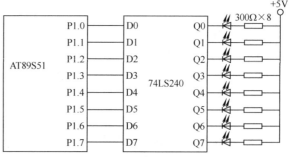

图 3-26　习题 3-27 题图

第4章 C51 程序设计基础

4.1 单片机的 C 语言概述

基于 51 系列单片机的 C 语言或 C 语言编译器简称为 C51 语言或 C51，这里以 Keil C51 编译器为主进行阐述。Keil C51 由美国 Keil Software 公司推出，是基于 51 系列单片机的 C 语言软件开发平台，集程序的编辑、编译、连接、目标文件格式转换、调试和模拟仿真等功能于一体。C51 既具有标准 ANSI C 的所有功能，又兼顾 51 系列单片机的硬件特点。

4.1.1 C51 程序开发流程

C51 程序开发流程与汇编语言的开发流程相似，首先要根据课题所述的技术要求编写软件流程，并在遵循 C51 的语法规范的基础上按照流程图的思路完成源程序的编写。C51 源程序的编写是一个 ASCII 文件，可以用任何标准的 ASCII 文本编辑器来编写，例如 Edit、wordstar、PE 等，或者在 Keil 的编辑环境中直接编写。

源程序编写完成之后，就要在编译软件的环境 Keil C51 中进行编译和连接，生成绝对定位目标码文件，即单片机可以执行的目标文件。若源程序有错误，则要重新修改才能再进行编译和连接。该绝对定位目标码文件最终可以被写入编程器或硬件仿真器，与硬件一起完成系统功能。

C51 程序开发过程如图 4-1 所示。

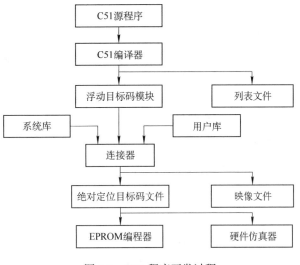

图 4-1 C51 程序开发过程

4.1.2 C51 程序结构

单片机 C51 语言继承了 C 语言的特点，其程序结构与一般 C 语言的程序结构没有差别。C51 源程序文件的扩展名为 ".c"，如 Test.c、Function.c 等。每个 C51 源程序中包含一个名为 "main( )" 的主函数，C51 程序的执行总是从 main( )函数开始的。当主函数中所有语句执行完毕，则程序执行结束。

在 Keil C51 中，一般先生成一个项目文件管理器，该项目管理器中可以包含具体的头文件、C51 源程序文件、库文件、编译中间文件及最终可执行和烧录的目标文件。下面主要对源程序的结构进行说明。

1. C51 源程序的结构

1）C51 语言是由函数构成的。一个典型的 C51 源程序包含预处理命令、自定义函数声明、主函数（main）和自定义函数。因此，函数是 C51 程序的基本单位。被调用的函数可以是编译器提供的库函数，也可以是用户自己编制的函数。

2）一个 C51 程序总是从 main 函数开始执行的，而不论 main 函数在整个程序中的位置如何。

3）任何编程语言都支持注释语句。注释语句只对代码起到功能描述的作用，在实际的编译链接过程中不起作用。C51 语言中可以用"//"符号开头来注释一行，或者以"/*"符号开头并以"*/"符号结束，对 C51 源程序中的任何部分进行注释。

2. 预处理语句

在 C51 主函数前，一般包含专门的预处理语句。预处理功能包括宏定义、文件包含和条件编译三个主要部分。预处理命令不同于 C 语言语句，具有以下特点：预处理命令以"#"开头，后面不加分号；预处理命令在编译前执行；多数预处理命令习惯放在文件的开头。

（1）不带参数的宏定义

不带参数的宏定义的格式为

#define 宏符号名 常量表达式。宏符号名一般采用大写形式。

例如：#define PI 3.14 //用宏符号名 PI 代替定点数 3.14。

（2）文件包含

文件包含的含义是在一个程序文件中包含其他文件的内容。用文件包含命令可以实现文件包含功能。命令格式为

#include <文件名> 或 #include "文件名"

例如，在文件 file1.c 中：

#include "file2.c"

（3）Keil C51 头文件

若程序中用到 Keil C51 头文件中的内容，则必须用#include 实现包含。Keil C51 常用的头文件有：

absacc.h——包含允许直接访问 51 系列单片机不同存储区的宏定义。

assert.h——文件定义 assert 宏，可以用来建立程序的测试条件。

ctyp.h——字符转换和分类程序。

intrins.h——文件包含指示编译器产生嵌入固有代码的程序的原型。

math.h——数学函数。

reg51.h——定义 51 系列单片机的特殊功能寄存器。

reg52.h——定义 52 增强型单片机的特殊功能寄存器。

setjmp.h——定义 jmp_buf 类型和 setjmp 和 longjmp 程序的原型。

stdarg.h——可变长度参数列表程序。

stdlib.h——存储区分配程序。

stdio.h——一般输入/输出函数。

string.h——字符串操作程序、缓冲区操作程序。

在编译预处理时，对#include 命令进行文件包含处理，实际上就是将文件 file2.c 中的全

部内容复制插入到#include "file2.c" 的命令处。

3．C51 源程序示例

下面是一个简单的 C51 程序。

```
#include "reg51.h"
sbit P1_0=P1^0;
void main( )
{ P1_1=0;
}
```

这个程序的作用是当 P1.0 引脚输出低电平时，接在 P1.0 引脚上的 LED 点亮。下面来分析一下这个 C 语言程序包含了哪些信息。

（1）"文件包含"处理

程序的第一行是一个"文件包含"处理。所谓"文件包含"是指一个文件将另外一个文件的内容全部包含进来，所以这里的程序虽然只有 4 行，但 C 编译器在处理的时候却要处理几十或几百行。这里程序中包含 reg51.h，文件的目的是为了要使用 P1 这个符号，即通知 C 编译器，程序中所写的 P1 是指 80C51 单片机的 P1 端口而不是其他变量。

在 reg51.h 中，对单片机特殊功能寄存器的符号进行了定义，即规定符号名与地址的对应关系。例如，sfr P1=0x90 语句定义 P1 与地址 0x90 对应，P1 口的地址就是 0x90（0x90 是 C 语言中十六进制数的写法，相当于汇编语言中写 90H）。

（2）符号 P1_0 表示 P1.0 引脚

在 C 语言里，如果直接写 P1.0，C 编译器并不能识别，而且 P1.0 也不是一个合法的 C 语言变量名，所以得给它另起一个名字，这里起的名为 P1_0。为了 C 编译器能识别 P1_0，必须给 P1_0 和 P1.0 间建立联系，这里使用了 Keil C 的关键字 sbit 位变量名来定义，sbit 的用法后面将详细介绍。

（3）main 称为"主函数"

每一个 C 语言程序有且只有一个主函数，函数后面一定有一对大括号"{}"，在大括号里面书写其他程序。

4.2　C51 的数据类型与数据存储类型

使用 C51 编程时，会涉及各种运算，而在单片机的运算中，变量在其数据存储器中要占据空间，变量大小不同，所占据的空间就不同。对于一个"变量"来说，其值的大小是有限制的，不能随意给一个变量赋任意的值。所以使用一个变量之前，必须要给编译器声明这个变量的类型，以便让编译器提前在单片机数据存储器中分配给这个变量合适的存储空间。

4.2.1　C51 的标识符与关键字

1．标识符

标识符是用来表示组成 C51 程序的常量、变量、语句标号以及用户自定义函数的名称等。简单地说，标识符就是名字，作为标识符必须满足以下规则。

1）所有标识符必须由一个字母（a～z，A～Z）或下画线"_"开头，但是要注意的是 C51

中有些库函数的标识符是以下画线开头的，所以一般不要以下画线开头命名标识符。

2）标识符的其他部分可以用字母、下画线或数字（0～9）组成。

3）大小写字母表示不同意义，即代表不同的标识符。

4）标识符一般默认 32 个字符。

5）标识符不能使用 C51 的关键字。

例如，smart、_decision、key_board 和 FLOAT 是正确的标识符，而 3mart33、ok?、和 float 则是不正确的标识符，其中 float 是关键字，所以它不能作为标识符。

2．关键字

C51 的关键字是被 C51 编译器已经定义的专用标识符，标准 ANSI C 的关键字同样适用于 C51，而 C51 所扩充的关键字见表 4-1。

表 4-1　C51 编译器扩充关键字

关键字	用途	说明
_at_	地址定位	为变量进行绝对地址定位
priority	多任务优先声明	规定 RTX51 或 RTX51 Tiny 的任务优先级
task	任务声明	定义实时多任务函数
alien	函数特性声明	用于声明与 PL/M51 兼容的函数
bdata	存储器类型声明	可位寻址的 51 系列单片机内部数据存储器
bit	位变量声明	声明一个位变量或位类型函数
code	存储器类型声明	51 系列单片机的程序存储空间
compact	存储器模式	按 compact 模式分配变量的存储空间
data	存储器类型声明	直接寻址 51 系列单片机的内部数据寄存器
idata	存储器类型声明	间接寻址 51 系列单片机的内部数据寄存器
interrupt	中断函数声明	定义一个中断服务函数
large	存储器模式	按 large 模式分配变量的存储空间
pdata	存储器类型声明	分页寻址的 51 系列单片机外部数据空间
sbit	位变量声明	声明一个可位寻址的位变量
sfr	特殊功能寄存器声明	声明一个 8 位特殊功能寄存器
sfr16	特殊功能寄存器声明	声明一个 16 位特殊功能寄存器
small	存储器模式	按 small 模式分配变量的存储空间
using	寄存器组定义	定义 51 系列单片机的工作寄存器组
xdata	存储器类型声明	定义 51 系列单片机外的部数据空间

4.2.2　C51 的数据类型

同标准 C 语言一样，在 C51 中，每个变量在使用之前必须定义其数据类型。

1．变量与常量

（1）变量

数据是计算机程序处理的主要对象，在程序中每项数据不是常量就是变量，它们之间的区别仅在于程序执行过程中变量的值可以改变，而常量是不能改变的。变量就是一般的标识符，用来存储各种类型的数据以及指向存储器内部单元的指针。

根据变量作用域的不同，变量可分为局部变量和全局变量。局部变量是指在函数内部或以花括号"{}"括起来的功能模块内部定义的变量。局部变量只在定义它的函数或功能模块内有效，在该函数或功能模块以外不能使用。全局变量是指在程序开始处或各个功能函数的外面定义的变量。在程序开始处定义的全局变量对于整个程序都有效，可供程序中所有的函数共同使用；而在各功能函数外面定义的全局变量只对全局变量定义语句后定义的函数有效，在全局变量定义之前定义的函数不能使用该变量。

一个变量具有 3 个要素：数据类型、对象的名字和存放的地址。所有的变量在使用之前必须说明，所谓说明是指出该变量的数据类型、长度等信息。

C51 对变量定义的格式为：[存储种类] 数据类型 [存储器类型] 变量名表

例如：

char data var1　　　　　　　　　//定义字符型变量 var1，被分配在内部 RAM 低 128B

unsigned int pdata dimension　　　//定义外 RAM 无符号整型变量 dimension

（2）常量

常量就是不变的或固定的数，常量可分为算术常量、字符常量和枚举常量。算术常量又可分为整数常量和浮点常量两种。整型常量值可用十进制表示，如 128、–35 等；也可以用十六进制表示，如 0x400。浮点型常量一般不用十六进制，如 0.12、–4.3 等。

字符型常量是用单引号括起来的一个字符，如 'A'、'0'、'=' 等，编译程序将把这些字符型常量转换为 ASCII 码，例如 'A' 等于 0x41。对于不可显示的控制字符，可直接写出字符的 ASCII 码。

实际使用中用#define 定义在程序中经常用到的常量，或者可能需要根据不同的情况进行更改的常量，例如译码地址。这样一方面有助于提高程序的可读性，另一方面也便于程序的修改和维护，例如：

#define　PI　3.14　　　　　　　//以后的编程中用 PI 代替浮点数常量 3.14，便于阅读

#define　SYSCLK　12000000　　//长整型常量用 SYSCLK 代替 12MHz 时钟

#define　TRUE　1　　　　　　　//用字符 TRUE，在逻辑运算中代替 1

#define　STAR　'*'　　　　　　//用 STAR 表示字符"*"

2．数据类型

C51 具有 ANSI C 的所有标准数据类型，包括 char、int、short、long、float 和 double，对 Keil C51 编译器来说，short 类型和 int 类型相同，double 类型和 float 类型相同。除此之外，为了更好地利用 51 系列单片机的结构，C51 还增加了一些特殊的数据类型，包括 bit、sfr、sfr16、sbit。下面主要阐述 C51 不同于标准 ANSI C 的数据类型。

（1）位类型（bit）

bit 类型存放逻辑变量，占用一个位地址，C51 编译器将把 bit 类型的变量安排在单片机片内 RAM 的位寻址区（20H～2FH）。在一个作用域中最大可声明 128 个位变量。bit 变量的声明与其他变量相同，例如：

bit done_flag=0;　　　　　　　//定义位变量 done_flag，初值为 0

bit func(bit bvar1)　　　　　　//bit 类型的函数

{　　bit bvar2;

…

```
    return(bvar2);                //返回值是 bit 类型
}
```

（2）特殊功能寄存器（sfr、sfr16、sbit）

51 系列单片机提供 128B 的 SFR 区域。这个区域可字节寻址，有些也可进行字寻址、有些也可进行位寻址，用以访问定时器、计数器、串行口、I/O 及其他部件，分别由 sfr、sfr16、sbit 关键字说明。

C51 使用 sfr 对 51 系列单片机中的特殊功能寄存器进行定义。这种定义方法与标准 C 语言不兼容，只适用于对 51 系列单片机进行 C 编程。可以把 sfr 认为是一种扩充数据类型，占用一个数据存储单元，值域为 0x80～0xFF。定义方法是引入关键字 sfr，格式如下：

sfr 变量名=SFR 中的地址

【注意】 sfr 后面必须跟一个特殊寄存器名，"="后面的地址必须是常数，不允许带有运算符的表达式。

例如，定义 P0、P1 口地址如下所示：

sfr P0=0x80

sfr P1=0x90

sfr16 用于定义存在于 51 系列单片机内部 RAM 的 16 位特殊功能寄存器。当 SFR 的高端地址直接位于其低端地址之后时，对 SFR 位值可以进行直接访问。AT89C52 的定时器 2 就是这种情况。为了有效地访问这类 SFR，可使用关键字"sfr16"。16 位 SFR 定义的语法与 8 位 SFR 相同，16 位 SFR 的低端地址必须作为"sfr16"的定义地址。

例如：

sfr16 T2=0xcc   //定义定时器 2 为 T2，即 TL2 为 0CCH，TH2 为 0CDH

等价于对 TL2 和 TH2 分别定义，sfr TL2=0xCC 和 sfr TH2=0xCD 两条语句。

关键字 sbit 定义可位寻址的特殊功能寄存器的位寻址对象。

定义方法有如下三种：

（1）sbit 位变量名=位地址

此时，位地址必须位于 0x80H～0xFF 之间。

（2）sbit 位变量名=特殊功能寄存器名^位位置

此时，位位置是一个 0～7 之间的常数。

（3）sbit 位变量名=字节地址^位位置

此时，字节地址作为基地址，在 0x80H～0xFF 之间，位位置是一个 0～7 之间的常数。

例如可用下面三种方法定义 PSW 中的第 7 位 CY，结果相同：

sbit CY=0xD7;   //用绝对地址表示 PSW 中的第 7 位

sbit CY=PSW^7;   //必须事先已经定义了 PSW

sbit CY=0xD0^7;   //PSW 的字节地址为 0xD0

sbit 和 bit 的区别在于 sbit 定义特殊功能寄存器中的可寻址位；而 bit 则定义了一个普通的位变量，一个函数中可包含 bit 类型的参数，函数返回值也可为 bit 类型。另外，sbit 还可访问 51 系列单片机片内 20H～2FH 范围内的位对象。

sbit、sfr、sfr16 三种数据类型用于对 51 系列单片机的特殊功能寄存器 SFR 操作，不是传统意义上的变量。在实际应用中，将这些定义放入一个头文件中，以便使用。Keil C51 中的

reg51.h 便是这样一个文件，所以在 C51 程序中会看到"#include <reg51.h>"语句。

最后要说明的是使用缩写形式定义数据类型。在编程时，为了书写方便，经常使用简化的缩写形式来定义变量的数据类型。具体是在源程序开头使用#define 语句。例如：

#define uchar　unsigned char

#define uint　unsigned int

这样定义后，在后面的程序编写中就可以分别用 uchar、uint 来代替 unsigned char、unsigned int 来定义变量。

4.2.3　C51 的数据存储类型

在变量定义的基本格式中，有两个可默认的项分别是"存储种类"和"存储器类型"。这两项用来将变量与单片机的硬件结构——存储器相关联，因为 C51 是面向 51 系列单片机及其硬件控制系统的开发工具，所定义的任何数据类型必须以一定的存储类型的方式定位在 51 系列单片机的某一存储区中。51 系列单片机在物理上有 4 个存储空间：片内程序存储器空间、片外程序存储器空间、片内数据存储器空间和片外数据存储器空间。

1．存储种类

变量的存储种类反映了变量的作用范围和寿命，将影响到编译器对变量在 RAM 中位置的安排。C51 有 4 种存储种类：auto（自动）、extern（外部）、static（静态）和 register（寄存器）。如果不声明变量的存储种类，则该变量将为 auto 变量。

2．存储器类型

定义变量时，根据 51 系列单片机存储器的特点，必须指明该变量所处的单片机的存储空间。C51 编译器支持 51 系列单片机的硬件结构，可完全访问 51 系列单片机硬件系统的所有部分。编译器通过将变量或者常量定义成不同的存储类型（data、bdata、idata、pdata、xdata、code）的方法，将它们定位在不同的存储区中。表 4-2 说明了存储器类型与存储空间的对应关系。

当使用存储类型 data、bdata 定义常量和变量时，C51 编译器会将它们定位在片内数据存储区中（片内 RAM）。根据 51 系列单片机 CPU 的型号不同，这个存储区的长度分别为 64B、128B、256B 或 512B。它能快速存取各种数据。片内

表 4-2　存储器类型与存储空间的对应关系

存储类型	与存储空间的对应关系
data	直接寻址片内数据存储区，访问速度快（128B）
bdata	可位寻址片内数据存储区，允许位与字节混合访问（16B）
idata	间接寻址片内数据存储区，可访问片内全部 RAM 地址空间（256B）
pdata	分页寻址片外数据存储区（256B），由 MOVX　A，@R0 访问
xdata	片外数据存储区（64KB），由 MOVX　A，@DPTR 访问
code	代码存储区（64KB），由 MOVC　A，@A+DPTR 访问

数据存储区是存放临时性传递变量或使用频率较高的变量的理想场所，所以应该把使用频率高的变量放在 data 区，由于空间有限，必须注意使用 data 区，data 区除了包含程序变量外，还包含了堆栈和寄存器组 data 区。下面是在 DATA 区中声明变量的例子。

unsigned char data system_status=0;

表示字符变量 system_status 被定义为 data 存储类型，C51 编译器将把该变量定位在 51 系列单片机片内数据存储区中（地址为 00H～0FFH）。

bit bdata flags;

表示位变量 flags 被定义为 bdata 存储类型,C51 编译器将把该变量定位在 51 系列单片机片内数据存储区中的位寻址区(地址为 20H～2FH)。

idata 存储类型可以间接寻址内部数据存储器,也可以存放使用比较频繁的变量,使用寄存器作为指针进行寻址。在寄存器中设置 8 位地址进行间接寻址,与外部存储器寻址比较,它的指令执行周期和代码长度都比较短。对于 AT89C52 单片机中定义的 idata 变量,如果低 128B 的 RAM 容量不够,C51 编译器会自动安排到高 128B 的区域。例如:

    float idata outp_value;

表示浮点变量 outp_value 被定义为 idata 存储类型,C51 编译器将把该变量定位在 51 系列单片机片内数据存储区中,并只能用间接寻址的方法进行访问。

pdata 和 xdata 用于单片机的片外数据存储区,在这两个区声明变量和在其他区的语法是一样的,pdata 区只有 256B,而 xdata 区可达 65536B。对 pdata 和 xdata 的操作是相似的,对 pdata 和 xdata 的寻址要使用 MOVX 指令,需要 2 个处理周期。对 pdata 区寻址需要装入 8 位地址,使用 Ri 的间接寻址方式;而对 xdata 区寻址则需要装入 16 位地址,使用 DPTR 的间接寻址方式;举例如下:

    float pdata dim;
    char xdata inp_string[16];

上面表明浮点变量 dim 被定义为 pdata 存储类型,C51 编译器将把该变量定位在 51 系列单片机片外数据存储区中(片外 RAM),并用操作码 MOVX　A,@Ri 进行访问。而字符型数组 inp_string[16]被定义为 xdata 存储类型,C51 编译器将把该变量定位在 51 系列单片机片外数据存储区(片外 RAM)中,并占据 16B 存储空间,用于存放该数组变量。

当使用 code 存储类型定义数据时,C51 编译器会将其定义在程序代码区,一般代码区中可存放数据表、跳转向量和状态表,调试完成的程序代码被写入单片机的片内 ROM/EPROM 或片外 EPROM 中。在程序执行过程中,不会有信息写入这个区域,所以代码区的数据是不可改变的,读取 code 区存放的数据相当于用汇编语言的 MOVC 寻址。对 code 区的访问和对 xdata 区的访问的时间是一样的。下面是代码区的声明例子。

    unsigned int code unit_id[2]={0x1234, 0x89ab};
    unsigned char code uchar_data[16]={0x00, 0x01, 0x02, 0x03, 0x04, 0x05, 0x06, 0x07,
                            0x08, 0x09, 0x4, 0x11, 0x12, 0x13, 0x14, 0x15};

需要注意的是,如果在变量定义时省略了存储器类型标识符,C51 编译器会选择默认的存储器类型。默认的存储器类型由 small、compact 和 large 存储模式(memory models)指令决定。存储模式是编译器的编译选项。在小模式(small model)下,所有未声明存储器类型的变量,都默认驻留在内部数据区,即这种方式和用 data 进行显示说明一样;在紧凑模式(compact model)下,所有未声明存储器类型的变量,都默认驻留在外部数据区的一个页上,即这种方式和用 pdata 进行变量存储器类型的说明是一样的。该模式利用 R0 和 R1 寄存器来进行间接寻址(@R0 和@R1);在大模式(large model)下,所有未声明存储器类型的变量,都默认驻留在外部数据存储区,即和用 xdata 进行显示说明一样。此时最大可寻址 64KB 的存储区域,使用数据指针寄存器(DPTR)来进行间接寻址。

为了提高系统运行速度,建议在编写源程序时,把存储模式设定为 small,必要时在程序中把 xdata、pdata 和 idata 等类型变量进行专门声明。

4.3　C51 的运算符、表达式与规则

C51 的基本运算类似于 ANSI C 语言，主要包括算术运算、关系运算、逻辑运算、位运算和赋值运算等。

4.3.1　C51 的算术运算符与算术表达式

1．算术运算符

C51 中的算术运算符有 5 种，具体如下：

1）+：加法运算符，或取正值符号。

2）−：减法运算符，或取负值符号。

3）*：乘法运算符。

4）/：除法运算符。

5）%：模（取余）运算符，如 8％5=3，即 8 除以 5 的余数是 3。

2．自增自减运算

自增自减运算符可用在操作数之前，也可放在其后，作用是其值自动加 1 或减 1。例如"x=x+1"既可以写成"++x"，也可写成"x++"。

3．算术表达式

算术表达式指用算术运算符和括号将运算对象连接起来的式子。C 语言规定了算术运算符的优先级和结合性，C51 同样遵循其规律。

4.3.2　C51 的关系运算符、关系表达式与优先级

1．C51 的关系运算符

C51 提供 6 种关系运算符，具体如下：

1）>：大于。

2）<：小于。

3）>=：大于或等于。

4）<=：小于或等于。

5）==：测试或等于。

6）!=：测试不等于。

2．关系表达式及优先级

由于关系运算符总是二目运算符，它作用在运算对象上使关系表达式的结果为一个逻辑值，其值为真或假，一般用 1 代表真，用 0 代表假。

关系运算符的优先级规定如下：

1）前 4 种关系运算符（<、>、<=、>=）优先级相同，后 2 种也相同；前 4 种优先级高于后 2 种。

2）关系运算符的优先级比算术运算符低，例如表达式"4>x+12"的计算，应看作是"4>(x+12)"。

3）关系运算符的优先级高于赋值运算符，例如表达式"a=b>c"等效于"a=(b>c)"。

4）关系运算符的结合性为左结合。

4.3.3　C51 的逻辑运算符、逻辑表达式与优先级

1．逻辑运算符

C51 提供 3 种逻辑运算符：

1）&&：逻辑与（AND）。

2）||：逻辑或（OR）。

3）!：逻辑非（NOT）。

"&&"和"||"是二目运算符，要求有两个运算对象，而"!"是单目运算符，只要求有一个运算对象。

2．逻辑表达式及优先级

逻辑表达式指用逻辑运算符将关系表达式或逻辑量连接起来的式子。逻辑表达式的值应该是一个逻辑"真（以 1 代表）"或"假（以 0 代表）"。逻辑表达式有以下 3 种：

1）逻辑与表达式：条件式 1 && 条件式 2。

2）逻辑或表达式：条件式 1 || 条件式 2。

3）逻辑非表达式：!条件式。

逻辑表达式的结合性为自左向右。

4.3.4　C51 的赋值运算符与表达式

1．赋值运算符

赋值运算符"="，在 C51 中它的功能是给变量赋值，如 x=4。

2．赋值表达式

将一个变量与表达式用赋值号连接起来就构成赋值表达式。形式为

　　变量名=表达式；

赋值表达式中的表达式包括变量、算术表达式、关系表达式和逻辑表达式等，也可以是另一个赋值表达式。赋值过程是将"="右边表达式的值赋给"="左边的一个变量。

C51 逻辑运算符、算术运算符、关系运算符与赋值运算符之间优先级的次序如图 4-2 所示，其中!（非）运算符优先级最高，算术运算符次之，关系运算符再次之，然后是&&和||运算符，最低为赋值运算符。

例如：若 a=4、b=5，则!a&&b 为假（0）[因为!优先级高于&&，故先执行!a，值为假（0），而 0&&b 为 0，故最终结果为假（0）]。

图 4-2　运算符优先级次序

4.3.5　C51 的位操作及表达式

C51 能进行按位操作，从而使 C51 也具有一定的对硬件直接进行操作的能力。位运算符的作用是按位对变量进行运算，但并不改变参与运算的变量的值。如果要求按位改变变量的值，则要利用相应的赋值运算。位运算符不能用来对浮点型数据进行操作，只能是整型或字符型数。位运算一般的表达形式如下：

变量 1 位运算符 变量 2

C51 中共有 6 种位运算符：

1）&：按位与。

2）|：按位或。

3）^：按位异或。

4）~：按位取反。

5）<<：左移。

6）>>：右移。

除了按位取反运算符~以外，以上位操作运算符都是二目运算符，即要求运算符两侧各有一个运算对象。

位运算符也有优先级，从高到低依次是："~"（按位取反）、"<<"（左移）、">>"（右移）、"&"（按位与）、"^"（按位异或）、"|"（按位或）。

另外，C51 还提供复合运算符，即凡是二目运算符，都可以与赋值运算符 "=" 一起组成复合运算符。C51 提供了以下复合赋值运算符。即

+=，−=，*=，/=，%=，<<=，>>=，&=，^=，|=。

其含义就是变量与表达式先进行运算符所要求的运算，再把运算结果赋值给参与运算的变量。其实这是 C 语言中简化程序的一种方法，凡是二目运算都可以用复合赋值运算符去简化表达。例如：

a+=56　　　　等价于 a=a+56;

y/=x+9　　　　等价于 y=y/(x+9)。

4.3.6　逗号表达式与条件表达式

1. 逗号表达式

逗号（,）是 C 语言的一种特殊运算符，其功能是把几个表达式连接起来，组成逗号表达式。一般形式为

表达式 1，表达式 2，…，表达式 n；

逗号表达式的功能是依次计算表达式 1，2，…，n 的值，整个逗号表达式的值为表达式 n 的值。

2. 条件表达式

条件表达式的一般形式是：

表达式 1？表达式 2 ：表达式 3

条件表达式是这样执行的：先求表达式 1 的值，若非零求解表达式 2 的值，并作为条件表达式的值；若表达式 1 的值为零，则求解表达式 3 的值，并作为条件表达式的值。

例如：max=(a>b)?a ：b;　　　　　/* a>b 成立 max=a，否则 max=b */

4.4　C51 流程控制语句

C 语言是一种结构化编程语言。结构化程序由若干模块组成，每个模块中包含若干个基本结构，而每个基本结构中可以有若干条语句。C51 的"语句"可以是以";"号结束的简单语句，也包括用"{}"组成的复合语句。

81

C51 大致可分为 3 种基本结构：顺序结构、选择结构和循环结构。

4.4.1　C51 的顺序结构

顺序结构是一种最基本、最简单的程序结构。在这种结构中，单片机上电后或复位后是从地址 0000H 开始由低地址向高地址顺序执行指令代码的。如图 4-3 所示，程序先执行 f 操作，再执行 g 操作，两者是顺序执行的关系。

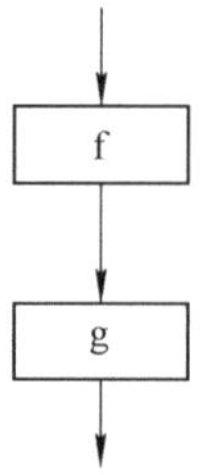

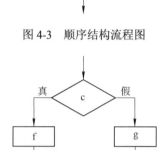

图 4-3　顺序结构流程图

4.4.2　C51 的选择结构

在选择结构中，程序首先对一个条件进行测试。当条件为真时，执行一个分支上的程序；当条件为假时，执行另一个分支上的程序。如图 4-4 所示，c 表示一个条件，当 c 条件为真则执行 f 程序；为假则执行 g 程序。两个分支上的程序流程最终汇在一起从一个出口中退出。

图 4-4　选择结构流程图

常用的选择语句有 if、else if、switch-case 语句。

1．if 语句

if 语句的格式为

if(表达式) {语句 1;} else {语句 2;}

"else 语句 2"也可以省略。"语句 2"还可以接续另一个 if 语句。构成如下：

if(表达式 1) {语句 1;}

else if(表达式 2) {语句 2;}

else if(表达式 3) {语句 3;}

　…

else {语句 n;}

【注意】　else 总是和最近的 if 配对。

2．switch 语句

switch 语句用于处理多路分支的情形，格式如下：

switch (表达式)

{　case 常量表达式 1: {语句 1;}　break;

　case 常量表达式 2: {语句 2;}　break;

　…

　case 常量表达式 n: {语句 n;}　break;

　default：{语句 n+1;}

}

对 switch 语句需要注意以下两点：

1）case 分支中的常量表达式的值必须是整型、字符型，不能使用条件运算符。每一个 case 的常量表达式必须是互不相同的。

2）break 语句用于跳出 switch 结构。若 case 分支中未使用 break 语句，则程序将继续执行到下一个 case 分支中的语句直至遇到 break 语句或整个 switch 语句结束。

4.4.3   C51 的循环结构

作为构成循环结构的循环语句, 一般是由循环体及循环终止条件两部分组成。一组被重复执行的语句称为循环体, 能否继续重复执行下去则取决于循环终止条件。

C 语言有 for、while、do … while 三种循环结构语句, C51 同样适用。它们的格式分别具体如下。

1）for 循环语句的一般格式为

for (表达式 1; 表达式 2; 表达式 3) 循环体语句

2）while 循环语句的格式为

while (表达式) 循环体语句

3）do … while 循环语句的格式为

do

　　　循环体语句

while(表达式);

4.5   C51 的数组与结构

前面讲述了基本数据类型, C51 中还可以使用一些扩展的数据类型。这些扩展的数据类型称为构造数据类型。这些按一定规则构成的数据类型主要是数组、结构、指针等。

4.5.1   一维、二维数组

数组是一组具有固定数目和相同类型成分分量的有序集合。在 C51 中, 数组是一个由同种类型的变量组成的集合, 它保存在连续的存储区域中, 第一个元素保存在最低地址中, 最末一个元素保存在最高地址中。C51 中常用一维数组、二维数组和字符数组。

1. 一维数组

一维数组定义方式如下:

数据类型 [存储器类型] 数组名[整型表达式]

例如,在程序存储器中用一维字符型数组定义 7 段共阴 LED 数码显示的字形表如下所示:

unsigned char code LEDvalue[10]={0x3f, 0x06, 0x5b, 0x4f, 0x66, 0x6d, 0x7d, 0x07, 0x7f, 0x6f}

方括号中的常量表达式表示数组元素的个数, 此处为 10, 则它有 10 个元素, 每个元素由不同的下标表示, 分别是 LEDvalue[0]、LEDvalue[1]、LEDvalue[2], …, LEDvalue[9], 数组元素的值分别对应 0~9 的显示数字的编码。要注意的是: 数组的第一个元素的下标为 0 而不是 1。

为了节省硬件的运行时间, 一般在数组定义时就对其全部或部分元素赋予初值, 即数组定义时要初始化, 就像 LEDvalue[10]数组所示, 直接赋给其 10 个元素具体的初值以便程序中可以方便地访问。

2. 二维数组

二维数组定义的一般形式为

数据类型 [存储器类型] 数组名[常量 1][常量 2]

如 int a[3][4]；定义了 3 行 4 列共 12 个元素的二维数组 a[][]。

二维数组的初始化也可在数组定义时就对其全部或部分元素赋予初值。对部分元素赋初值时，未赋值的元素初值则系统自动默认为零。

3．字符数组

若一个数组的元素是字符型的，则该数组就是一个字符数组，例如：

　　char a[12]={ "Chong Qing"}; //字符数组

　　char add[3][6]={ "weight", "height", "width"};

4．数组的应用

数组的一个非常有用的用途之一就是查表。在许多嵌入式控制系统中，人们更愿意用表格而不是数学公式来进行高精度的数学运算。使用查表可以让程序的执行速度更快，所用代码更少。表可以事先计算好后装入 EPROM 中。

【例 4-1】 编程将摄氏温度转换成华氏温度。

解：#define uchar unsigned char //将 unsigned char 数据类型定义为 uchar

　　uchar code tempt[]={32, 34, 36, 37, 39, 41}; /*数组，设置在 EPROM 中，长度为实际输入的数值数*/

　　uchar ftoc(uchar degc)

　　{

　　　　return tempt[degc]; //返回华氏温度值

　　}

　　main( )

　　{x=ftoc[5];} //得到 5℃的华氏温度并赋值给 x

在这个程序中，一开始对定义了一个无符号字符型数组 tempt[]，并对其初始化将摄氏温度 0、1、2、3、4、5 对应的华氏温度 32、34、36、37、39、41 赋予数组，存储类型为 code 指定编译器将此表定位在 EPROM 中。然后，在主程序 main( )中调用函数 ftoc(uchar degc)从 tempt[ ]数组中查表获取相应的温度转换值。即主程序执行完后 x 的值为 5℃的华氏温度 41℉。

数组一旦设定，在编译时会在系统的存储空间中开辟一个区域用于存放该数组的内容。

4.5.2 结构

C51 语言中的结构，就是将互相关联的、多个不同类型的变量结合在一起形成一个组合型变量，简称结构。构成结构的各个不同类型的变量称为结构元素（或成员），其定义规则与变量的定义相同。一般先声明结构类型，再定义结构变量。

定义一个结构类型的格式为

struct 结构名

{

　　结构成员说明；

}

结构成员还可以是其他已定义的结构，结构成员说明的格式为

　　类型标识符 成员名；

C51 结构类型变量定义的格式为

　　　struct 结构名 变量表；

在 Keil C51 中，结构被提供了连续的存储空间，成员名被用来对结构内部进行寻址。

4.6　C51 的指针与函数

4.6.1　C51 的指针概述

1. 指针的定义

指针是 C 语言中的一个重要概念，指针是指某个变量所占用存储单元的首地址。用来存放指针值的变量称为指针变量。

指针定义的一般形式为

　　　类型识别符　*指针变量名

其中，"*"表示定义的是指针变量；类型识别符表示该指针变量指向的变量的类型。

各种不同类型的指针定义如下：

char *s;　　　　　　　　　　　//指向字符类型的指针

char *str[4];　　　　　　　　　//定义字符类型的指针数组

int *numptr;　　　　　　　　　//指向整型类型的指针

在以上定义中，指针变量名前面的"*"表示该变量为指针变量，但指针变量名应该是 s、str[4]、numptr，而不是*s、*str[4]和*numptr。

2. C51 的指针类型

C51 支持"基于存储器"的指针和"一般"指针两种类型。

一般指针包括 3 个字节：2 字节偏移和 1 字节存储器类型，即

地址	+0	+1	+2
内容	存储器类型	偏移量高位	偏移量低位

在一般指针的定义中，第一个字节代表了指针的存储器类型，存储器类型的编码为

存储器类型	idata	xdata	pdata	data	code
值	1	2	3	4	5

例如，以 xdata 类型的 0x2345 地址作为指针可以表示为

地址	+0	+1	+2
内容	0x02	0x23	0x45

注意：当用常数作指针时，必须正确定义存储类型和偏移。例如，将常数值 0x41 写入地址 0x8000 的外部数据存储器。

#define XBYTE ((char *)0x20000L)

XBYTE [0x8000]=0x41;

其中，XBYTE 被定义为(char *)0x20000L，0x20000L 为一般指针，其存储类型为2，偏移量为0000，L 代表 long，说明 0x20000L 是一个长整数。这样 XBYTE 成为指向 xdata 零地址的指针。而 XBYTE[0x8000]是外部数据存储器的 0x8000 绝对地址。

由于 51 系列单片机存储器结构的特殊性，C51 语言还提供指定存储器类型的指针，在声明时定义指针指向的存储器类型，也称为基于存储器类型的指针，例如：

    char data *str;   //指针指向 data 区的字符
    int xdata *numtab;   //指针指向 xdata 区的整型变量
    unsigned char code *powtab;   //指针指向 code 区的无符号字符

这种基于存储器类型的指针，因为存储器类型在编译时就已经指定了，所以指针可以保存在一个字节（idata、data、bdata 等）或两个字节（code 和 xdata 类型指针）中。

基于存储器类型的指针还可以用于结构数据类型。

3．指针的应用举例

【**例 4-2**】 编程将外部 RAM 地址 400H 开始的 4 个字节读入到内部 RAM 中。

解：程序如下：

```
#include <reg51.h>                //定义 51 单片机的特殊功能寄存器 SFR
#define XRAMaddr (unsigned char xdata *)0x400     //外部 RAM 的开始地址
unsigned char xdata *ptr;
    main( ){
        char i;
        unsigned char data array[4];
        ptr=XRAMaddr;            //指针 ptr 指向开始地址 400H
        for(i=0; i<4; i++){      //将 400H 开始的 4 个字节外部 RAM 数据读入内部 RAM
            array[i]=ptr[i];}
        while(1);}
```

4．绝对地址访问

C51 中绝对地址的访问有多种方法，主要通过指针、关键字_at_、预定义宏等进行访问，下面具体说明。

（1）使用 C51 运行库中预定义宏

C51 编译器提供了一组宏定义用来对 MCS-51 系列单片机的 code、data、pdata 和 xdata 空间进行绝对地址访问。函数原型如下：

```
#define CBYTE((unsigned char volatile code*)0)
#define DBYTE((unsigned char volatile idata*)0)
#define PBYTE((unsigned char volatile *pdata)0)
#define XBYTE((unsigned char volatile *xdata)0)
```

这些函数原型放在 absacc.h 文件中。例如：

```
uchar uc_var1;
uc_var1=XBYTE [0x0002];      /*访问外部 RAM 0002H 地址的内容*/
```

为了能够用宏来定义绝对地址，在程序中必须将头 absacc.h 用如下所示的语句包含：

```
#include <absacc.h>
```

（2）使用 C51 扩展关键字_at_对确定地址进行访问

使用_at_对指定的存储器空间的绝对地址进行定位。格式如下：

[存储器类型] 数据类型 标识符_at_常数

当对外部接口的地址进行读写时，存储器类型为 xdata 数据类型；数据类型通常为 unsigned char 的单字节类型；使用_at_定义的变量必须为全局变量。

【例 4-3】　用关键字_at_访问指定地址，将地址为 400H 的内容读入。

解：

```
#include <reg51.h>                //定义 51 单片机的特殊功能寄存器 SFR
unsigned char xdata y1 _at_ 0x400;  //定义变量 y1 为地址编号 400H
main( )
{    unsigned char x1;
     x1=y1;                        //将地址 400H 的值读入到 x1 变量中
     while(1);
}
```

（3）使用指针

MCS-51 的总线工作方式下对绝对地址的操作，在使用 C51 编程时常用指针操作。C51 语言中提供的两个专门用于指针和地址的运算符：

*　取内容

&　取地址

取内容和取地址运算的一般形式分别为

变量 ＝* 指针变量

指针变量 ＝& 目标变量

【例 4-4】　使用指针对指定地址进行访问。

解：

```
#define uchar unsigned char
#define uint unsigned int
void test_memory(void)
{    uchar idata ivar1;
     uchar xdata *xdp;       /*定义一个指向 xdata 存储器空间的指针*/
     char data *dp;          /*定义一个指向 data 存储器空间的指针*/
     uchar idata *idp;       /*定义一个指向 idata 存储器空间的指针*/
     xdp=0x400;              /*xdata 指针赋值，指向 xdata 存储器地址 400H 处*/
     *xdp=0x5A;              /*将数据 5AH 送到 xdata 的 400H 单元*/
     dp=0x61;               /*data 指针赋值，指向 data 存储器地址 61H 处*/
     *dp=0x23;              /*将数据 23H 送到 data 的 61H 单元*/
     idp=&ivar1;            /*idp 指向 idata 区变量 ivar1*/
     *idp=0x16;             /*等价于 ivar1=0x16*/
}
```

以上这三种访问绝对地址的方式在编程中均可以采用。

4.6.2　C51 函数的定义

C51 中编程时不限制函数的数目，但是一个 C51 程序必须至少有一个以 main 为名的唯一的主函数，整个程序从这个主函数开始执行，然后可以编写自定义函数。同时 C51 还可以使用和建立库函数，每个库函数执行一定的功能由用户根据需求调用。

1．函数的定义

C51 函数定义的一般格式为

[return_type] funcname([args]) [small|compact|large][reentrant] [interrupt n][using n]

其中为[ ]的项目可以默认。下面对函数定义加以说明：

return_type	函数返回值类型，如果不指定，默认为 int；
funcname	函数名；
args	函数的形式参数列表，是用逗号分隔的变量表，默认为无参数函数；
small、compact、large	函数的三种存储模式，默认为 small；
reentrant	表示函数是递归的或重入的；
interrupt n	表示是一个中断函数，n 为中断号；
using n	指定函数所用的工作寄存器组。

2．函数的调用和返回

C51 调用函数时直接使用函数名和实参的方法，也就是将要赋给被调用函数的参量，按该函数说明的参数形式传递过去，然后进入子函数运行，运行结束后再按子函数规定的数据类型返回一个值给调用函数。使用 C51 的库函数就是函数简单调用的方法。

被调用的函数必须是已经存在的函数。C51 中主调用函数对被调用函数的调用方式和 C 语言的一样，这里不再详述。

3．中断函数

C51 编译器允许用 C51 创建中断服务程序。大家仅仅需要关心中断号和寄存器组的选择就可以了。编译器自动产生中断向量和程序的入栈及出栈代码。也无须关心 ACC、B、DPH、DPL、PSW 等寄存器的保护，C51 编译器会根据上述寄存器的使用情况在目标代码中自动增加压栈和出栈。

在函数声明时，interrupt 不能默认，这样声明的函数定义为一个中断服务程序。关键字 interrupt 后面的 n 是中断号，理论上可以是 0~31 的整型参数，用来表示中断处理函数所对应的中断号，该参数不能是带运算符的表达式。对于 AT89C52 单片机，n 的取值范围是 0~5，中断号和中断源的对应关系见表 4-3。

另外，using n 可以用来定义此中断服务程序所使用的寄存器组。如果 using n 默认，则由编译器选择一个寄存器组作为绝对寄存器组。

中断函数应遵循以下规则：中断函数不能进行参数传递；中断函数没有返回值；不能在其他函数中直接调用中断函数；若在中断中调用了其他函数，则必须保证这些函数和中断函数使用了相同的寄存器组。

表 4-3　中断号和中断源的对应关系

中断号	中断源	中断向量
0	外部中断 0	0003H
1	定时器/计数器 0	000BH
2	外部中断 1	0013H
3	定时器/计数器 1	001BH
4	串行接口	0023H
5	定时器/计数器 2	002BH

【例 4-5】　设单片机的 f_{osc}=12MHz，要求在 P1.0 脚上输出周期为 2ms 的方波。

解：周期为 2ms 的方波要求定时时间间隔 1ms，每次时间到将 P1.0 取反。定时器计数率=f_{osc}/12。机器周期=12/f_{osc}=1μs，每个机器周期定时器计数加 1，1ms=1000μs，需计数次数=1000/(12/f_{osc})=1000/1=1000。由于计数器向上计数，为得到 1000 个计数之后的定时器溢出，必须给定时器置初值–1000。

程序如下：

```
#include <reg51.h>
sbit P1_0=P1^0;
void timer0(void) interrupt 1 using 1    //T0 中断服务程序入口
{   P1_0=!P1_0;                          //P1.0 取反
    TH0=－(1000/256);                    //计数初值重装载
    TL0=－(1000%256);
}
void main(void)
{   TMOD=0x01;                           //T0 工作在模式 1
    P1_0=0;
    TH0=－(1000/256);                    //预置计数初值
    TL0=－(1000%256);
    EA=1;                                //CPU 开中断
    ET0=1;                               //T0 开中断
    TR0=1;                               //启动 T0 开始定时
    do{ }  while(1);
}
```

【例 4-6】　使用外部中断 0 对 P1.0 取反。

解：程序如下：

```
#include <reg51.h>
sbit P4=P1^0;
void rut(void) interrupt 0
{   P4=!P4;
}
void main(void)
{   P4=0;
    EA=1;                                //CPU 开中断
    EX0=1;                               //INT0 开中断
}
```

4. 库函数

运行库中提供了很多短小精悍的函数，可以方便地使用。只要把包含该类别库函数的头文件在程序编写时用#include 定义好，就可以在程序中使用其中各个函数。

若程序中编写了#include <stdio.h>，则可以调用 scanf、printf 等输入输出函数，因为它们在 stdio.h 中已经被宏定义了，所以在主程序中可以直接调用。

若程序中有#include <math.h>，则在程序中可以使用 fabs 之类的数学运算函数。

要注意的是，库中有些函数，如果在执行这些函数时被中断，而在中断程序中又调用了该函数，将得到意想不到的结果，而且这种错误很难找出来，所以要谨慎使用。

本章小结

本章主要阐述了 51 系列单片机如何用 C51 语言进行编程的相关规范，并用实例说明了 C51 的应用。

1）C51 的基本数据类型主要有整型、浮点型、字符型、指针等；扩展数据类型主要有结构类型。另外还有 C51 特有的位类型和特殊功能寄存器类型。它们的存储类型分别对应单片机的片内数据存储区 data 和 idata、片外数据存储区 pdata 和 xdata、程序存储区 code。

2）C51 逻辑运算符、算术运算符、关系运算符与赋值运算符之间优先级的次序为：！（非）运算符优先级最高，算术运算符次之，关系运算符再次之，然后是&&和||运算符，最低为赋值运算符。

3）C51 程序结构可分为 3 种基本结构：顺序结构、选择结构和循环结构。

4）C51 中数组是一个由同种类型的变量组成的集合，它保存在连续的存储区域中，第一个元素保存在最低地址中，最末一个元素保存在最高地址中。C51 语言中的结构，就是将互相关联的、多个不同类型的变量结合在一起形成的一个组合型变量。

5）C51 中主要通过指针、关键字_at_、预定义宏等对绝对地址进行访问。

6）C51 程序只能有一个以 main 为名的主函数，除此之外，还可以编写一般函数和中断函数形成模块化的结构。C51 还可以使用和建立库函数。

思考题与习题

4-1　说明 C51 的程序结构及使用中要注意的事项。

4-2　51 系列单片机的数据的存储类型有哪些？分别对应存储器的哪个空间？

4-3　按给定的存储类型和数据类型，写出下列变量的说明形式。

　　up, down　位变量；

　　first, last　浮点小数，使用外部数据存储器存储；

　　cc, ch　字符，使用内部数据存储器存储。

4-4　判断下列关系表达式或逻辑表达式的运算结果（1 或 0）。

　　10==9+1;　　0&&0;　　10&&8;　　8||0;

　　！(3+2);　　设 x=10, y=9　x>=8 && y<=x。

4-5　利用指针将外部 RAM 地址 2000H 开始的 20 个字节读入到内部 RAM 中。

4-6　将华氏温度 0～300℉ 内每隔 20℉ 的温度转换成摄氏温度。

4-7　主函数 main 调用函数 max（max 用来比较输入的三个数的大小）后，返回最大值。

4-8　利用定时器中断程序，在定时器中断发生后，给 P1 口置位点亮一指示灯。

第5章　中断系统

5.1　中断系统概述

中断技术是计算机在实时处理和实时控制中不可缺少的一个很重要的技术,中断系统是计算机中实现中断功能的各种软、硬件的总称。计算机采用中断技术能够极大的提高工作效率和处理问题的灵活性。

5.1.1　中断的概念

CPU 在执行程序时,计算机外部或内部发生某一事件,CPU 暂时中止当前的工作,转到中断服务程序处理所发生的事件。处理完该事件后,再回到原来被中止的地方,继续原来的工作,这个过程称为中断。CPU 处理事件的过程,称为 CPU 的中断响应过程,如图 5-1 所示。向 CPU 发出中断请求的来源,或引起中断的原因称为中断源。中断源提出的服务请求称为中断请求。原来正在运行的程序称为主程序,主程序被断开的位置(地址)称为**断点**。中断源可分为两大类:一类来自计算机内部,称之为内部中断源;另一类来自计算机外部,称之为外部中断源。

一般微型计算机的中断处理包括 4 个步骤:中断请求、中断响应、中断处理和中断返回。

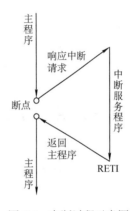

图 5-1　中断过程示意图

5.1.2　中断系统的功能及特点

中断系统是指能实现中断功能的硬件和软件。

1. 中断系统的功能

中断系统的功能一般包括以下几个方面:

(1)进行中断优先级排队

当有几个中断源同时向 CPU 发出中断请求,或者 CPU 正在处理某中断源服务程序时,又有另一中断源申请中断,那么 CPU 既要能够区分每一个中断源,且要能够确定优先处理哪一个中断源,即**中断的优先级**。通常首先为优先级最高的中断源服务,再响应级别较低的中断源。按中断源级别高低依次响应的过程称为优先级排队。这个过程可以由硬件电路实现,也可以通过软件查询来实现。

(2)实现中断嵌套

当 CPU 响应了某一中断请求进行中断处理时,若有优先级更高的中断源发出请求,则 CPU 会停止正在执行的中断服务程序,并保留此程序的断点,转去执行优先级更高的中断服务程序,等处理完这个高优先级的服务程序后,再返回继续执行被暂停的中断服务程序。这个过程称为**中断嵌套**，如图 5-2 所示。

（3）自动响应中断

当某一个中断源发出中断请求时，CPU 将根据有关条件（是否允许中断、中断的优先级等）进行相应的判断，以决定是否响应该中断请求。若响应该中断请求，CPU 在执行完当前指令后，再把断点处的 PC 值压入堆栈保存起来，这个过程称为**保护断点**，由硬件自动完成。在中断服务程序开始，由用户把相关寄存器和标志位的状态也压入堆栈保存起来，这称为**保护现场**，随后开始执行中断服务程序。

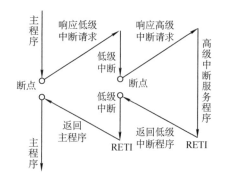

图 5-2　中断的嵌套

（4）实现中断返回

执行中断服务程序到最后时，需要从堆栈中恢复相关寄存器和标志位的状态，称为**恢复现场**。再执行 RETI 指令，恢复 PC 值，即**恢复断点**，继续执行主程序。

2．中断的特点

1）提高 CPU 的工作效率。

2）实现实时处理。

3）处理故障。

5.2　51 系列单片机的中断系统

5.2.1　中断系统结构与中断源

1．51 系列单片机的中断系统结构

51 系列单片机的中断系统是 8 位单片机中功能较强的一种，包括中断源、中断允许寄存器 IE、中断优先级寄存器 IP、中断矢量等，可以提供 5 个中断源（AT89S52 有 6 个中断源），具有 2 个中断优先级，可实现 2 级中断服务程序嵌套。AT89S52 单片机的中断系统结构示意图如图 5-3 所示。它有 5 个用于中断控制的寄存器——IE、IP、TCON、SCON 和 T2CON，用来控制中断的类型、中断的开/关和各种中断的优先级别。

2．51 系列单片机的中断源

AT89S52 单片机有 6 个中断源，分别如下：

1）$\overline{INT0}$：外部中断源 0 请求，通过 P3.2 引脚输入，中断请求标志为 IE0。

2）$\overline{INT1}$：外部中断源 1 请求，通过 P3.3 引脚输入，中断请求标志为 IE1。

外部中断请求有两种信号触发方式，即电平触发方式和边沿触发方式，可通过设置有关控制位进行定义。

当设定为电平触发方式时，若 CPU 从 $\overline{INT0}$ 或 $\overline{INT1}$ 引脚上采样到有效的低电平，则中断标志位置 1，并向 CPU 提出中断请求；当设定为边沿触发方式时，若 CPU 从 $\overline{INT0}$ 或 $\overline{INT1}$ 引脚上采样到有效的负跳变信号，则中断标志位置 1，并向 CPU 提出中断请求。

3）T0：定时器/计数器 T0 溢出中断，中断请求标志为 **TF0**。

4）T1：定时器/计数器 T1 溢出中断，中断请求标志为 **TF1**。

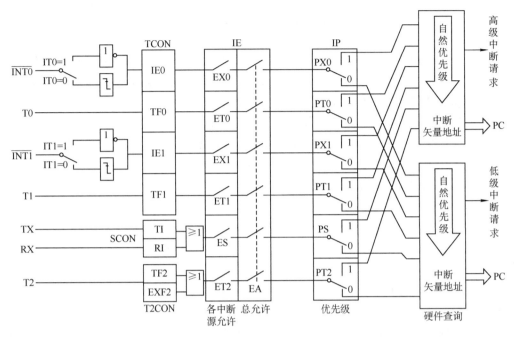

图 5-3　AT89S52 中断系统结构

定时中断是为满足定时或计数的需要而设置的。当定时器/计数器发生溢出时，表明设定的定时时间到或计数值已满，这时定时器/计数器溢出中断请求标志置 1，并向 CPU 申请中断。由于定时器/计数器在单片机芯片内部，所以定时中断属于内部中断。

5）TX/RX：串行口中断请求。串行口接收中断标志 RI，串行口发送中断标志 TI。

串行口中断是为串行数据传送的需要而设置的。每当串行口发送或接收完毕一帧串行数据时，就产生一次中断请求。

6）T2：定时器/计数器 T2 溢出中断请求。中断请求标志为 TF2/EXF2。

5.2.2　中断控制

AT89S52 单片机中，与其中断系统密切相关的特殊功能寄存器有 5 个：

1）定时器 0、1 控制寄存器 TCON。

2）串行口控制寄存器 SCON。

3）中断允许寄存器 IE。

4）中断优先级寄存器 IP。

5）定时器 2 控制寄存器 T2MOD。

其中，TCON 和 SCON 有一部分位用于中断控制。通过对 4 个特殊功能寄存器的各位进行置位或复位操作，可实现各种中断控制功能。

1．定时器/计数器 0、1 控制寄存器 TCON

TCON 的作用是控制定时器的启动和停止、保存 T0 和 T1 的溢出中断标志和外部中断 $\overline{\text{INT0}}$、$\overline{\text{INT1}}$ 的中断标志、触发方式。其中断相关各位的位地址和定义如下：

位地址	8FH	8EH	8DH	8CH	8BH	8AH	89H	88H
TCON(88H)	TF1		TF0		IE1	IT1	IE0	IT0

1）IT0：外部中断 0 的触发方式选择位。该位可由软件置"1"或清"0"（SETB IT0 或 CLR IT0）。

IT0=0 为电平触发方式，低电平有效。在电平触发方式中，CPU 响应中断后不能由硬件自动使 IE0 清零，也不能由软件使 IE0 清零，因此在中断返回前必须撤销 $\overline{INT0}$ 引脚上的低电平，否则将再次引起中断，导致出错。

IT0=1 为边沿触发方式，负跳变有效。在边沿触发方式中，CPU 响应中断后硬件自动使 IE0 清零。要求外部输入的高电平或低电平的持续时间必须大于 12 个时钟周期，才能保证检测到先高后低的负跳变。

2）IE0：外部中断请求 0 的中断请求标志位。

IE0=0，无中断请求。

IE0=1，有中断请求。当 CPU 响应该中断时，则程序转向中断服务程序。

3）IT1：外部中断 1 的请求方式选择位，其含义、设置与 IT0 类似。

4）IE1：外部中断请求 1 的中断请求标志位，其含义、设置与 IE0 类似。

5）TF0：T0 溢出中断请求标志位。T0 可以对内部时钟信号或从外部输入（P3.4）的脉冲进行计数。当计数器计数溢出时，即表明定时时间到或计数值已满，这时由硬件将 TF0 置"1"，并向 CPU 发出中断请求，CPU 响应 TF0 中断时，硬件自动将 TF0 清"0"，TF0 也可由软件清"0"。

6）TF1：T1 的溢出中断请求标志位，功能和 TF0 类似。

51 系列单片机复位后 TCON 为 0，初始无中断标志位。

2. 串行口控制寄存器 SCON

SCON 中低两位为串行接口的接收中断和发送中断标志 RI 和 T1。其中断相关各位的位地址和定义如下：

位地址	9FH	9EH	9DH	9CH	9BH	9AH	99H	98H
SCON(98H)							TI	RI

1）RI：串行口接收中断请求标志位。当串行口接收完一帧数据后，RI 由硬件自动置 1，向 CPU 申请中断。转向中断服务程序后，RI 必须用软件清零。

2）TI：串行口发送中断请求标志位。当发送完一帧串行数据后，TI 由硬件自动置 1，向 CPU 申请中断。转向中断服务程序后，TI 必须用软件清零。

串行口中断请求由 TI 和 RI 的逻辑或得到，即无论是发送中断标志还是接收中断标志，都会产生串行口中断请求。

3. 中断允许控制寄存器 IE

51 系列单片机对中断源的开放或禁止是由中断允许寄存器 IE 控制的。中断允许寄存器 IE 对中断的开放或禁止实现两级控制。所谓两级控制，就是除有一个总中断控制位 EA（IE.7）外，还有 5 个中断源各自的中断允许控制位（见图 5-3）。IE 中断相关各位的位地址和定义如下：

位地址	AFH	AEH	ADH	ACH	ABH	AAH	A9H	A8H
IE(A8H)	EA		ET2	ES	ET1	EX1	ET0	EX0

1）EA：中断允许总控制位。当 EA=0 时，CPU 禁止所有的中断请求；当 EA=1 时，CPU 开放中断。此时每个中断源的中断是否允许，还取决于各中断源的中断允许控制位的状态。

2）EX0：外部中断 0 中断允许位。若 EX0=1，则允许外部中断 0 中断；否则，禁止其中断。

3）ET0：定时器/计数器 T0 的溢出中断允许位。若 ET0=1，则允许定时器/计数器 T0 溢出时提出的中断请求；否则，禁止其中断。

4）EX1：外部中断 1 中断允许位。若 EX1=1，则允许外部中断 1 中断；否则，禁止其中断。

5）ET1：定时器/计数器 T1 的溢出中断允许位。若 ET1=1，则允许定时器/计数器 T1 溢出时提出中断请求；否则，禁止其中断。

6）ES：串行口中断允许位。若 ES=1，则允许串行口中断；否则，禁止其中断。

7）ET2：定时器/计数器 T2 的溢出中断允许位。

51 系列单片机复位后寄存器 IE 被清 0，所以单片机是处于禁止中断的状态。若要开放中断，必须使 EA 位为 1 且相应的中断允许位也为 1。开、关中断既可使用位操作指令，也可使用字节操作指令实现。

【例 5-1】　若允许片内 2 个定时器/计数器中断，禁止其他中断源的中断请求。编写设置 IE 的相应程序段。

解：（1）用位操作指令来编写如下程序段：

```
CLR    ES              ；禁止串行口中断
CLR    EX1             ；禁止外部中断 1 中断
CLR    EX0             ；禁止外部中断 0 中断
SETB   ET0             ；允许定时器/计数器 T0 中断
SETB   ET1             ；允许定时器/计数器 T1 中断
SETB   EA              ；CPU 开中断
```

C 语言格式如下：

```
ES=0;
EX1=0;
EX0=0;
ET0=1;
ET1=1;
EA=1;
```

（2）用字节操作指令来编写：

```
        MOV   IE, #8AH
或者     MOV   0A8H, #8AH    ；A8H 为 IE 寄存器字节地址
```

C 语言格式：IE=0x8A;

4. 中断优先级控制寄存器 IP

51 系列单片机有两个中断优先级，即高优先级和低优先级。每个中断源的优先级由 IP 的状态决定，通过对中断优先级寄存器 IP（字节地址为 B8H）赋值来设定各个中断源的优先级别。IP 中的低 5 位为各中断源优先级的控制位，可用软件来设置。中断相关各位的含义如下：

位地址	BFH	BEH	BDH	BCH	BBH	BAH	B9H	B8H
IP (B8H)			PT2	PS	PT1	PX1	PT0	PX0

1）PX0：外部中断 0 的中断优先级控制位。若 PX0=1，则外部中断 0 为高中断优先级；否则，为低中断优先级。

2）PT0：定时器/计数器 T0 中断优先级控制位。若 PT0=1，则定时器/计数器 T0 为高中断优先级；否则，为低中断优先级。

3）PX1：外部中断 1 中断优先级控制位。若 PX1=1，则外部中断 1 为高中断优先级；否则，为低中断优先级。

4）PT1：定时器/计数器 T1 中断优先级控制位。若 PT1=1，则定时器/计数器 T1 为高中断优先级；否则，为低中断优先级。

5）PS：串行口中断优先级控制位。若 PS=1，则串行口为高中断优先级；否则，为低中断优先级。

6）PT2：定时器/计数器 T2 中断优先级控制位。若 PT2=1，则定时器/计数器 T2 为高中断优先级；否则，为低中断优先级。

51 系列单片机复位后寄存器 IP 被清零，所有中断源均设定为低优先级中断。

51 系列单片机通常可以和多个中断源相连，某一瞬间可能会发生 2 个或 2 个以上中断源同时请求中断的情况。当两个不同优先级的中断源同时提出中断请求时，CPU 先响应优先级高的中断请求，后响应优先级低的中断请求；当几个同一优先级的中断源同时向 CPU 请求中断时，CPU 将按如下的顺序依次响应：

当 CPU 正在执行一个低优先级中断服务程序时，它能被高优先级的中断源所中断，在 51 系列单片机内部，当多个中断源处于同一中断级别时，由自然优先级确定中断嵌套顺序。

中断优先原则如下：

1）低级不打断高级；高级可以打断低级，实现中断的嵌套。

2）同级中断由自然优先级确定终端嵌套顺序。

【例 5-2】 假设允许外部中断 0 中断，并设定它为高级中断，采用边沿触发方式，其他中断源为低级中断。编写中断初始化程序。

```
SETB    EA          ；CPU 开中断
SETB    EX0         ；允许外部中断 0 产生中断
SETB    PX0         ；外部中断 0 为高优先级中断
SETB    IT0         ；外部中断 0 为边沿触发方式
```

C 语言格式如下：

```
EA=1;
EX0=1;
PX0=1;
IT0=1;
```

5. 定时器/计数器 2 控制寄存器 T2CON

T2CON 寄存器包含定时器/计数器 2 的控制位和状态位,与中断有关的只有 2 位。字节地址:C8H,可位寻址。含义如下:

位地址	CFH	CEH	CDH	CCH	CBH	CAH	C9H	C8H
T2CON(C8H)	TF2	EXF2						

1)TF2:定时器/计数器 2 的溢出中断请求标志位,若 TF2=1,则有中断请求;若 TF2=0,则无中断请求。

2)EXF2:定时器/计数器 2 的外部中断请求标志。

5.3 中断处理过程

5.3.1 中断响应与过程

中断响应是在满足 CPU 的中断响应条件后,对中断源中断请求的应答。其中的任务包括保护断点和将程序转向中断服务程序的入口地址,该入口地址也称为中断矢量。CPU 执行程序的过程中,在每个机器周期的 S5P2 期间顺序采样每个中断源,这些采样值在下一个机器周期 S6 期间将按优先级或内部顺序依次查询,若查询到某个中断标志为 1,则将在接下来的一个机器周期 S1 期间按优先级进行中断处理。中断系统通过硬件自动将相应的中断服务程序的入口地址装入 PC,以便进入相应的中断服务程序。

1. 中断响应的条件

单片机响应中断的前提条件是中断源有请求,CPU 总中断允许开放(即 EA=1),且中断允许寄存器 IE 相应位为 1。此外,还必须满足下列三个条件:

1)无高级中断服务程序在执行中。

2)现行指令执行到最后 1 个机器周期且已结束。

3)若现行指令为 RETI 或需访问特殊功能寄存器 IE 或 IP 的指令时,执行完该指令且紧随其后的另 1 条指令也已执行完。

2. 中断响应过程

若满足中断响应的条件,CPU 响应中断。中断响应时,首先执行一条由中断系统提供的硬件 LCALL 指令把被中断程序的断点压入堆栈。然后,相应的中断服务程序的入口地址装入 PC,程序转至中断服务程序入口。中断源相应的中断服务程序入口地址是固定的,见表 5-1。从表 5-1 可知,两相邻的中断服务程序入口地址的间隔为 8 个单元,即,若要在其中存放相应的服务程序,其长度不得超过 8B。通常,中断服务程序的长度不止 8B,就需要在相应的中断服务程序入口地址中放一条长跳转指令 LJMP。

编写中断服务程序的格式一般如下:

表 5-1 中断服务程序入口地址表

中断源	中断服务程序入口地址
外部中断源 0	0003H
T0 溢出中断	000BH
外部中断源 1	0013H
T1 溢出中断	001BH
串行口中断	0023H
T2 溢出中断(AT89S52 单片机)	002BH

```
            ORG     0000H        ; 主程序起始地址
            SJMP    MAIN
            ORG     0003H        ; 不同的中断服务程序入口地址
            AJMP    1NJERRVP
    MAIN:   ...
    HERE:   SJMP    HERE
1NJERRVP:   ...                  ; 中断服务程序
            RETI
```

C 语言格式如下：

```
#include "reg51.h"
void main( )
{
    ...
    While(1);
}
void 1NJERRVP( ) interrupt 0
{
    ...
}
```

5.3.2 中断处理

从开始执行中断服务程序，到执行 RETI 指令为止的过程就是中断处理过程。其内容包括保护现场、处理中断源的请求和恢复现场三部分。其处理过程如图 5-4 所示。

1. 保护现场

在执行中断服务程序时，首先应将在中断服务程序中要使用的累加器 A、PSW、工作寄存器等的内容压入堆栈，完成保护现场的任务。为了不使现场数据受到破坏或者造成混乱，在保护现场的过程中，应关中断（禁止中断）。当保护现场完成后，应开放中断（允许中断）。

2. 中断服务

中断服务程序要根据具体任务的要求编制。通常，在中断服务时，允许 CPU 响应优先级比其高的中断请求。

3. 恢复现场

在中断服务结束后，应立即关中断，以保

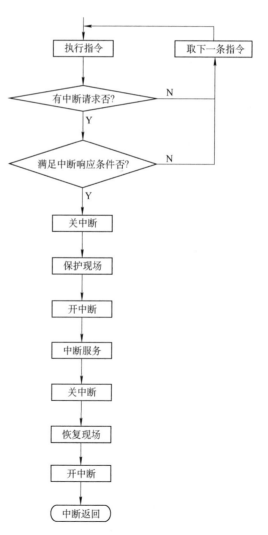

图 5-4　中断的处理过程

证在恢复现场过程中不受干扰。恢复现场即把原来压入堆栈的工作寄存器、PSW 和累加器 A 等的内容弹回。恢复现场后，应立即开中断，以便响应更高级的中断请求。

5.3.3 中断返回

中断返回是指中断服务完后，计算机返回到原来断开的位置（即断点），继续执行原来的程序。中断返回由专门的中断返回指令 RETI 来实现，该指令的功能是把断点地址取出，送回到程序计数器 PC 中去。另外，它还通知中断系统已完成中断处理，将清除优先级状态触发器。

中断返回时完成的操作有：①恢复断点地址。②开放中断。

5.3.4 中断请求撤销

中断响应后，TCON 或 SCON 中的中断请求标志应及时清除，否则，就意味着中断请求仍然存在，会造成中断的混乱。

1．定时中断请求的撤销

定时中断响应后，硬件自动把中断标志位（TF0、TF1 或 TF2）清零，因此定时中断的中断请求是自动撤除的。

2．外部中断的撤销

外部中断请求有两种触发方式：电平触发方式和边沿触发方式，对于这两种中断触发方式，51 系列单片机撤除的方法不同。

在边沿触发方式下，外部中断在中断响应后通过硬件自动地把标志位（IE0 或 IE1）清零，即中断请求的撤除也是自动的。

但是对于电平触发方式，情况特殊，仅靠清除中断标志并不能彻底解决中断请求的撤除问题。因为尽管中断请求标志位清除了，但是中断请求的有效低电平仍然存在，在下一个机器周期采样中断请求时，又会使 IE0 或 IE1 重新置 1。为此，要想彻底解决中断请求的撤除，还需在中断响应后把中断请求输入端从低电平强制改为高电平，为达此目的，可在系统中增加如图 5-5 所示电路。

用 D 触发器锁存外来的中断请求低电平，并通过触发器的输出端 Q 送至 $\overline{INT0}$ 或 $\overline{INT1}$。中断响应后，为了撤除中断请求，可利用 D 触发器的直接置位端 SD 实现，把 SD 端接单片机的一条口线（图中为 P1.0）。因此，只要 P1.0 输出一个负脉冲就可以使 D 触发器置 1，从而撤除了低电平的中断请求。所需的负脉冲可在中断服务程序中增加如下两条指令：

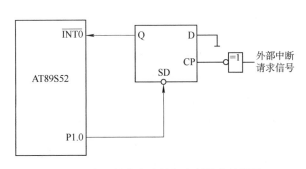

图 5-5 电平触发方式外部中断请求的撤除

```
ORL  P1,#01H        ；P1.0 输出高电平
ANL  P1,#0FEH       ；P1.0 输出低电平
```

C 语言格式如下：

P1=P1|0x01;

P1=P1&0xFE;

这两条指令执行后，使 P1.0 输出一个负脉冲，其持续时间为 2 个机器周期，足以使 D 触发器置位，而撤销端口的中断请求。

3．串行口中断的撤除

串行口中断的标志位是 TI 和 RI，这两个中断标志在中断响应后不会自动清零，所以串行口中断请求应在中断服务程序中必须使用软件方法进行撤除。采用如下指令在中断服务程序中对串行口中断标志位进行清除：

    CLR   TI   ；清 TI 标志位
    CLR   RI   ；清 RI 标志位

C 语言格式如下：

    TI=0;
    RI=0;

5.3.5　中断响应时间

中断响应时间是指从查询中断请求标志位到转向中断区入口地址所需的机器周期数。

1．最快响应时间

以外部中断源的电平触发方式为最快。

从查询中断请求信号到中断服务程序需要 3 个机器周期，即 1 个机器周期（查询）+2 个机器周期（执行长调用 LCALL 指令）。

2．最长响应时间

若当前指令是 RET、RETI 和 IP、IE 指令，紧接着下一条是乘除指令发生，则最长为 8 个机器周期：

2 个机器周期执行当前指令（其中含有 1 个机器周期查询）+4 个机器周期乘除指令+2 个机器周期（执行长调用 LCALL 指令）=8 个周期。

5.4　中断系统应用举例

1．中断初始化程序的编制

1）设置中断允许控制寄存器 IE。

2）设置中断优先级寄存器 IP。

3）选择外部中断源的触发方式：电平触发还是边沿触发。

4）编写中断服务程序，处理中断请求。

【例 5-3】　试编写对 51 系列单片机中断系统的初始化程序，允许外部中断 1 及串行口中断，并使外部中断源 1 为电平触发方式、高优先级中断。

解：方法一：对 IE 寄存器采用位地址操作

    SETB   EA
    SETB   EX1
    SETB   ES

```
        CLR    IT1
        SETB   PX1
```

C 语言格式如下：

```
        EA=1；
        EX1=1；
        ES=1；
        IT1=0；
        PX1=0；
```

方法二：对 IE 寄存器采用字节操作。

```
        MOV    IE, #94H
        CLR    IT1
        SETB   PX1
```

C 语言格式如下：

```
        IE=0x94；
        IT1=0；
        PX1=1；
```

【例 5-4】 若规定外部中断 1 为边沿触发方式，低优先级，在中断服务程序中将寄存器 B 的内容左环移一位，B 的初值设为 01H。试编写主程序与中断服务程序。

解：程序如下：

```
            ORG    0000H        ；主程序入口地址
            LJMP   MAIN         ；主程序转至 MAIN 处
            ORG    0013H        ；中断服务程序入口地址
            LJMP   INT          ；中断服务程序转至 INT 处
    MAIN:   MOV    SP, #60H     ；设置堆栈指针
            SETB   EA           ；开中断
            SETB   EX1          ；允许外中断 1 中断
            CLR    PX1          ；设为低优先级
            SETB   IT1          ；边沿触发
            MOV    B, #01H      ；B 赋初值
    HALT:   SJMP   HALT         ；暂停等待中断
    INT:    MOV    A, B         ；A←B
            RL     A            ；左环移一位
            MOV    B, A         ；结果回送到 B
            RETI                ；中断返回
```

2. 中断处理程序格式

在中断服务程序中用软件保护现场，若如要用到 PSW、工作寄存器和 SFR 等寄存器时，则在进入中断服务之前应将它们的内容保护起来，在中断结束、执行 RETI 指令前应恢复现场。需要注意的是，PUSH 和 POP 指令应成对出现。

```
        INTT0:  CLR    EA
```

```
          PUSH     ACC
          PUSH     DPH
          PUSH     DPL
          PUSH     PSW              ; 保护现场
          SETB     EA
```

中断源服务程序如下：

```
          ...
          CLR      EA
          POP      PSW
          POP      DPL
          POP      DPH
          POP      ACC              ; 恢复现场
          SETB     EA
          RETI
```

【例 5-5】 图 5-6 所示为一检测报警电路，图中，S 为无锁按钮，P1.0、P1.1 分别驱动声、光报警电路。P1.0、P1.1 端线输出"1"时，报警电路工作。试编写程序完成每当按键按下一次后，P1.0，P1.1 输出报警信号 10s，并使内部 RAM 55H 单元数据加 1，设 10s 延时子程序为 DELLAY10，机器主频为 12MHz。

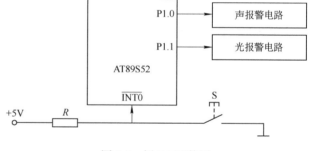

图 5-6　例 5-5 硬件图

解：程序如下：

```
          ORG      0000H
          LJMP     MAIN             ; 上电或复位后自动跳转
          ORG      0003H            ; 外中断 0 入口地址
          LJMP     BJ               ; 转向中断服务子程序
          ORG      0030H
MAIN:     MOV      SP, #60H         ; 设置堆栈指针
          MOV      55H, #00H        ; 计数器清零
          CLR      P1.0             ; 关报警
          CLR      P1.1
          MOV      SP, #30H         ; 设置堆栈指针
          SETB     IT0              ; 选择边沿触发方式
          SETB     EA               ; 总中断允许
          SETB     EX0              ; 允许外部中断 0 申请中断
HERE:     SJMP     HERE             ; 等待中断
          ORG      00A0H
```

```
BJ:  PUSH   ACC          ; 保护现场
     MOV    A, #03H
     MOV    P1, A         ; P1.0、P1.1 置 1，发出声光报警
     LCALL  DELAY10       ; 延时 10s
     MOV    A, #00H
     MOV    P1, A         ; 清除报警
     INC    55H           ; 计数器加 1
     POP    ACC           ; 现场恢复
     RETI                 ; 中断返回
     ORG    0100H
DELAY10: MOV R0, #0BH     ; 延时 10s 子程序
LOOP0: MOV  R1, #0FFH
LOOP1: MOV  R2, #0FFH
LOOP2: NOP
       NOP
       NOP
       NOP
       NOP
       DJNZ  R2, LOOP2
       DJNZ  R1, LOOP1
       DJNZ  R0, LOOP0
       RET
```

C51 格式程序：

```c
#include <reg52.h>
sbit P10=P1^0;
sbit P11=P1^1;
unsigned char Couner;           //定义"计数器"变量
void Delay10(void)
{   unsigned char i;
    unsigned int j;
    for(i=25; i!=0; i--)
      for(j=50000; j!=0; j--); //0.4s
}
void BJ(void) interrupt 0
{   P1=0x03;                    //开报警
    Delay10();                  //延时 10s
    P1=0x00;                    //关
    Counter++;                  //计数器加 1
}
```

```
void main(void)
{   Counter=0;                          //计数器清零
    P10=P11=0;                          //关报警
    IT0=1;                              //边沿触发
    EA=EX0=1;                           //开中断
    while(1)
    { ; }
}
```

【例 5-6】 如图 5-7 所示，按键 S1 按下为低优先级，S2 按下为高优先级，主程序执行时循环点亮 LED；执行中断子程序 1 时，8 只 LED 全亮然后全暗，如此 16 次后，返回主程序；执行中断子程序 2 时，8 只 LED 则为一次亮 4 只，然后亮另外 4 只，如此 16 次后，返回主程序。编写程序完成上述任务的程序。

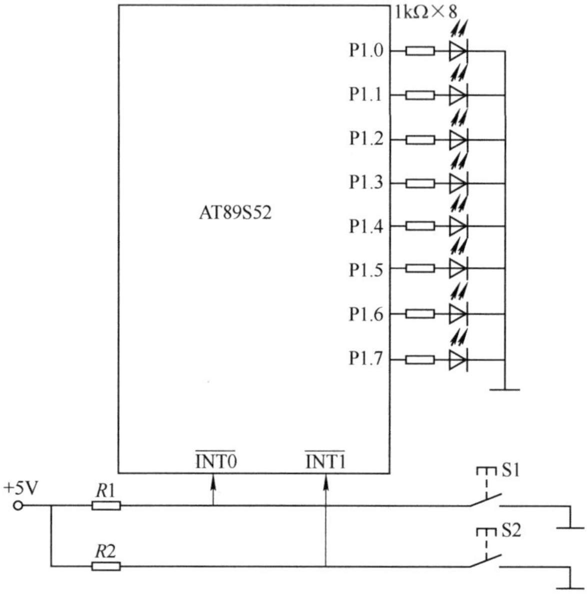

解：程序如下：

图 5-7　例 5-6 硬件图

```
        ORG     0000H
        LJMP    MAIN

        ORG     0003H
        LJMP    IINT0

        ORG     0013H
        LJMP    IINT1
        ORG     0030H
MAIN:   MOV     SP, #60H        ; 设堆栈指针
        SETB    PX1             ; 设外部中断 1 为高优先级
        CLR     PX0             ; 设外部中断 0 为低优先级
        MOV     TCON, #05H      ; 设置外部中断为边沿触发
        SETB    EA              ; 总中断允许
        SETB    EX0             ; 允许外部中断 0 中断
        SETB    EX1             ; 允许外部中断 1 中断
        MOV     A, #01H         ; P1.0～P1.7 循环点亮一只
TOR1:   MOV     P1, A
        LCALL   DELAY           ; 调用延时程序
        RL      A
```

```
        LJMP    TOR1

        ORG     00A0H
DELAY:  MOV     R3, #0FFH
LOOP:   MOV     R4, #0FFH
        DJNZ    R4, $
        DJNZ    R3, LOOP
        RET
        ORG     0100H
IINT0:  PUSH    PSW             ; 保护现场
        PUSH    ACC
        MOV     R0, #10H        ; 循环 16 次
LOOP1:  MOV     A, #0FFH        ; 全亮
        MOV     P1, A
        LCALL   DELAY           ; 延迟
        MOV     A, #00H         ; 全暗
        MOV     P1, A
        LCALL   DELAY           ; 延迟
        DJNZ    R0, LOOP1
        POP     ACC             ; 恢复现场
        POP     PSW
        RETI
        ORG     0200H
IINT1:  PUSH    PSW             ; 保护现场
        PUSH    ACC
        PUSH    00H
        MOV     R0, #10H        ; 执行 16 次
LOOP2:  MOV     A, #0FH         ; 一次点亮 4 只
        MOV     P1, A
        LCALL   DELAY           ; 延迟
        MOV     A, #0F0H        ; 点亮另 4 只
        MOV     P1, A
        LCALL   DELAY           ; 延时
        DJNZ    R0, LOOP2
        POP     00H
        POP     ACC             ; 恢复现场
        POP     PSW
        RETI
```

C51 格式程序：

```c
#include <reg52.h>
#include <intrins.h>
unsigned char LED;
void Delay(void)
{   unsigned char i;
    unsigned int j;
    for(i=10; i!=0; i--)          //1s
      for(j=12500; j!=0; j--);    //0.1s
}
void IINT0(void) interrupt 0
{   unsigned char i;
    for(i=16; i!=0; i--)
    { P1=0xff;                    //全亮
      Delay();
      P1=0x00;                    //全灭
      Delay();
     }
}
void IINT1(void) interrupt 2
{   unsigned char i;
for(i=16; i!=0; i--)
    { P1=0x0f;                    //低4位亮
      Delay();
      P1=0xf0;                    //高4位亮
      Delay();
     }
}
void main(void)
{   PX1=1;                        //INT1 高优先级
    PX0=0;
    TCON=5;                       //边沿触发
    EA=EX0=EX1=1;                 //开中断
    LED=1;                        //亮1只
    while(1)
    { P1=LED;
      Delay();                    //延时1s
      LED=_crol_(LED, 1);         //左循环移1位
  }
}
```

本章小结

51 系列单片机中断系统主要由定时器控制寄存器 TCON、串行口控制寄存器 SCON、中断允许寄存器 IE、中断优先级寄存器 IP 等组成。

定时器控制寄存器 TCON 用于控制定时器/计数器的启动、停止，并保存 T0、T1 的溢出中断标志和外部中断的中断标志，设置外部中断的触发方式。串行口控制寄存器 SCON 的低 2 位 TI 和 RI 用于保存串行口的接收中断和发送中断标志。中断允许寄存器 IE 用于控制 CPU 对中断的开放或屏蔽以及每个中断源是否允许中断。中断优先级寄存器 IP 用于设定各中断源的优先级别。

单片机中断处理有中断请求、中断响应、中断处理和中断返回四个步骤。中断返回是指中断服务完成后，返回到原程序的断点，继续执行原来的程序；在返回前要撤销中断请求，不同中断源中断请求的撤销方法不一样。

中断系统初始化的内容包括开放中断允许、确定中断源的优先级别和外部中断的触发方式等。

思考题与习题

5-1　什么是中断和中断系统？其主要功能是什么？计算机采用中断有什么好处？

5-2　AT89S52 共有哪些中断源？对其中断请求如何进行控制？

5-3　什么是中断优先级？中断优先处理的原则是什么？

5-4　说明外部中断请求的查询和响应过程。

5-5　AT89S52 在什么条件下可响应中断？

5-6　简述 AT89S52 单片机的中断响应过程。

5-7　当正在执行某一中断源的中断服务程序时，如果有新的中断请求出现，试问在什么情况下可响应新的中断请求？在什么情况下不能响应新的中断请求？

5-8　AT89S52 单片机外部中断源有几种触发中断请求的方法？如何实现中断请求？

5-9　用一条指令分别实现下列要求：

1）$\overline{INT0}$、T0 开中断，其余禁止中断。

2）T0、串行口开中断，其余禁止中断。

3）全部开中断。

4）全部禁止中断。

5-10　如图 5-8 所示，采用中断和查询两种方法分别编写完整的程序。要求：指示灯最初为熄灭状态，当按下开关 S 时，点亮小灯。

5-11　利用中断实现彩灯控制系统，当 P3.2 引脚没有下降沿出现时，P1 口上的 8 个彩灯全灭，当有下降沿出现时，P1 口的 8 个彩灯循环点亮 1 遍（假设 P1 口某个引脚上有高电平时，对应的彩灯亮），画出硬件图并编制相应的程序。

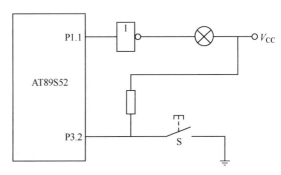

图 5-8　习题 5-10 硬件图

第6章 单片机的定时器/计数器

6.1 定时器/计数器的结构及工作原理

6.1.1 MCS-51系列单片机定时器/计数器功能

用单片机实现定时的途径有三种：软件定时、硬件定时和可编程定时器定时。

软件定时利用循环程序、靠执行指令消耗时间，达到实现时间延迟的目的。这种定时方法无需其他硬件电路，实现比较方便、经济，但由于占用 CPU 时间，因此较适合短时间定时场合。

硬件定时利用硬件电路实现定时（如 555 电路），好处是不占用 CPU 时间，定时时间可以较长，但缺点是调整时间必需改变元件参数，修改不够灵活、方便。

可编程定时器定时是通过对系统时钟脉冲计数来实现，通过编程设定工作方式、计数初值等，即其计数值可通过程序设定，使用方便、灵活。

定时器/计数器模块是大部分单片机内置的一个重要功能。定时器/计数器正常工作时一般表现为计数累加功能，即对时钟脉冲进行加法计数。该时钟可以用单片机自身的工作时钟，即使用内部时钟（称之为定时器）；也可对外部引脚输入的时钟，即使用外部的时钟输入来累加（称为计数器）。

6.1.2 定时器/计数器的结构

MCS-51 系列单片机共有两个可编程定时器/计数器，分别称为定时器/计数器 0（T0）和定时器/计数器 1（T1）。它们都是 16 位加法计数结构，分别由 TH0、TL0 和 TH1、TL1 两个 8 位计数单元组成，如图 6-1 所示。

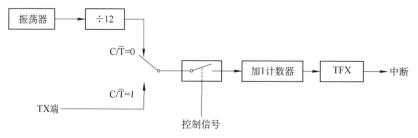

图 6-1 计数器/定时器的基本结构

注：当 $C/\overline{T}=0$ 时，为定时器方式，当 $C/\overline{T}=1$ 时，为计数器方式。

T0 和 T1 具有计数和定时两种工作方式。当作为计数器方式时，T0 对来自 P3.4（T1 对 P3.5）引脚脉冲信号进行计数（下降沿有效）；当作为定时器方式时，T0、T1 对经过 12 分频的时钟周期（即机器周期 T）进行计数。

6.1.3　定时器/计数器的控制字

定时器/计数器共有两个控制寄存器 TCON 和 TMOD，用于定时器/计数器的控制。其中，TMOD 用于选择是定时方式还是计数方式和工作模式，可以实现 4 种工作模式（或工作方式），其中，在模式 0、1 和 2，T0 和 T1 的工作模式相同；而在模式 3，两个定时器的模式不同。TCON 用于控制定时器 T0、T1 的启动和停止，以及反应计数单元溢出状态。复位后，TCON 和 TMOD 所有位清零。

1．定时器控制寄存器 TCON（88H）（见表 6-1）

表 6-1　TCON 各位的含义

TCON	D7	D6	D5	D4	D3	D2	D1	D0
（88H）	TF1	TR1	TF0	TR0	IE1	IT1	IE0	IT0

（1）TR0：定时器/计数器 0 启动控制位

1：启动 T0 计数，计数单元在脉冲作用下进行加 1 计数；

0：停止计数，计数单元保持原数据。

（2）TF0：定时器/计数器 0 溢出标志位

当计数单元计满溢出时，标志置 1，产生中断请求。CPU 响应中断服务程序，硬件自动将该标志位清零。

（3）TR1：定时器/计数器 1 启动控制位

1：启动 T1 计数，计数单元在脉冲作用下进行加 1 计数；

0：停止计数，计数单元保持原数据。

（4）TF1：定时器/计数器 1 溢出标志位

当计数单元计满溢出时，标志置 1，产生中断请求。CPU 响应中断服务程序，硬件自动将该标志位清零。

（5）其他位作用见 5.2 节

举例：假设当前 TCON 值为 12H，表示含义（功能）如下：

IT0=0：$\overline{INT0}$ 的中断请求信号采用的是电平触发方式；

IE0=1：CPU 接收到了外部中断 0 产生的、有效的中断请求；

IT1=0：$\overline{INT1}$ 的中断请求信号采用的是电平触发方式；

IE1=1：到目前为止，外部中断 1 还没有产生中断请求；

TR0=1：T0 已启动，即能实现定时/计数功能；

TF0=0：T0 计数单元没溢出；

TR1=0：T1 均没有启动，未进行定时/计数工作；

TF1=0：T1 计数单元没溢出。

2．工作模式控制寄存器 TMOD（89H）（见表 6-2）

表 6-2　TMOD 各位的含义

TMOD	D7	D6	D5	D4	D3	D2	D1	D0
（89H）	GATE	C/$\overline{T}$	M1	M0	GATE	C/$\overline{T}$	M1	M0
	定时器 1				定时器 0			

低 4 位、高 4 位分别控制定时器/计数器 0、1，作用相似。

（1）GATE：门控位

GATA=0：不门控，定时器/计数器工作仅受启动位 TR0（或 TR1）控制；

GATA=1：门控功能。

此时 T0（或 T1）计数单元计数不仅受 TR0（或 TR1）控制，同时还受 $\overline{INT0}$（或 $\overline{INT1}$）引脚控制，只为高电平时，计数单元才能计数，否则停止计数。

（2）C/$\overline{T}$：定时器/计数器方式选择位

C/$\overline{T}$=0：定时器方式，对 f_{osc} 12 分频后的脉冲（即机器周期）进行计数；

C/$\overline{T}$=1：计数器方式，对外部信号进行计数，外部信号接至 P3.4（T0）或 P3.5（T1）引脚。

（3）M1 M0：定时器方式选择位，对应关系见表 6-3。

表 6-3　M1 M0 定时器方式选择

工作模式	M1	M0	定时器方式
模式 0	0	0	13 位定时器/计数器
模式 1	0	1	16 位定时器/计数器
模式 2	1	0	8 位自装载定时器，当溢出时将 THn 存放的值装入 TLn
模式 3	1	1	定时器 0 此时作为双 8 位定时/计数器，在这种方式下定时/计数器 1 关闭

举例：假设当前 TMOD 值为 41H，表示含义（功能）如下：

低 4 位是 0001B：表示 T0 工作在 16 位定时器工作模式，不门控；

高 4 位是 0100B：表示 T1 工作在 13 位计数器工作模式，不门控。

6.2　定时器/计数器的工作模式

6.2.1　模式 0

13 位计数器结构：由 THx 的 8 位和 TLx 的低 5 位构成，TLx 的高 3 位不用，其结构如图 6-2 所示，当 13 位计数值溢出时（2^{13}），置位 TFx 标志位。

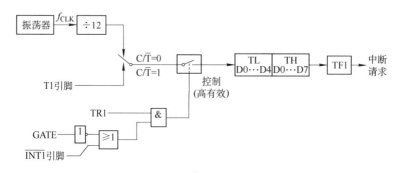

图 6-2　模式 0

C/$\overline{T}$ 位（二选一开关）决定是定时器方式（C/$\overline{T}$=0），还是计数器方式（C/$\overline{T}$=1）。控制开关受 TR0、GATE0、$\overline{INT0}$（或 TR1、GATE1、$\overline{INT1}$）控制，计数脉冲送入计数单元 TH0、

TL0（或 TH1、TL1），计数单元计数到 1FFFH，若再来一脉冲，计数单元溢出，置位 TF0（或 TF1），产生中断请求。模式 0 最大计数值为 2^{13}。

6.2.2 模式 1

16 位计数器结构：由 THx 和 TLx 两个 8 位寄存器组成，其结构如图 6-3 所示。当 16 位计数值溢出时（2^{16}），置位 TFx 标志位。工作过程同模式 0，最大计数值为 2^{16}。

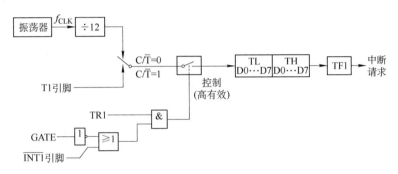

图 6-3 模式 1

6.2.3 模式 2

一个可自动重新装入计数值的 8 位定时器，TLx 作为 8 位计数器，THx 为常数寄存器。当 TLx 溢出时，一方面置位 TFx 标志位，同时将 THx 中的数值重新装入 TLx 寄存器，使计数器重新从初值开始计数。其结构如图 6-4 所示。

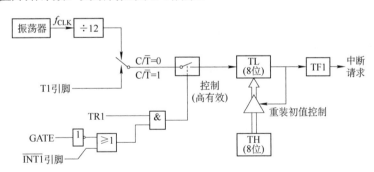

图 6-4 模式 2

这种初始值由硬件自动装入，无需用户干预，可以获得较高的定时时间，串行口波特率发生器常用此模式。

6.2.4 模式 3

此模式仅适合于 T0，当 T1 置为此模式时，其效果与 TR1=0 相同，即 T1 不工作。

T0 分成两个独立的 8 位计数器结构，分别通过 TH0 和 TL0 进行计数。此时 TL0 工作过程相当于模式 0 效果；TH0 只能作为一个 8 位定时器使用，它的运行控制和溢出标志则借用 T1 的 TR1 和 TF1。其结构如图 6-5 所示。

当 T0 工作在模式 3 时，T1 一般用作串行口的波特率发生器。

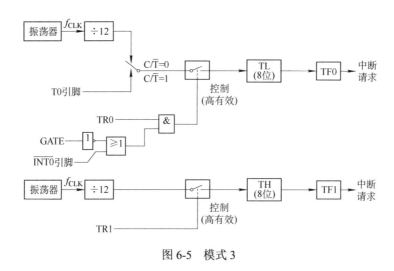

图 6-5 模式 3

6.3 计数器模式下对输入信号的要求

当定时器/计数器工作在计数器模式时，计数脉冲来自外部输入引脚 T0 或 T1。当输入信号产生由 1 至 0 的跳变（即负跳变）时，计数器的值增 1。每个机器周期的 S5P2 期间，都对外部输入引脚 T0 或 T1 进行采样。如在第一个机器周期中采得的值为 1，而在下一个机器周期中采得的值为 0，则在紧跟着的再下一个机器周期 S3P1 期间，计数器加 1。由于确认一次负跳变要花 2 个机器周期，即 24 个振荡周期，因此外部输入的计数脉冲的最高频率为系统振荡频率的 1/24。

例如，选用 6MHz 频率的晶体振荡器，允许输入的脉冲频率最高为 250kHz。如果选用 12MHz 频率的晶体振荡器，则可输入最高频率为 500kHz 的外部脉冲。对于外部输入信号的占空比并没有什么限制，但为了确保某一给定电平在变化之前能被采样一次，则这一电平至少要保持一个机器周期。故对外部计数信号的要求如图 6-6 所示，图中，T_{cy} 为机器周期。

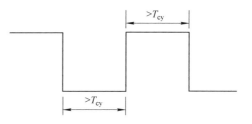

图 6-6 对外部计数信号的要求

6.4 定时器/计数器的编程和应用

6.4.1 定时器/计数器的初始化

1. 定时器/计数器初始化步骤

1）选择定时器/计数器及其工作模式，确定模式控制字，并写入 TMOD。

2）根据需要开启定时器/计数器的中断。

3）装入定时器/计数器的初值。

4）设置定时器/计数器的中断优先级。

5）启动定时器/计数器工作。

2．定时/计数器初值的计算

（1）计数器初值的计算

若计数初值设定为 TC，需要的计数值设定为 C，把计数器计满为零，其模值为 M，由此可得到公式：

$$\text{TC}+C=M（或 \text{TC}=M-C）\tag{6-1}$$

式中，M 与工作方式有关。在方式 0 时 M 为 2^{13}；在方式 1 时 M 为 2^{16}；在方式 2 和方式 3 时 M 为 2^8。

（2）定时器初值的计算

在定时器模式下，计数器对单片机时钟脉冲 f_{osc} 经 12 分频后计数，即对机器周期 T 计数。因此，若定时器定时时间为 t，则相当于计数值 $C=t/T$，因此定时器的定时初值为

$$\text{TC}=M-t/T\tag{6-2}$$

式中，M 为模值，和定时器的工作方式有关；T 是机器周期，单片机时钟周期的 12 倍，即 $T=12/f_{osc}$；t 需要定时的时间；

表 6-4 为定时器/计数器的定时或计数初值。

表 6-4　定时器/计数器的定时或计数初值

工作模式	计数长度	最大计数数值 M	最大定时时间 T		定时初值 TC	计数初值 TC
			f_{osc}=12MHz	f_{osc}=6MHz		
模式 0	13 位	$M=2^{13}$=8192	$T=2^{13}\times\text{TC}$=8.192ms	$T=2^{13}\times\text{TC}$=16.384ms	$\text{TC}=2^{13}-t/T$	$\text{TC}=2^{13}-C$
模式 1	16 位	$M=2^{16}$=65536	$T=2^{16}\times\text{TC}$=65.536ms	$T=2^{16}\times\text{TC}$=131.072ms	$\text{TC}=2^{16}-t/T$	$\text{TC}=2^{16}-C$
模式 2	8 位	$M=2^8$=256	$T=2^8\times\text{TC}$=0.256ms	$T=2^8\times\text{TC}$=0.512ms	$\text{TC}=2^8-t/T$	$\text{TC}=2^8-C$
模式 3（T0）	TL0 8 位	$M=2^8$=256	$T=2^8\times\text{TC}$=0.256ms	$T=2^8\times\text{TC}$=0.512ms	$\text{TC}=2^8-t/T$	$\text{TC}=2^8-C$
	TH0 8 位	$M=2^8$=256	$T=2^8\times\text{TC}$=0.256ms	$T=2^8\times\text{TC}$=0.512ms	$\text{TC}=2^8-t/T$	$\text{TC}=2^8-C$

3．定时器/计数器初值装入

模式 0 是 13 位定时器/计数器，计数初值的高 8 位装入 TH0，而低 5 位装入 TL0 的低 5 位（TL0 的高 3 位无效，可填 0）。

模式 1 是 16 位定时器/计数器，计数初值的高 8 位装入 TH0，而低 8 位装入 TL0。

模式 2 是自动重装入初值 8 位定时器/计数器，只要装入一次，溢出后就自动装入初值。计数初值既要装入 TH0，也要装入 TL0。

【**例 6-1**】 某单片机 f_{osc}=12MHz，计算定时 2ms 所需的 TC 值。

解：根据计算，T0/T1 只能工作在模式 0/1 方式下。

采用模式 0，有

$$\text{TC}=M-t/T=2^{13}-2\text{ms}/1\mu\text{s}=8192-2000=6192=1830\text{H}$$

即 TH=C1H，TL=10H。

采用模式 1，有

$$\text{TC}=M-t/T=2^{16}-2\text{ms}/1\mu\text{s}=65536-2000=63536=\text{F830H}$$

即 TH=F8H，TL=30H。

6.4.2　定时器/计数器的应用

1．查询方式的使用

【例 6-2】 已知系统时钟频率 f_{osc} 为 12MHz，要求利用 T0 实现在 P1.0 输出周期为 1ms 的方波信号（见图 6-7）。

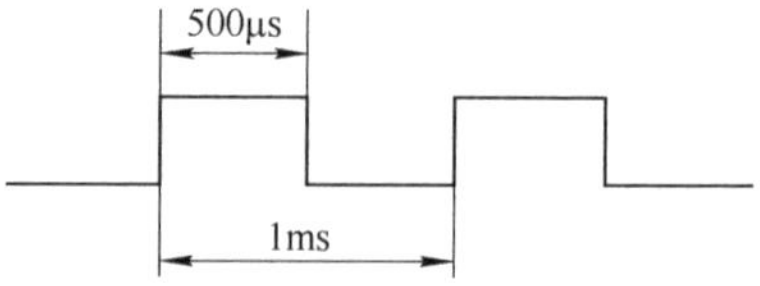

解：f_{osc}=12MHz，则机器周期 T=12/f_{osc}=1μs。

每隔一定时间让 P1.0 信号反相，则就能得到方波信号。

方波周期为 1ms，则半周期则为 500μs。

所以 t=500μs，T=1μs

定时器的初值 TC=2^{13}–t/T=8192–500=7692=1111000001100B

将此数值拆分成高 8 位、低 5 位，其中高 8 位 11110000B（F0H）、低 5 位 01100B（0CH）分别送 TH0、TL0。

根据要求：T0 定时器方式模式 0，TMOD=0000 0000（T1 未做要求，假设为 0），控制流程图如图 6-8 所示。

（1）汇编语言程序如下：

```
        ORG     0000H
        AJMP    Main
Main:   MOV     TH0, #0F0H      ; 定时器赋初值
        MOV     TL0, #0CH
        MOV     TMOD, #00H      ; 设置工作方式
        SETB    TR0             ; 启动 T0
Wait:   JNB     TF0, $          ; 查询溢出标志，等待时间到
        CLR     TF0             ; 清溢出标志
        MOV     TH0, #0F0H      ; 重赋初值
        MOV     TL0, #0CH
        CPL     P1.0            ; P1.0 反相
        SJMP    Wait
        END
```

（2）C 语言程序如下：

```
#include <REG52.h>
sbitrect_wave=P1^0;
void time1over(void)
void main()
{
    TMOD=0x00;
    TH0=0xf0;
    TL0=0x0c;
    IE=0x00;
    TR0=1;
```

图 6-7　方波信号

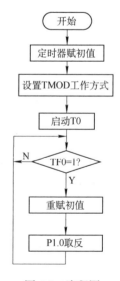

图 6-8　流程图

```
for(;;)
    {
        If(TF0)
        {
            Time1over();
            TF0=0;
        }
    }
}

void time1over
{
    TR0=0;
    TH0=0xf0;
    TL0=0X0c;
    rect_wave=!rect_wave;
    TR0=1;
}
```

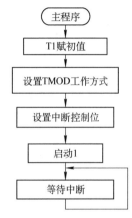

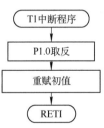

图 6-9　流程图

2．中断的方式的使用

【例 6-3】　已知系统时钟频率 f_{osc}=6MHz，要求利用 T1 中断方法实现在 P1.0 输出频率为 100Hz 的方波信号。

解：f=100Hz，则周期为 10ms（1/f）。方波信号，只要设定 T1 定时时间为 5ms，每隔 5ms 使 P1.0 取反，流程图如图 6-9。

机器周期 T 为 2μs。

初值 TC=216–t/T=65536–5ms/2μs=63036=F63CH。

（1）汇编语言程序如下：

ConstT1	EQU	65536-5000/2	；初值计算
	ORG	0000H	
	LJMP	Main	
	ORG	001BH	
	LJMP	T1pro	
Main:	MOV	TH1, #HIGH(ConstT1)	；HIGH()取高字节
	MOV	TL1, #LOW(ConstT1)	；LOW()取低字节
	MOV	TMOD, #10H	；T1 定时方式 1
	SETB	ET1	；开中断
	SETB	EA	；开总允许
	SETB	TR1	
Loop:	SJMP	$	；等待中断
			；T1 中断服务程序

115

```
T1pro:      CPL       P1.0
            MOV       TH1, HIGH(ConstT1)        ; 重赋初值
            MOV       TL1, #LOW(ConstT1)
            RETI                                 ; 中断返回
            END
```

（2）C 语言程序如下：

```
#include <REG52.h>
sbitrect_wave=P1^0;
void time1over(void)
void main()
{
    TMOD=0x00;
    TH0=0xf0;
    TL0=0x0c;
    IE=0x88;
    TR1=1;
    While (1)
        {
        }
}

void time1int(void) interrupt 3
{
    EA=0;
    TR1=0;
    TH1=0xf0;
    TL1=0X0c;
    rect_wave=!rect_wave;
    TR1=1;
    EA=1;
}
```

3. 门控功能的使用

【例 6-4】 V-F 转换是 A-D 转换方法之一，通过压频电路将传感器得到电压信号转换成频率信号，通过频率可以测算出电压信号。当频率高可以利用计数方式实现测频，但频率低时此方法很难获得较高精度，一般采用测量信号周期的方法，通过测量高、低电平的周期，从而计算出频率值。

图 6-10 所示 V-F 电路中，LM331 是一个压频转换芯片，可将传感器所得的电压信号转换成频率信号，具体原理请读者查阅有关资料。

```
        ORG       0000H
```

```
Main:    MOV    TMOD, #09H    ; 门控, 模式 1
         MOV    TH0, #0       ; 清计数单元
         MOV    TL0, #0
Wait1:   JB     P3.2, $
         SETB   TR0           ; P3.2=0 时打开启动位
Wait2:   JNB    P3.2, $       ; 等待 P3.2=1, 开始门控计数
Wait3:   JB     P3.2, $       ; 等待门控信号消失
         CLR    TR0           ; 停止计数
         …                    ; 这时 TH0、TL0 单元为 P3.2=1 时所计数的值 x
```

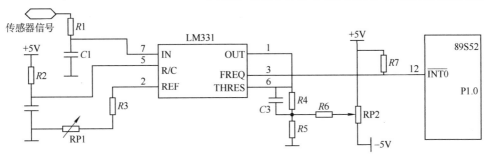

图 6-10　V-F 电路

解：利用门控功能测量信号的高电平时间：首先使 T0 工作在定时器工作方式，计数单元清零。查询 P3.2 是否为低电平，若是低电平，则启动 T0。由于此时门控信号为低电平，T0 无法进行计数；一旦 P3.2 为高电平，门控信号有效，T0 开始对机器周期信号计数；同时 CPU 不断查询门控信号，一旦变低电平，立即关闭 T0（停止计数）。此时计数单元 TH0、TL0 数值，即为门控高电平信号相对机器周期的计数值，控制流程图如图 6-11 所示。

（1）汇编语言程序如下：

```
         ORG    0000H
Main:    MOV    TMOD, #09H    ; 门控, 模式 1
         MOV    TH0, #0       ; 清计数单元
         MOV    TL0, #0
Wait1:   JB     P3.2, $
         SETB   TR0           ; P3.2=0 时打开启动位
Wait2:   JNB    P3.2, $       ; 等待 P3.2=1, 开始门控计数
Wait3:   JB     P3.2, $       ; 等待门控信号消失
         CLR    TR0           ; 停止计数
         …                    ; 这时 TH0、TL0 单元为 P3.2=1 时所计数的值 x
                              ; 信号高电平时间为 x 个机器周期
         END
```

（2）C 语言程序如下：

```c
#include <REG52.h>
sbit button=P3^2;
void main()
```

117

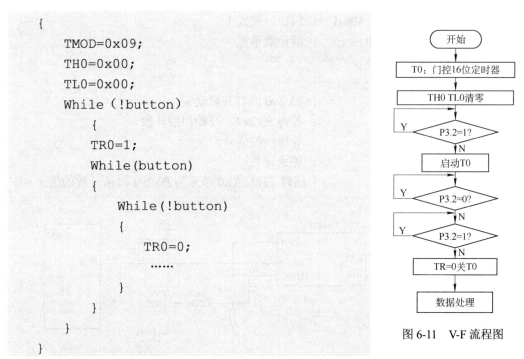

```
{
    TMOD=0x09;
    TH0=0x00;
    TL0=0x00;
    While ( !button)
      {
      TR0=1;
      While(button)
      {
          While(!button)
          {
              TR0=0;
              ......
          }
      }
    }
}
```

图 6-11　V-F 流程图

118

4．定时器扩展的使用

【例 6-5】　用 51 系列单片机实现流水灯功能，设单片机晶振频率为 12MHz，共有 8 个 LED，如图 6-12 所示。具体要求如下：每秒点亮一盏灯，从上到下依次点循环亮。

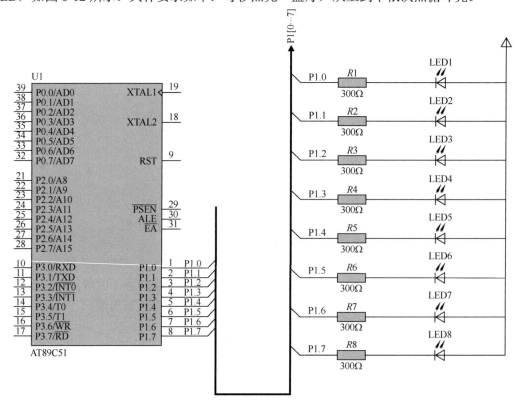

图 6-12　对外部计数信号的要求

解：延时采用定时器来实现，时间控制比较精确。

每秒点亮一盏灯，先使 T0 定时 50ms，每到 50ms 产生一次中断，中断 20 次后即为 1s，可使下一盏灯点亮。

由于 f_{osc}=12MHz，则机器周期 T=12/f_{osc}=1μs。

初值 T_C=2^{16}-t/T=65536-50ms/1μs=15536=3CB0H。

（1）汇编语言程序如下：

```
              ORG      0000H
START:   MOV      TMOD, #01H        ; 方式字
              MOV      TH0, #3CH          ; 初值设置
              MOV      TL0, #0B0H
              MOV      IE, #82H              ; 开 T0 中断
              SETB     TR0                     ; 打开 T0
              MOV      R0, #14H            ; 20 送 R0
              MOV      A, #0FEH           ; 第一个灯亮
              LJMP     $
              END
```

T0 中断服务子程序

```
              ORG      000BH
              LJMP     T0pro


              ORG       1000H
T0pro:    DJNZ     R0, NEXT           ; 1s 未到，转至 NEXT
              CPL       P1.0
              RL         A                       ; 左移
              MOV      P1, A                 ;
              MOV      R0, #14H            ; 20 送 R0
              MOV      TH1, #3CH          ; 重赋初值
              MOV      TL1, #0BBH
NEXT:    RETI                                  ; 中断返回
              END
```

（2）C 语言程序如下（可以采用如下中断函数）：

```
time0() interrupt 1              //T0 中断函数
{
    TH0=0X3C;                          //重装载计数初值
    TL0=0xb0;
    If(++time==20)
    {
        Time=0;
        P2=ledp[ledi];                  //输出流水灯编码
```

```
        If(++ledi==8) ledi=0;          //刷新流水灯指针
    }
}
```

参考程序如下：

```
#include <REG51.h>
#define uchar unsigned char
bit ldelay=0;                          //长定时溢出标记
uchar t=0;                             //定时溢出次数

time0() interrupt 1                    //T0 中断函数
{
    If(++t==20)
    {
        t=0;
        Ldelay=1;                      //刷新长定时溢出标记
    }
    TH0=0X3C;                          //重置 T0 初值
    TL0=0xb0;
}


void main(void)
{
    uchar code ledp[8]={0xfe,0xfd,0xfb,0xf7,0xef,0xdf,0xbf,0x7f};
    ucharledi;                         //指示显示顺序
    TMOD=0x01;                         //定义 T0 定时方式 1
    TH0=0X3C;                          //溢出 20 次=1s（12MHz 晶振）
    TL0=0xb0;
    TR0=1;
    EA=ET0=1;
    while(1)
    {
        if(ldelay)                     //发现有时间溢出标记，进入处理
        {
            ldelay=0;                  //清除标记
            P2=ledp[ledi];             //读出一个值送到 P2 口
            Ledi++;                    //指向下一个
            If (ledi==8) ledi=0;       //到了最后一个灯就换到第一个
        }
    }
```

120

```
}
```

本章小结

定时/计数器的工作原理是利用加 1 计数器对时钟脉冲或外来脉冲进行自动计数。当计满溢出时可引起中断标志（TFx）硬件置位，据此表示定时时间到或计数次数到。定时器本质上是计数器，前者是对时钟脉冲进行计数，后者则是对外来脉冲进行计数。

51 系列单片机包括两个 16 位定时器 T0（TH0、TL0）和 T1（TH1、TL1），还包括两个控制寄存器 TCON 和 TMOD。通过 TMOD 控制字可以设置定时与计数两种模式，设置方式 0～方式 3 四种工作方式；通过 TCON 控制字可以管理计数器的启动与停止。

方式 0～方式 2 分别使用 13 位、16 位、8 位工作计数器，方式 3 具有 3 种计数器状态。

思考题与习题

6-1　T0 当定时器和计数器使用，其脉冲分别由谁提供？

6-2　试比较 MCS-51 内部定时器的四种工作方式？

6-3　当系统时钟为 6MHz，定时器不同工作方式实现最大定时时间分别是多少？

6-4　单片机系统时钟为 6MHz，利用 T0 定时 2ms，如何设置定时初值？

6-5　设单片机时钟为 12MHz，试利用 T0 编程实现使 P1.0 输出周期为 10ms 的方波信号。

6-6　用定时器 1 进行对外部事件计数，计数 1000 个脉冲后，P1.0 输出低电平信号。利用中断法编写相应控制程序。

6-7　用定时器/计数器 T0、以定时工作模式 2，在 P1.0 输出周期为 400s，占空比为 9:10 的脉冲。

6-8　利用中断方法编程实现秒发生器控制程序（已知 $f_{osc}=12MHz$）。

6-9　利用定时器/计数器 1 定时中断控制 P1.7 驱动 LED 发光二极管亮 1s 灭 1s 地闪烁，设时钟频率为 12MHz，见图 6-13。

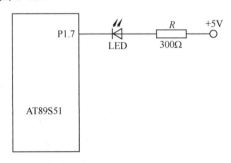

图 6-13　习题 6-9 图

6-10　测量从 P3.2（INT0）输入的正脉冲的宽度，测量结果以 BCD 码形式存放在片内 RAM 40H 开始的单元处（设 40H 地址存放个位，系统时钟为 12MHz，被测脉冲信号周期不超过 100ms）。

第7章 51系列单片机的串行通信

7.1 串行口的结构

51系列单片机串行口是由发送/接收缓冲寄存器SBUF、发送控制器、接收控制器、移位寄存器和中断等部分组成，内部结构如图7-1所示。

其中发送缓冲寄存器和接收缓冲寄存器虽然地址相同（99H），且都用SBUF命名，但两者在物理上独立且单向，一个只负责接收数据，另一只负责发送数据。

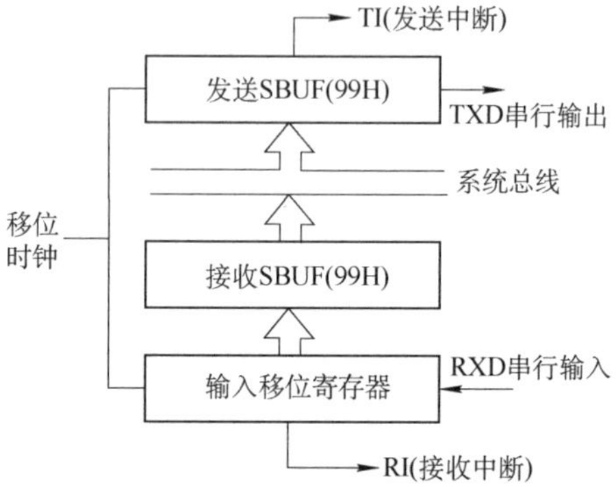

图7-1 串行口的内部结构

7.1.1 串行口控制寄存器

串行口控制寄存器SCON用于串行数据通信的控制，单元地址为98H，可位寻址（位地址9FH～98H）。寄存器定义见表7-1。

表7-1 SCON定义

位地址	9FH	9EH	9DH	9CH	9BH	9AH	99H	98H
位符号	SM0	SM1	SM2	REN	TB8	RB8	TI	RI

其中：

1）RI和TI为状态标志位。

若RI为1，表示已经接收到一字节数据（由硬件置位），此时用户可以从SBUF中读取收到的数据（要及时读走SBUF中的数据，否则会被新收到的数据所覆盖，造成数据丢失）。

【注意】 RI要用软件才能被清零（汇编指令：CLR RI）。

若TI为1，表示已经发送完毕一数据（由硬件置位）。此时用户可以继续往SBUF写数据，进行新的数据的发送。

【注意】 TI也要用软件，才能被清零。

2）RB8和TB8在方式2、3时有效，配合SBUF寄存器，作为第9位数据使用，即：

RB8表示接收时，除接收SBUF中的8位数据外，RB8为收到的第9位数据。

TB8表示发送时，除发送SBUF中的8位数据外，TB8为将发送的第9位数据。应用中，一般作为地址/数据标志位或奇/偶校验标志位使用。

3）REN为接收允许（或使能）控制位，若为1，表示允许接收串行数据；若为0，表示禁止接收。

4）SM0 SM1为串行口工作方式选择位，见表7-2。其中方式0是同步移位方式（或同步通信方式），方式1、2、3是异步通信方式（简称UART）。

表 7-2　串行口工作方式

SM0	SM1	工作方式		波 特 率
0	0	方式 0	同步移位方式	$f_{osc}/12$
0	1	方式 1	8 位 UART	可变
1	0	方式 2	9 位 UART	$f_{osc}/32$ 或 $f_{osc}/64$
1	1	方式 3	9 位 UART	可变

5）SM2 为多机通信控制位：

在方式 2、3 中，若 SM2=1 且接收到的第 9 位数据（RB8）为 1，才将接收到的前 8 位数据送入接收 SBUF 中，并置位 RI 产生中断请求；否则丢弃前 8 位数据。若 SM2=0，则不论第九位数据（RB8）为 1 还是为 0，都将前 8 位数据送入接收 SBUF 中，并置位 RI。方式 0/1 时，要求 SM2 置 0。

7.1.2　电源控制寄存器

电源控制寄存器 PCON 主要是为电源控制而设置的专用寄存器，单元地址为 87H，定义见表 7-3。

表 7-3　PCON 定义

位序	D7	D6	D5	D4	D3	D2	D1	D0
位符号	SMOD	—	—	—	GF1	GF0	PD	IDL

其中，仅 SMOD 位与串行口有关，当 SMOD=1 时，串行口波特率加倍（或倍频）。系统复位时，SMOD=0。

其他定义参见有关资料。

7.2　串行口的 4 种工作方式

51 单片机具有全双工串行通信口，它既可作为 UART，也可作为一个同步移位寄存器。作为 UART 时，可以传输 8 位或 9 位数据，其中方式 1 和 3 的波特率可由用户设置；当工作在同步移位寄存器方式时，可以配合外围器件，用于扩展 I/O。

7.2.1　方式 0

在方式 0 下，串行口作为同步移位寄存器使用，工作时要同时占用 TXD（P3.1）和 RXD（P3.0）两个引脚，其中：

RXD 引脚作为数据移位的输出（或输入）口，与外设交换串行数据。

TXD 引脚提供移位脉冲，向外同步输出时钟信号。

方式 0 的移位数据的发送（或接收）以 8 位为一帧，低位在前、高位在后，其帧格式见表 7-4。

工作在方式 0 时，移位操作的波特率值恒定，为晶振频率的 1/12，即波特率为 $f_{osc}/12$。

（1）数据发送

数据一旦写入发送寄存器 SBUF，则启动发送，TXD 以 $f_{osc}/12$ 速率主动向外输出 8 个时钟信号；与此同时，SBUF 的数据从 D0 开始通过 RXD 引脚逐位向外输出，当 SBUF 中 D7 数据发送完毕，停止发送；然后，系统将 SCON 寄存器中 TI 自动置位，发送结束。

表 7-4　方式 0 帧格式

首位	...						尾位
D0	D1	D2	D3	D4	D5	D6	D7

实际使用时，在"串入并出"的移位寄存器（如 74HC164、74HC595 或 CD4049）配合下，利用方式 0，可以把串行口作为并行输出口使用。

【例 7-1】　利用 74HC164 扩展 8 根输出线，控制 8 只 LED，实现流水效果。设计原理图如图 7-2 所示。

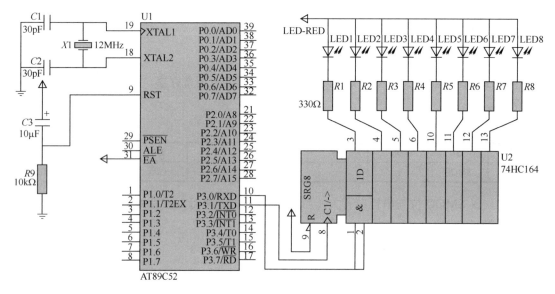

图 7-2　74HC164 扩展输出端口

硬件说明：U2 为 74HC164 在 Proteus 中的器件模型。74HC164 为串入并出的器件，在 Protel 中器件引脚结构如图 7-3 所示，其中：

CLK（8 脚）为时钟信号输入端，A（1 脚）和 B（脚 2）并联在一起，作为串行数据输入端使用。在 CLK 上升沿时刻，将数据移入至输出端 Q0（3 脚），同时，原 Q0 向 Q1（4 脚）移送，依次类推，每一位向后移送一位，直到 Q6（12 脚）送至 Q7（13 脚）为止。

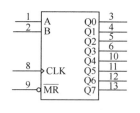

图 7-3　74HC164
引脚结构

$\overline{\text{MR}}$（9 脚）为清零端，低电平有效，能使所有输出脚输出低电平。

原理图中单片机的 TXD 接 74HC164 的 CLK，给 74HC164 提供移位时钟信号。RXD 接 74HC164 的 A、B，实现单片机串行数据的输出（即 74HC164 的串入）。

程序分析：根据原理图，LED 是低电平点亮，若仅 74HC164 Q7 输出 0（其余为 1），则最右侧 LED（LED8）点亮，一定时间后，该位向左移一位，则 LED7 点亮，以此类推，则可实现"左"流水效果，控制程序流程图 7-4 所示，具体 C51 控制程序清单如下所示：

#include <reg52.h>

```
unsigned char Data_LED;        //定义发送数据存储单元
void Delay(unsigned int i)      //软件延时函数
{ for(; i!=0; i--);}
void main(void)
{ SCON=0x00;                   //设置 SCON 方式 0
  Data_LED=0x1;                //初始化数据单元
while(1)
  { SBUF=~Data_LED;            //发送数据
    Delay(50000);              ////软件延时,控制流水速度
    while(TI==0){;}            //查询,等待发送完毕
    TI=0;
    Data_LED<<=1;              //数据左移一位
    if(Data_LED==0) Data_LED=1;//
}}
```

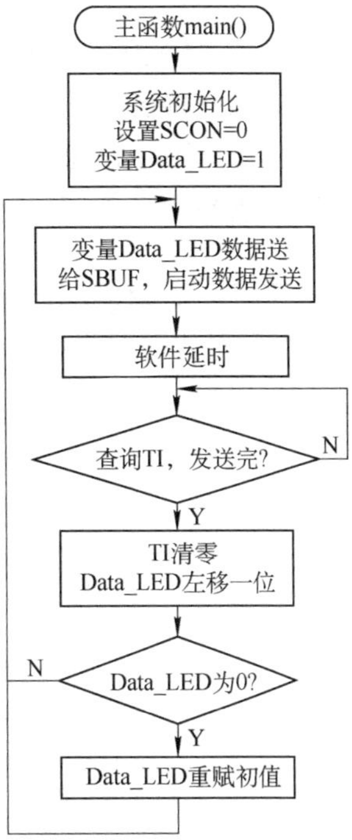

图 7-4　控制程序流程图

优化后的汇编语言清单如下所示:

```
Data_LED    EQU     30H
            ORG     0000H
            LJMP    MAIN
MAIN:       MOV     SCON, #0
Loop1:      MOV     R0, #8              ; 循环次数
            MOV     Data_LED, #0FEH
Loop2:      MOV     A, Data_LED
            MOV     SBUF, A            ; 发送数据
            RL      A                  ; 左循环 1 位
            MOV     Data_LED, A
            MOV     R6, #0             ; 设置延时时间
            MOV     R7, #0FFH
            ACALL   DELAY
            JNB     TI, $              ; 等待发送完毕
            CLR     TI
            DJNZ    R0, Loop2          ; 8 次循环结束?
            SJMP    Loop1
DELAY:      NOP                        ; 软件延时子程序
            DJNZ    R6, DELAY
            DJNZ    R7, DELAY
            RET
```

（2）数据接收

当 SCON 的 REN 被置位,则启动接收,TXD 以固定速率输出脉冲信号,同时 RXD 引脚数据被移入单片机内部移位寄存器,当接收满一字节数据,移位寄存器数据被存入接收 SBUF,

125

同时将 SCON 寄存器 RI 位硬件置位，产生中断请求。TXD 暂停输出脉冲信号，直到 RI 清零，TXD 再次启动输出脉冲，启动新的数据的接收。

同样，在 74HC165 或 CD4014 等"并入串出"的移位寄存器配合下，可以利用方式 0，可以把串行口变成并行输入口使用，实现扩展并行输入口。

【例 7-2】 利用 74HC165 扩展 8 根输入线，实现 8 位拨码开关信号的输入，且利用 LED 指示接收到的拨码开关信号的状态。原理图设计如图 7-5 所示。

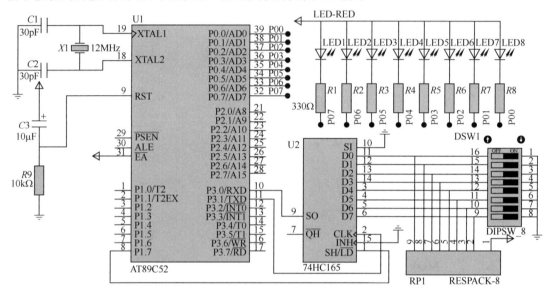

图 7-5　74HC165 扩展并行输入

硬件说明：DSW1 为 8 位拨码开关在 Proteus 中的器件模型，RP1 为 9 脚排阻，U2 为并入串出 74HC165 器件模型，其中：

CLK（2 脚）为移位信号，上升沿有效。

INH（15 脚）为使能端，低电平有效。

SI（10 脚）为串行输入端。

SO（9 脚）为串行输出端，其电平与 D7 一致；$\overline{\text{QH}}$（7 脚）为 SO 的反相电平。

SH/$\overline{\text{LD}}$（1 脚）为低电平时，将 D0～D7 引脚数据送入 74HC165 内部的移位寄存器，即实现数据并行输入到 165 内部；当 SH/$\overline{\text{LD}}$ 为高电平时，实现串行移位，依次进行 SI→D0→D1→…→D6→D7（SO）移位。

程序分析：根据原理图，首先要将拨码开关的状态数据送入 74HC165，将 P1.7 输出低电平，控制 SH/$\overline{\text{LD}}$ 为低，实现"并入"；然后将 P1.7 置高，使 74HC165 处于串行移位状态，通过 CPU 的 TXD 输出移位脉冲，将 74HC165 的数据通过 RXD 移入 CPU 内部，即得到拨码开关的状态数据。再将此数据送 P0 端口即实现上述要求。控制程序流程图 7-6 所示，C51 控制程序清单如下所示：

```
#include <reg52.h>
#include <intrins.h>
sbit PL=P1^7;
unsigned char Data_LED;
```

```c
void main(void)
{    SCON=0x10;                  //设置 SCON：方式 0，允许接收
     Data_LED=0xff;
     while(1)
     {    if(RI)                 //查询是否收到数据
          {    Data_LED=SBUF; //读取数据
               PL=0;           //置 74HC165 为并行方式
               _nop_();
               PL=1;           //置 74HC165 为 165 串行方式
               RI=0;
               P0=Data_LED;    //显示接收到的数据
     }         }}
```

汇编语言清单如下所示：

Data_LED	EQU	30H
PL	EQU	P1.7
	ORG	0000H
	LJMP	MAIN
MAIN:	MOV	SCON, #10H;
	MOV	P0, #0FFH
Loop:	JNB	RI, $
	MOV	Data_LED, SBUF
	CLR	PL
	NOP	
	SETB	PL
	CLR	RI
	MOV	P0, Data_LED
	LJMP	Loop

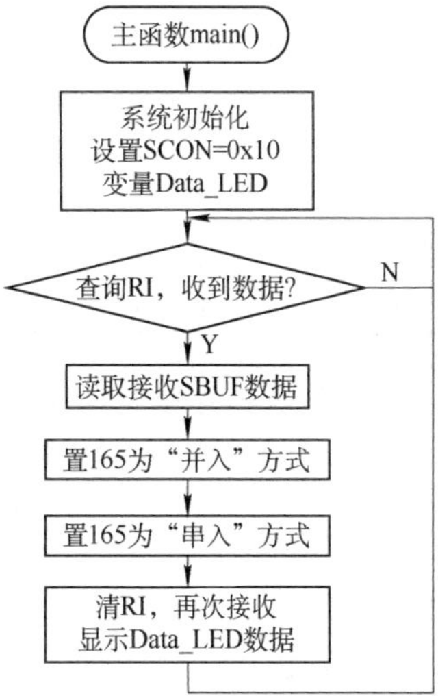

图 7-6　控制程序流程图

7.2.2　方式 1

方式 1 是 10 位为一帧的异步串行通信方式，包括 1 个起始位（低电平）、8 个数据位和 1 个停止位（高电平），其帧格式见表 7-5。

表 7-5　方式 1 帧格式

首位	...								尾位
起始位	D0	D1	D2	D3	D4	D5	D6	D7	停止位

（1）数据发送与接收

与方式 0 相似，方式 1 的数据发送是由一条写发送 SBUF 指令所触发启动，当一个字符帧（共 10 位）发送完后，TXD 输出线便维持在 1（空闲）状态下，同时将 TI 置 1，即通知 CPU 可以发送下一个字符了。

接收数据时，要保证 REN=1，使始终处于允许接收状态。CPU 在移位脉冲的控制下，按照设定的波特率，不断对 RXD 引脚的信号进行采集、处理，当识别到有效的"起始位"后，CPU 开始以一定的速率采集数据线，并将接收到的有效数据位移入移位寄存器中，直到收到停止位为止。当收到停止位，移位寄存器内容被送入 SBUF 中（注：停止位数据被送入 RB8 中），同时，置位中断标志位 RI，即通知 CPU 可以从 SBUF 取走接收到的一个字符了。

（2）波特率

方式 1 的波特率受定时器 T1 控制，设置 T1 的溢出时间可以控制串行口的波特率，为了保持波特率恒定，一般将 T1 设置为方式 2 工作方式。

对于 52 系列单片机，定时器 T2 也可控制串行口的波特率，且比 T1 优先。具体波特率设置见 7.3 节。

7.2.3　方式 2

方式 2 是 11 位为一帧的异步串行通信方式，包括 1 个起始位（低电平）、8 个数据位、TB8（或 RB8）和 1 个停止位（高电平）。其帧格式见表 7-6。

表 7-6　方式 2 帧格式

首位	...									尾位
起始位	D0	D1	D2	D3	D4	D5	D6	D7	TB8/RB8	停止位

方式 2 与方式 1 通信过程相似，均属于异步串行通信（UART），仅是数据位后多发送一位 TB8（或接收一位 RB8），此位可用于校验位标志或多机通信时使用。

波特率只有两种，当 SMOD=0 时，波特率=$f_{osc}/64$；当 SMOD=1 时，波特率=$f_{osc}/32$。

7.2.4　方式 3

方式 3 帧格式与方式 2 相同，为 11 位 UART；波特率与方式 1 相同，受 T1（或 T2）控制。

7.3　波特率的设定方法

7.3.1　波特率的定义

波特率是用来描述每秒钟内发生二进制信号的事件数，用来表示一个二进制数据位的持续时间，体现数据传输的快慢程度。

波特率是表明传输速度的标准，最典型为 RS232-C 标准，其定义的标准波特率有：300bit/s、600bit/s、1200bit/s、2400bit/s、4800bit/s、9600bit/s、19200bit/s 等。按照规定的波特率以及相应的协议，就可容易实现设备间的串行通信。

7.3.2　定时器 T1 产生波特率的计算

51 系列单片机串口方式 1 和 3 的波特率仅受定时器 T1 控制，控制 T1 的溢出时间，即可实现波特率的设置。

作为波特率发生器使用时，通常选用 T1 的工作方式 2（或称模式 2）。其计算公式如式(7-1)

所示。

$$波特率 = \frac{2^{\text{SMOD}} \times f_{\text{osc}}}{384 \times (2^8 - \text{TH1})} \qquad (7\text{-}1)$$

式中，f_{osc} 为系统晶振频率；SMOD 为 PCON 寄存器最高位的值；TH1 为 T1 的计数器计数单元值。

根据事先约定，若设定好波特率值，根据式（7-1）就可计算出 TH1 值，其公式如式（7-2）所示。

$$\text{TH1} = 256 - \frac{2^{\text{SMOD}} \times f_{\text{osc}}}{384 \times 波特率} \qquad (7\text{-}2)$$

按照式（7-2），已知系统晶振频率 f_{osc} 和设定的波特率，按 SMOD=0 或 SMOD=1（加倍），就可计算出 T1 在其模式 2 时的计数值 TH1。

【例 7-3】 设 f_{osc}=12MHz，波特率为 9600bit/s（RS232-C 标准），请计算 T1 定时时间 TH1。

解：

当 SMOD=0 时，将上述值代入，得

$$\text{TH1} = 256 - \frac{2^0 \times 12 \times 10^6}{384 \times 9600} = 256 - 3.26 = 252.74 \approx 253$$

同样，将 SMOD=1 代入，得 TH1=256-6.51=249.49≈249。

由于 TH1 只能取整数，所以只能取近似值，即

当 SMOD=0 时，TH1=253；当 SMOD=1 时，TH1=249。

根据此值控制 T1 溢出时，即为实际波特率。若分别代入式（7-1），实际的波特率分别为 10416bit/s 和 8928bit/s。由此表明，与设置的理论要求有一定偏差。

实际波特率与理想波特率比较，经计算其偏差率分别为+8.5%和–6.9%，相对而言，波特率加倍时偏差较小，所以实际选用 SMOD=1，TH1=249 的方案。

在实际应用中，若要采用 UART 进行通信，为了减少理论偏差，晶振频率一般不选用 12MHz，而选用 11.0592MHz、22.1184MHz 等频率的晶振，这时无论采用哪种方案，其误差为 0，这样可大大提高数据通信的可靠性。

7.3.3　定时器 T2 产生波特率的计算

对于 52 系列单片机，串行口的波特率除受 T1 控制外，还可受 T2 控制，只要 T2CON 寄存器中 RCLK 或 TCLK 置位，则串行口的接收波特率或发送波特率就由 T2 决定，具体波特率计算公式如式（7-3）所示。

$$波特率 = \frac{f_{\text{osc}}}{32 \times (65536 - \text{RCAP2H,RCAP2L})} \qquad (7\text{-}3)$$

实际应用中，串行口的波特率若通过 T1、T2 分别控制，可以使得发送与接收波特率以不同速度进行通信。

7.4　串行口的编程和应用

在异步通信中，由于方式 2 的波特率固定，不能由用户任意设置，因此较少使用，而常

用方式 1 和方式 3 实现 UART 通信。方式 1 用于点对点（或双机）通信较方便，多机通信时采用方式 3，构成一主多从式分布式系统，利用数据的第 9 位作为地址和数据的识别标志，具体应用用户可参阅有关资料。

本节以方式 1 实现双机通信为代表，介绍串行口在实际应用中如何使用。

要求：晶振频率为 11.0592MHz 的 A 机和 B 机，以波特率为 9600bit/s 进行双机通信。其中：A 机接有一发送开关，合上时，以 1s 为间隔，循环 0、1、…、255 数据，同时 A 机接收 B 机返回的串行数据；A 机的 P0、P2 接有 LED，P2 用于显示发送的数据，P0 用于显示接收到的数据，通过比较验证数据通信是否正确。

B 机接收 A 机发来的数据，将将收到的数据通过 TXD 端返送 A 机；B 机的 P2 也接有 LED，用于对收到的数据进行显示。

7.4.1　双机串行通信硬件接口

根据上述要求，设置原理图如图 7-7 所示。U1 为 A 机的 CPU，P0 接 8 只红色 LED，P2

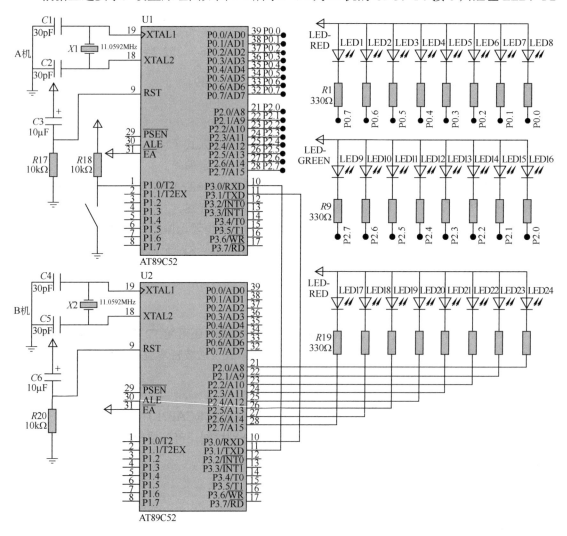

图 7-7　双机通信原理图

接 8 只绿色 LED。U2 为 B 机的 CPU，其 P2 接 8 只红色 LED。U1 的 TXD 与 U2 的 RXD 相连，同样，U1 的 RXD 与 U2 的 TXD 相连。U1 的 P1.0 接开关信号，合上时，数据开始发送，P2 对应的绿色 LED 指示发送数据信息，U1 的数据通过 TXD 送 U2 单片机，U2 接收到数据再通过其输出串口返送 U1 单片机，U1 将收到的串行数据通过 P0 对应的红色 LED 指示。若两组 LED 显示的信息相同，说明两个 CPU 正常实现了双机通信。

7.4.2　双机串行通信软件编程

1．A 机程序分析

由于要求数据间隔为 1s，所以根据定时器定时扩展描述方案，利用 T0 实现 10ms 中断定时，在 T0 中断服务中，变量 T0_counter 对中断次数进行计数，当计完 100 次后，则表示 1s 时间到，置位 flag_T0 标志位。

串口以方式 1、允许接收工作，T1 设置为方式 2，配合 SMOD 实现 9600bit/s 波特率设置，允许串口中断，在其中断服务中，若 RI 中断，则将接收数据存入 Data_RXD；若是 TI 中断，则清 TI。

主程序的主循环中对 flag_T0 标志进行判断，若为 1，表示 1s 定时到，可以进行发送，并结合 P1.0 接键信号，决定是否将要发送的 Data_TXD 数据（移位、流水效果）送串口发送；另外，通过 P0 和 P2 分别显示相应变量中的数据，主程序控制流程图如图 7-8 所示。

C51 控制程序清单如下所示：

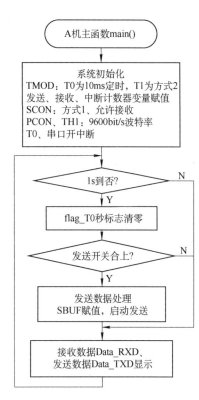

图 7-8　A 机主程序流程图

```c
#include <reg52.h>
#include <intrins.h>
unsigned char Data_TXD;
unsigned char Data_RXD;
#define Const_10ms (65536-10000*120000/110592)
#define Const_T0    100
unsigned char T0_counter;
bit flag_T0;
#define Const_T1     (256-110592/96/384)
sbit Key_send=P1^0;
void main(void)
{     TMOD=0x20+0x01;
      Data_TXD=0x7f; Data_RXD=0xff;          //发送、接收变量
      T0_counter=Const_T0;                   //中断计数变量
      SCON=0x50;                             //方式 1，允许接收
      PCON&=0x7f;
      TH1=TL1=Const_T1;    TR1=1;
```

```
        TH0=Const_10ms>>8,TL0=Const_10ms&0xff;   //D59EH：9600bit/s 波特率
        TR0=1;
        ET0=ES=EA=1;                              //开中断
        while(1)
    { if(flag_T0)                                 //1s 标志
        { flag_T0=0;
            if(Key_send==0)                       //允许发送
            {   Data_TXD=_crol_(Data_TXD, 1);     //发送数据处理
                SBUF=Data_TXD;}         }         //启动发送
        P0=Data_RXD;                              //接收数据显示
        P2=Data_TXD;                              //发送数据显示
    }}
void T0pro(void) interrupt 1
{       TH0=Const_10ms>>8, TL0=Const_10ms&0xff;  //10ms 中断定时
        if(--T0_counter==0)                       //中断次数判断
        { T0_counter=Const_T0;
        flag_T0=1;                                //置 1s 标志
}}
void TRpro(void) interrupt 4
{       if(RI)                                    //串行接收数据处理
        {   RI=0;
            Data_RXD=SBUF;          }
else if (TI)
        {   TI=0;}      }
```

汇编语言程序清单如下：

```
Data_TXD        EQU         30H
Data_RXD        EQU         31H
T0_counter      EQU         32H
flag_T0         EQU         00H
Key_send        EQU         P1.0
Const_T0        EQU         100
Const_T1        EQU         0FDH
Const_10ms      EQU         0D59EH
        ORG     0000H
        LJMP    MAIN
        ORG     000BH
        LJMP    T0pro
        ORG     0023H
        LJMP    TRpro
```

```
MAIN:   MOV     TMOD, #21H
        MOV     Data_TXD, #7FH
        MOV     Data_RXD, #0FFH
        MOV     T0_counter, #Const_T0
        MOV     SCON, #50H
        ANL     PCON, #7FH;
        MOV     TH1, #Const_T1
        MOV     TL1, TH1
        SETB    TR1
        MOV     TH0, #HIGH(Const_10ms)
        MOV     TL0, #LOW(Const_10ms);
        SETB    TR0
        SETB    ET0
        SETB    ES
        SETB    EA
Loop1:  JNB     flag_T0, Loop2
        CLR     flag_T0
        JB      Key_send, Loop2
        MOV     A, Data_TXD
        RL      A
        MOV     Data_TXD, A
        MOV     SBUF, A
Loop2:  MOV     P0, Data_RXD;
        MOV     P2, Data_TXD;
        SJMP    Loop1
T0pro:  MOV     TH0, #HIGH(Const_10ms)
        MOV     TL0, #LOW(Const_10ms)
        DJNZ    T0_counter, T0pro0
        MOV     T0_counter, #Const_T0
        SETB    flag_T0
T0pro0: RETI
TRpro:  JNB     RI, TRpro1
        CLR     RI
        MOV     Data_RXD, SBUF
TRpro1: JNB     TI, TRpro2
        CLR     TI
TRpro2: RETI
```

2. B 机程序分析

B 机采用串口中断方式，接收 A 机发送来的数据，将接收到的数据一方面通过本身的串

133

口输出到 A 机，另一方面通过 P2 接的 LED 显示接收到的数据。C51 控制程序清单如下所示：

```
#include <reg52.h>
#define Const_T1    (256-110592/96/384)
unsigned char Data_RXD;
void main(void)
{    TMOD=0x20;                      //T1：方式 2
     Data_RXD=0xff;
     SCON=0x50;                      //方式 1，允许接收
     PCON&=0x7f;                     //波特率为 9600bit/s
     TH1=TL1=Const_T1;   TR1=1;
     ES=1;    EA=1;                  //开中断
     while(1)
{ P2=Data_RXD;  }    }              //接收数据显示
void TRpro(void) interrupt 4
{    if(RI)                          //判断是否收到数据
     {   RI=0;
         Data_RXD=SBUF;              //接收数据存储
         SBUF=Data_RXD;  }          //接收数据返发送
     else if (TI)
     {   TI=0;}  }
```

汇编语言程序清单如下：

```
Data_RXD    EQU          30H
Const_T1    EQU          0FDH
            ORG     0000H
            LJMP    MAIN
            ORG     0023H
            LJMP    TRpro
MAIN:   MOV     TMOD, #20H
        MOV     Data_RXD, #0FFH
        MOV     SCON, #50H
        ANL     PCON, #7FH;
        MOV     TH1, #Const_T1
        MOV     TL1, TH1
        SETB    TR1
        SETB    ES
        SETB    EA
Loop1:  MOV     P2, Data_RXD
        SJMP    Loop1
TRpro:  JNB     RI, TRpro1
```

```
          CLR    RI
          MOV    Data_RXD, SBUF
TRpro1:  JNB    TI, TRpro2
          CLR    TI
TRpro2:  RETI
```

本章小结

本章围绕 51 系列单片机的串行口，通过相关寄存器和工作方式，介绍如何利用串行口实现通信等有关功能的方法，主要内容包括：

1）51 系列单片机串行口的内部结构，重点是两个特殊功能寄存器定义：SCON 和 PCON。

2）串行口的四种工作方式：方式 0、方式 1、方式 2 和方式 3。

3）利用方式 0 实现扩展 I/O 端口，有关芯片器件连接和控制程序编制。

4）波特率的计算和设置：T1 或 T2 作为波特率发生器。

5）利用方式 1 实现双机通信：硬件连接及相应的控制程序。

思考题与习题

7-1　简述串行口控制寄存器 SCON 的定义。

7-2　51 系列单片机串行口以方式 0 通信，与之相关寄存器有哪些？

7-3　简述 74HC164 器件的功能。

7-4　利用 74HC164 和串行口方式 0，扩展 16 根 I/O 线，控制相应 LED，实现流水效果，请绘制相应的原理图，并编写相应的控制程序。

7-5　简述 74HC165 器件的功能。它有哪两种工作方式？

7-6　51 系列单片机要实现波特率可任意设置的异步串行通信，与之相关寄存器有哪些？

7-7　如何用指令实现将 SMOD 清零和置位？

7-8　若系统晶振频率为 6MHz，要求波特率为 4800bit/s，请问如何设置 SMOD 和 TH1 相应的值？

7-9　若系统晶振频率为 12MHz，要求波特率为 4800bit/s，利用 T2 实现波特率控制，其 RACAP2H、RACAP2L 值分别是多少？

7-10　设计一双机通信系统，要求利用串行口的方式 1、波特率为 4800bit/s，实现将 A 机的 P0 端口数据，送 B 机的 P0 端口。请绘制出完整的原理图，并编写相应的控制程序。

第8章　51系列单片机的存储器和 I/O外部扩展

8.1　并行扩展技术

8.1.1　并行扩展总线

单片机并行扩展总线遵守三总线原则，即地址总线（AB）、数据总线（DB）、控制总线（CB），所有外部芯片都可以通过这三组总线进行扩展，如图8-1所示。

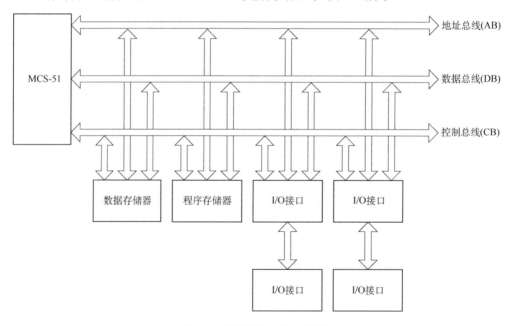

图8-1　系统并行扩展三总线

对于51系列单片机来说，如图8-2所示，其P0口和P2口可以作为并行扩展总线口。P0口分时输出低8位地址 A0～A7 和数据 D0～D7，控制总线有外部程序存储器的读选通信号 $\overline{PSEN}$、外部数据存储器的读信号 $\overline{RD}$ 和写信号 $\overline{WR}$、低8位地址锁存信号 ALE，以及片内外程序存储器选择信号 $\overline{EA}$。

常用地址锁存器主要有 74LS273、74LS373 等，锁存器的锁存信号输入端 G 接单片机的 ALE 端，ALE 为负跳变时，P0口上输出地址通过锁存器 D0～D7 送入 Q0～Q7，使地址总线 A0～A7 信息保持不变，接着 P0 口传送数据 D0～D7。

【注意】 在实际应用中，P2口需要引出的口线数根据系统扩展需要确定，有时也可能不需要引出 P2 口线。

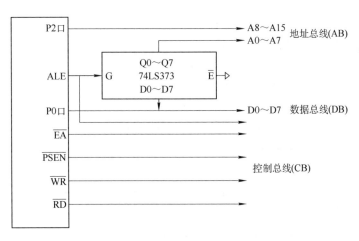

图 8-2　系统并行扩展引线图

8.1.2　扩展方法

单片机是根据地址访问外围扩展芯片的，即由地址线上送出的地址信息来选中某一芯片的某一单元进行读写。单片机发出的地址信号解决两个问题，一是芯片的选择，另一个是地址信息。芯片的选择也称为片选，由未被扩展芯片占用的单片机剩余地址线或者剩余地址线通过译码电路产生；芯片选中单元的地址则由该芯片所占用地址线信息确定。片选信号产生的方法主要有线选法、全地址译码法和部分地址译码法。

1. 线选法

所谓线选法就是用未被占用的单片机某一位地址线直接与扩展芯片片选端相连，只要该位地址线为低电平（一般芯片片选端低电平有效），则与该地址线相连的扩展芯片就被选中。

扩展外围芯片时，如果所用地址线最多为 A0～Ai（i<15），则可以作为扩展芯片片选线的地址线为 A(i+1)～A15。例如，若 i=12，则只有 A13、A14、A15 可以作为扩展芯片片选线。图 8-3 为采用线选法扩展芯片示意图，A15、A14、A13 分别接到 0#、1#、2#芯片的片选端 $\overline{CS}$。由于单片机不能同时选中一个以上芯片进行访问，所以连接扩展芯片片选端的地址线不能同时为低电平。

图 8-3 中芯片的地址范围由 A15～A0（即单片机地址总线（P2 口和 P0 口地址线））的取值确定，以 0#芯片为例，A15～A0 的取值见表 8-1。

X 为无关项，即无论 X 取 0 或取 1，都不会影响对地址单元的确定。当 X 全为 "0" 时，0#芯片的地址范围为 6000H～6007H；当 X 全为 "1" 时，0#芯片的地址范围为 7FF8H～7FFFH，这是芯片的基本地址范围。当 X 由全 "0"，变到全 "1" 时，0#芯片的地址范围即为 6000H～7FFFH，因为其中包含 10 个无关项，因此每个单片地址都有 210 个重叠地址。例如，6000H、6008H、6010H、7FF8H 都是 0#单元的地址。

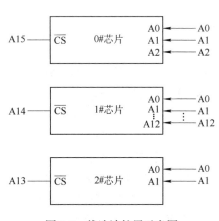

图 8-3　线选法扩展示意图

表 8-1　A15～A0 的取值

A15	A14	A13	A12	⋯	A3	A2	A1	A0	
0	1	1	X	⋯	X	0	0	0	0#单元
0	1	1	X	⋯	X	0	0	1	1#单元
0	1	1	X	⋯	X	0	1	0	2#单元
0	1	1	X	⋯	X	0	1	1	3#单元
0	1	1	X	⋯	X	1	0	0	4#单元
0	1	1	X	⋯	X	1	0	1	5#单元
0	1	1	X	⋯	X	1	1	0	6#单元
0	1	1	X	⋯	X	1	1	1	7#单元

可以推知，当 X 由全“0”，变到全“1”时，1#芯片的地址范围为 A000H～BFFFH，2#芯片的地址范围为 C000H～DFFFH。

线选法的特点是连接简单，不必专门设计逻辑电路，但各扩展芯片所占有的空间地址不连续，因而地址空间利用率低，适用于扩展地址空间容量不太大的场合。如果扩展较多芯片，可以采用全地址译码法。

2．全地址译码法

全地址译码法是将未被占用的单片机地址线全部参与对芯片的译码，译码器的输出再作为扩展芯片的片选信号，只要某位译码输出信号为低电平，与译码输出信号相连的扩展芯片就被选中。与线选法相比，硬件电路相对复杂，但在占用地址总线数量相同的情况下，可以扩展更多的芯片，因而适用于扩展芯片数量多、地址空间容量大的复杂系统。当扩展的芯片为同容量存储器时，没有地址重叠，占有的空间地址连续。

常用的译码芯片有 74LS138（3/8 译码器）、74LS139（双 2/4 译码器）和 74LS153（4/16 译码器）。当译码器的输入为某一固定编码时，其输出只有某一固定的引脚输出为低电平，其余为高电平。图 8-4 为全地址译码法扩展示意图。74LS138 译码器的编码输入端 C、B、A 分别接 A15、A14、A13，输出端接 0#～7#芯片的片选端，扩展的芯片地址线相同，各芯片的地址空间分别为 0000H～1FFFH、2000H～3FFFH、…、E000H～FFFFH。由此可见，当扩展的芯片地址线相同时，占有的空间地址是连续的，且不会存在地址重叠，但如果扩展的芯片地址线并不相同，仍然会存在地址重叠现象。

3．部分地址译码法

部分地址译码法是将未被占用的单片机地址线一部分参与对芯片的译码，其余部分悬空暂时不用。如此悬空不用的地址线无论电平如何变化，都与芯片单元的选址无关，从这一方面来看，地址是存在重叠的。该译码法用于系统扩展芯片不

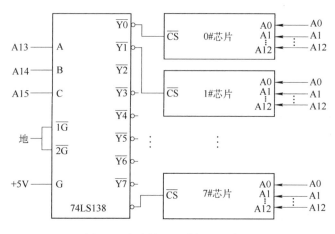

图 8-4　全地址译码法扩展示意图

多，不需要全地址译码，但采用线选法、片选线又不够的情形。部分地址译码示意图如图 8-5 所示。

74LS139 译码器的编码输入端 B0、A0 分别接 A15、A14，输出端接 0#～3#芯片的片选端。A13 悬空不用，且扩展的芯片地址线也不尽相同，为避免地址重叠，可以将芯片未用到的地址线全部取 1（也可以全部取 0），那么各芯片的地址空间分别

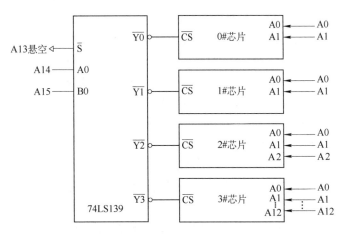

图 8-5　部分地址译码法扩展示意图

为 3FFCH～3FFFH、7FFCH～7FFFH、BFFFH～BFFFH、E000H～FFFFH。

不管是全地址译码法还是部分地址译码法，它们的另一个优点是译码器输出端可保留若干端线，便于系统的后续扩展。

8.2　串行扩展技术

随着电子技术的发展，串行总线技术日益成熟，为单片机系统相应功能的实现提供了更多的解决方案。串行扩展一般只需 1～4 根信号线，器件间连线简单、结构紧凑，从而可以简化硬件线路、缩小电路板尺寸，适用于小型便携式单片机系统的应用。另外其扩展性好，能十分方便地构成 1 片单片机和多外围器件组成的单片机应用系统。与并行总线相比，数据处理速率较小，但随着单片机工作频率的不断提高和串行扩展芯片功能的不断增强，其应用会越来越广。目前具有代表性的串行总线除了前面讲的 UART 外，还有 SPI、I^2C、1-Wire 等。

8.2.1　SPI 总线

SPI 是英语 Serial Peripheral Interface 的缩写，顾名思义就是串行外围设备接口，它是由摩托罗拉（Motorola）公司提出的一种全双工同步串行通信总线，允许同时同步传送和接收 8 位数据，传输速率最快可达几十 Mbit/s。

SPI 总线需要 4 条线实现单片机与外围器件的通信：

1）MISO：主机输入/从机输出数据线，有的芯片也称为 SDI、DI 或 SI。

2）MOSI：主机输出/从机输入数据线，有的芯片也成为 SDO、DO 或 SO。

3）SCK：串行时钟线，有的芯片也成为 CLK。

4）SS（$\overline{CS}$）：主机控制/从机使能信号。

SCK 用于同步从 MISO 和 MOSI 引脚输入和输出的数据传输。数据发送时，先传高位，后传低位。当 SPI 设置为主机方式时，MISO 是主机的数据输入线，MOSI 是主机的数据输出线，SCK 为输出；当 SPI 设置为从机方式时，MISO 是从机的数据输出线，MOSI 是从机的数据输入线，SCK 为输入。具体连接关系如图 8-6 所示。

SPI 是一个环形总线结构，当主机发送片选控制信号以后，其数据的传输节拍在时钟信

号 SCK 的控制下，两个双向移位寄存器进行数据交换。对于主机来说，数据输出通过 MOSI 线，数据在时钟上升沿或下降沿时改变,在紧接着的下降沿或上升沿被读取。完成一位数据传输，输入也使用同样原理。这样,在至少 8 次时钟信号的改变(上升沿和下降沿为 1 次)，就可以完成 8 位数据的传输。假设 8 位寄存器内装的是待发送的数据 10101010,上升沿发送，下降沿接收。那么第一个上升沿来的时候数据将会是高位数据 MOSI=1。下降沿到来的时候，MISO 上的电平将被存到寄存器中去，那么这时寄存器=0101010，这样在 8 个时钟脉冲以后，两个寄存器的内容互相交换一次。这样就完成了一个 SPI 时序。

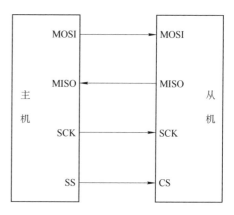

图 8-6　SPI 总线连接示意图

　　具有 SPI 功能模块的单片机为了和外设进行数据交换，需根据外设工作要求，其输出的串行同步时钟极性和相位可以进行配置。如果时钟极性 CPOL=0，则串行同步时钟的空闲状态为低电平，反之，串行同步时钟的空闲状态为高电平。如果时钟相位 CPHA=0，则在串行同步时钟的第一个跳变沿（上升或下降）数据被采样，反之在串行同步时钟的第二个跳变沿（上升或下降）数据被采样。SPI 主模块和与之通信的外设间时钟相位和极性应该一致。不同配置下的 SPI 通信时序图如图 8-7 所示。对于没有 SPI 功能模块的单片机来说，可以通过软件模拟产生 SPI 各引脚时序进行数据传输。

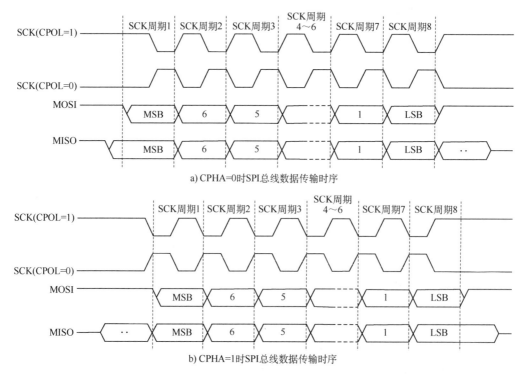

图 8-7　SPI 通信时序图

8.2.2　I²C 总线

I²C（Inter-Integrated Circuit）也是一种串行总线，称为"集成电路间总线"或"内部集成电路总线"，由菲利浦（Phlips）公司开发。采用这种接口标准的器件只需使用两条信号线与单片机进行连接，就可以完成单片机与接口器件之间的信息传输。I²C 总线有三种数据传输速度：标准、快速模式和高速模式。标准模式为 100kbit/s，快速模式为 400kbit/s，高速模式支持快至 3.4Mbit/s 的速度。

I²C 总线连接示意图如图 8-8 所示。由于 I²C 只有一根数据线 SDA，所以收发信息只能分时进行。时钟线 SCL 的一个时钟周期只能传输一位数据，实际系统中 I²C 总线的速率，在不超过芯片最快速度的情况下，取决于主控器件的时钟信号。挂接在 I²C 总线上的器件，根据功能可分为主控器件和从控器件。其中主控器件控制总线存取，产生串行时钟信号，并产生启动传送及结束传送的器件，总线必须

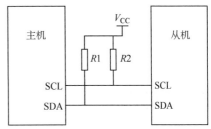

图 8-8　I²C 总线连接示意图

有一个主控器件。从控器件为在总线上被主控器件寻址的条件，它们根据主控器件的命令来收发数据。SDA 线和 SCL 线必须通过上拉电阻连接到正电源。

由于 I²C 总线器件没有片选线，所以 I²C 数据只有当总线不忙，即 SDA 和 SCL 均为高电平时，数据传输才可以进行。具体数据开始传输的条件是当 SCL 为高电平时，SDA 要有一个从高到低的跳变；而数据停止传输的条件是当 SCL 为高电平时，SDA 要有一个从低到高的跳变。SDA 线上的数据在 SCL 位高电平器件必须保持稳定，只有在 SCL 低电平期间才能改变 SDA 线上的数据。图 8-9 为 I²C 总线通信时序图。

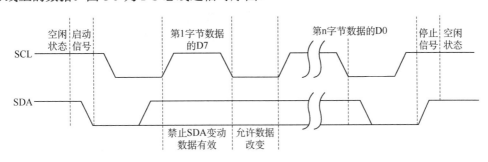

图 8-9　I²C 通信时序图

8.2.3　1-wire 总线

1-wire 总线即单线总线，又叫单总线，是达拉斯（Dallas）半导体公司推出了一项特有总线技术。该技术与上述总线不同，它采用单根信号线实现数据的半双工双向传输，并同时通过该信号线为单总线器件提供电源，一般用于 100kbit/s 以下速率的测控或数据交换系统中。

单总线连接示意图如图 8-10 所示。单总线适用于单主机系统，能够控制 1 个或多个从机设备。主机可以是单片机，从机是单总线芯片。上拉电阻使总线空闲时处于高电平状态，稳压二极管则将总线最高电平限定，起保护端口的作用。为了区分总线上的多个芯片，厂家在

生产这些芯片时，都编制了唯一的序列号，工作时主机通过寻址把相应芯片识别出来。由于单片机一般没有在硬件中集成这种接口，所以要用软件来模拟工作时序。

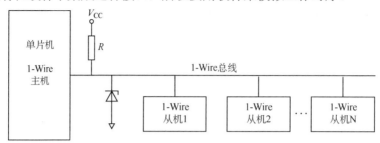

图 8-10　单总线连接示意图

8.3　存储器扩展

存储器的扩展分为数据存储器的扩展和程序存储器的扩展。目前大多单片机中的数据存储器已满足系统要求，无须再对数据存储器进行外部扩展；而目前携有大容量程序存储器的单片机也越来越多，外部扩展程序存储器的需求急剧减少，但对于具体应用场合，还是需要进行外部程序存储器扩展的，考虑到并行扩展过多占用 I/O 口，通常以串行扩展程序存储器居多。

串行 E^2PROM 具有体积小、引脚少、功耗低、连线简单方便等特点。目前，Atmel、Microchip 等公司提供多型号的 I^2C 总线接口和 SPI 总线接口的串行 E^2PROM。

AT24C 系列为美国 Atmel 公司推出的串行 CMOS 型 I^2C 总线 E^2PROM，从 AT24C01 到 AT24C512，C 后面的数字代表该型号的芯片有多少 KB 的存储位。本书主要介绍常用的 AT24C02 即存储 256B 存储器的使用，它内部分为 32 页，每页 8B；支持 1.8～5V 电源，可以擦写一百万次，数据可以保持 100 年，使用 5V 电源时时钟可以达到 400kHz，并且有多种封装可供选择。图 8-11 为 AT24C02 串行 E^2PROM 引脚图。

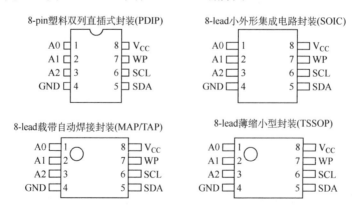

图 8-11　AT24C02 E^2PROM 引脚图

A0、A1、A2 为器件地址引脚，用于确定 E^2PROM 在 I^2C 串行总线上的地址。

WP 为写保护输入引脚，当 WP 接地时，允许 E^2PROM 完成正常的读写操作；而当 WP 接电源电压 V_{CC} 时，E^2PROM 处于写保护状态。

SCL 和 SDA 为串行时钟线和数据线；V_{CC} 和 GND 为器件正电源和接地端。

AT24C02 采用 I^2C 总线，I^2C 总线上可挂接多个接口器件，在 I^2C 总线上的每个器件应有唯一的器件地址，按 I^2C 总线规则，器件地址为 7 位二进制数，它与 1 位数据方向位构成一个器件寻址字节。

器件寻址字节中最高 4 位 1010 为 AT24C02 的型号地址，A2A1A0 为器件引脚地址，最低位 R/W 为方向位，告知设备是读操作还是写操作。

对某个单元的读写，首先先向其写入一个字节的器件地址，再写入相应的片内地址。AT24C02 由于芯片容量可用一个字节表示，所以其片内地址为一个字节。

AT24C02 每个页面可写 8 字节，分别可写 32 页面；片选线有 3 位，因此总线上最多可挂接 8 个相应容量的芯片。

AT24C02 读 n 个字节的数据格式如下：

S	1010 A2A1A0 0	A	Addr	A	S	1010 A2A1A0 1	A
Data1	A	Data2	A	Data3	A	…	Datan	A	P

向 AT24C02 中写 n 个字节的数据格式（n≤页长，且 n 个字节不能跨页）如下：

S	1010 A2A1A0 0	Addr	A	Data1	A	Data2	A	…	Datan	A	P

格式中，Addr 为片内某一单元的地址，由主机发送。

S 为开始信号（SCL 高电平时，SDA 产生负跳变），如图 8-12 所示，由主机发送。要求起始前总线空闲时间大约为 4.7μs，重复的起始信号建立时间也须大于 4.7μs，起始信号到第 1 个时钟脉冲的时间间隔应大于 4.0μs。

汇编程序如下：

```
STA: SETB   SDA
     SETB   SCL
     NOP
     NOP
     CLR    SDA
     NOP
     NOP
     CLR    SCL
     RET
```

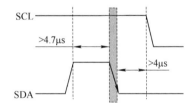

图 8-12　起始信号 S

C 语言程序如下：

```
void STA(void)
{
  SDA=1;
  SCL=1;
  Delay( );
  SDA=0;
  Delay( );
```

```
        SCL=0;
    }
```

P 为停止信号（SCL 高电平时，SDA 产生正跳变），如图 8-13 所示，由主机发送，要保证 4.7μs 的信号建立时间。

汇编程序如下：

```
STP: CLR    SDA
     SETB   SCL
     NOP
     NOP
     SETB   SDA
     NOP
     NOP
     CLR    SDA
     CLR    SCL
     RET
```

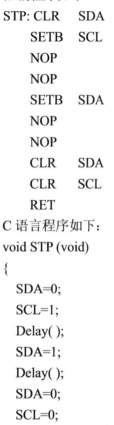

图 8-13　停止信号 P

C 语言程序如下：

```
void STP (void)
{
    SDA=0;
    SCL=1;
    Delay( );
    SDA=1;
    Delay( );
    SDA=0;
    SCL=0;
}
```

A 为应答信号。当 A=0 时为肯定应答信号，当 A=1 时为否定应答信号，它们由数据接收方发送。在接收每一个字节数据后都必须有肯定应答信号，在接收到最后一个数据字节后必须有否定应答信号。时序如图 8-14 所示，发送应答位时要满足在时钟电平大于 4μs 期间，SDA 线上有确定的电平状态。

汇编程序如下：

```
; 发应答位"0"
ASK: CLR    SDA
     SETB   SCL
     NOP
     NOP
     CLR    SCL
     SETB   SDA
```

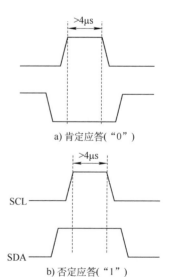

a) 肯定应答（"0"）

b) 否定应答（"1"）

图 8-14　应答信号 A

```
        RET
    ；发应答位"1"
    NAS:SETB    SDA
        SETB    SCL
        NOP
        NOP
        CLR     SCL
        CLR     SDA
        RET
```

C 语言程序如下：

```
void ASK (void)
{
    SDA=0;
    SCL=1;
    Delay( );
    SCL=0;
    SDA=1;
    }
void NAS (void)
{
    SDA=1;
    SCL=1;
    Delay( );
    SCL=0;
    SDA=0;
    }
```

对 AT24C02 读出时，单片机首先"伪写"该器件的控制字节，即 1010 A2A1A0 0，被选中的存储器在确认是自己的地址后，产生肯定应答信号作为响应。然后，单片机再发送 1 个或 2 个字节的要读出器件的存储区首地址，收到器件的肯定应答后，单片机要重复一次起始信号并发出读控制字节，即 1010 A2A1A0 1，收到器件肯定应答信号后就可以读出数据字节，每读出一个字节，单片机都要回复肯定应答信号。当最后一个字节数据读完后，单片机应返回否定应答信号，并发出终止信号以结束读出操作。

对 AT24C02 写入时，单片机首先首写该器件的控制字节，即 1010 A2A1A0 0，被选中的存储器在确认是自己的地址后，产生肯定应答信号作为响应。然后，单片机再发送 1 或 2 个字节的要写入器件的存储区首地址，收到器件的肯定应答后，可以写入数据字节，每写入一个字节，器件都要回复肯定应答信号。当最后一个字节数据写入后，器件应返回否定应答信号，单片机发出终止信号以结束写入操作。对 AT24C02 相关读写程序如下。

从 E^{2}PROM 读一个字节的汇编程序如下：

；读取的一个字节数据存于 R2 或 A 中，程序中要用 R0 作计数器。

```
RDB:  MOV    R0, #8
RLP:  SETB   SDA
      SETB   SCL
      MOV    C, SDA
      MOV    A, R2
      RLC    A
      MOV    R2, A
      CLR    SCL
      DJNZ   R0, RLP
      RET
```

C 语言程序如下：

```c
uchar read_byte( )
{
  uchar i, k;
  SCL=0;
  Delay( );
  SDA=1;
 Delay( );
for (i=0; i<8; i++)
{
  temp=temp<<1
  SCL=0;
  Delay( );
  SDA=CY;
  Delay( );
  SCL=1;
  Delay( );
}
  return k;
}
```

写入一个字节汇编程序如下：

; 预发送的数据在 A 中，程序中要用到 R0。

```
WRB:   MOV    R0, #8
WLP1:  RLC    A
       JC     WR1
       AJMP   WR0
WLP2:  DJNZ   R0, WLP1
       RET
WR1:   SETB   SDA
```

```
        SETB    SCL
        NOP
        NOP
        CLR     SCL
        CLR     SDA
        AJMP    WLP2
WR0:    CLR     SDA
        SETB    SCL
        NOP
        NOP
        CLR     SCL
        AJMP    WLP2
```

C 语言程序如下：

```
void    write_byte(uchar date)
{
    uchar i, temp;
    temp=date;
for (i=0; i<8; i++)
{
    SCL=1;
    Delay( );
    K=(k<<1) | SDA;
    SCL=0;
    Delay( );
}
    SCL=0;
    Delay( );
    SDA=1;
    Delay( );
}
```

8.4 I/O 扩展

大多数外设的速度很慢，无法与单片机的处理速度相比，I/O 接口的功能就是为了实现单片机与不同外设的速度匹配。MCS-51 系列单片机具有 4 个并行 8 位 I/O 口，除 P1 口外，其他并行 I/O 口均有其他功能。因此在单片机 I/O 口不够用的情况下，需要对 I/O 口进行扩展。

单片机与外设间的数据传送，实质上是 CPU 与 I/O 接口间的数据传送。单片机及外设连接的示意图如图 8-15 所示。

I/O 接口电路中能够被 CPU 直接访问的寄存器称为 I/O 端口。一个 I/O 接口芯片可以包含几个 I/O 端口，包括可以输入/输出数据的数据端口、用来接收 CPU 命令的控制端口及提供各种状态供 CPU 查询的状态端口。

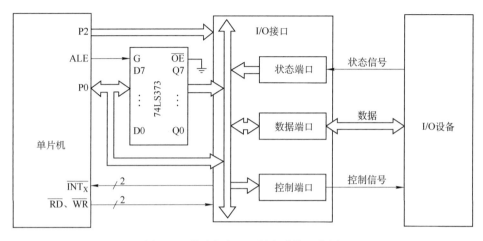

图 8-15 单片机与 I/O 设备连接示意图

I/O 端口编址有两种方式：独立编址与统一编址。所谓独立编址方式就是 I/O 寄存器地址空间和存储器地址空间分开编址，需要专门读写 I/O 的指令和控制信号；统一编址方式就是 I/O 寄存器与数据存储器单元同等对待，统一编址，不需要专门的 I/O 指令，直接使用访问数据存储器的指令进行 I/O 操作，简单、方便且功能强。MCS-51 系列单片机使用的就是统一编址方式。

单片机与 I/O 设备进行数据交换的方式主要有无条件传送、查询状态传送以及中断传送方式传送。

（1）无条件传送

当外设速度和单片机的速度接近时，常采用无条件传送方式。无条件传送方式不测试 I/O 设备的状态。具体当 CPU 要进行数据输入时，认为数据端口的数据已经准备好，即输入设备的数据已送到 I/O 接口的数据端口，这时单片机可以直接执行输入指令；CPU 要进行数据输出时，所选数据端口必须为空，即数据已被输出设备取走，数据端口已经处于准备接收数据的状态，这时单片机可以直接执行输出指令。

无条件传送方式程序编写简单，适用于简单的 I/O 设备（如开关、LED 显示器、继电器等）的操作，或者 I/O 设备的定时固定（或已知）操作的场合。

（2）查询状态传送

查询状态传送时，单片机在执行输入/输出指令前，首先要查询 I/O 设备的状态端口的状态。数据输入时，用输入状态指示要输入的数据是否已经"准备就绪"，若"准备就绪"，可执行输入指令；数据输出时，用输出状态指示输出设备是否"空闲"，若"空闲"，可执行输出指令。否则，单片机会一直进行查询。

查询状态传送的优点是不需额外的硬件开销，当单片机工作任务较轻时，可以较好地协调慢速 I/O 设备与单片机之间的速度差异问题；缺点是单片机必须不断测试 I/O 设备的状态，直至 I/O 设备为传送的数据准备就绪时为止。这种循环等待方式花费时间较多，降低了单片机的运行效率。

（3）中断传送方式

采用中断传送方式时，当外设数据未"准备就绪"或不"空闲"时，CPU 不用去等待，可以处理 CPU 现行程序；当外设数据"准备就绪"或"空闲"时，要求 CPU 输入或输出数据时，使单片机的外中断引脚有效，向 CPU 申请中断，当 CPU 对应的中断是开放的，CPU 在执行完当前指令后，停下当前的工作，响应中断，转去执行外设所要求的输入或输出操作。执行完毕后，CPU 返回被中断程序的断点处继续往下执行。

中断传送方式的优点是可以及时响应 I/O 设备的请求，并且在 I/O 设备处理数据期间，单片机不必浪费大量的时间去查询 I/O 设备的状态，可以提高单片机的运行效率；缺点是需要占用单片机外中断源，程序编写较复杂。

8.4.1 并行扩展 I/O

单片机并行扩展 I/O 口分为不可编程和可编程两大类。不可编程的 I/O 接口是指不能用软件对其 I/O 口进行设置和编辑，功能固定，通常也称为简单 I/O 口，一般用 TTL 型芯片，比如 74 系列器件。可编程 I/O 接口则是指通过编程可以对其 I/O 进行设置、编辑来实现不同的功能，比如可编程并行 I/O 扩展接口 8255A。无论采用哪种，并行 I/O 口的并行扩展均应遵照"输入三态、输出锁存"的原则与总线相连。"输入三态"可保证在未被选通时，I/O 芯片的输出与数据总线隔离，防止使总线上的数据出错，"输出锁存"则可使通过总线输出的信息得以保持，以备速度较慢的外设较长时间读取，或能长期作用于被控对象。

1. 用 74 系列器件扩展并行 I/O 口

由于 TTL 型 74 系列器件品种多、价格低，所以常选择用 74 系列器件来扩展并行 I/O 口。

（1）并行输入口扩展

74LS245 是一种三态门 8 总线收发器/驱动器，无锁存功能。74LS245 引脚图和功能表如图 8-16 所示，当片选端 $\overline{G}$ 低电平有效时，若 DIR=0，信号由 B 向 A 传输；若 DIR=1，信号由 A 向 B 传输；当 $\overline{G}$ 为高电平时，A、B 均为高阻态。

a) 引脚图　　　　　b) 功能表

图 8-16　74LS245 引脚图和功能表

图 8-17 是 74LS245 和单片机连接的典型应用电路。图中，74LS245 DIR 引脚受单片机的 P2.7 控制，$\overline{G}$ 引脚作为读选通线。这样该扩展口的地址为 7FFFH，输入数据的操作指令如下：

MOV　　　DPTR, #7FFFH

MOVX　A, @DPTR

适宜作为扩展并行输入口的芯片还有 74LS244 等 8 位三态数据缓冲器。

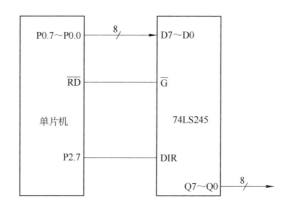

图 8-17　74LS245 和单片机连接电路

（2）并行输出口扩展

74LS377 是带有输出允许控制的 8D 触发器，其引脚图和功能表如图 8-18 所示。CLK 为时钟脉冲输入端，上升沿触发，8D 共用；$\overline{OE}$ 为输出允许端，低电平有效。输入端 D 的数据进入输出端的条件除了 CLK 端为脉冲上升沿以外，必须使输出允许端为低电平。

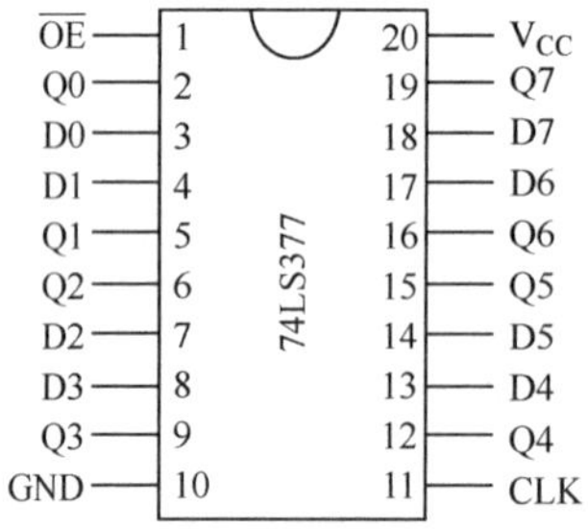

引脚图		功能表			
		输入			输出
		$\overline{OE}$	CLK	D	Q
		1	×	×	不变
		0	⤒	0	0
				1	1
		×	0	×	不变

a) 引脚图　　　　　　　b) 功能表

图 8-18　74LS377 引脚图和功能表

图 8-19 是 74LS377 和单片机连接的典型应用电路。单片机的写信号 $\overline{WR}$ 与地址线 P2.5 分别与 74LS377 的 CLK 端和 $\overline{OE}$ 相连。P2.5 决定了 74LS377 扩展口的地址为 DFFFH。输出数据的操作指令如下：

```
MOV    DPTR, #0DFFFH
MOVX   @DPTR, A          ; A 中为要输出的数据
```

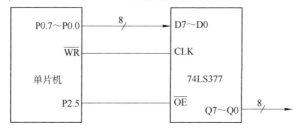

图 8-19　74LS377 和单片机连接电路

适宜作为扩展并行输出口的芯片还有 74LS273、74LS373 等 8D 锁存器。

2. 可编程并行 I/O 扩展接口 8255A

8255A 是一种通用可编程并行接口芯片，它有三个并行 I/O 口，又可通过编程设置多种

工作方式，使用方便，在单片机中小系统中有着广泛的应用。

8255A 的引脚图和逻辑框图如图 8-20 所示。

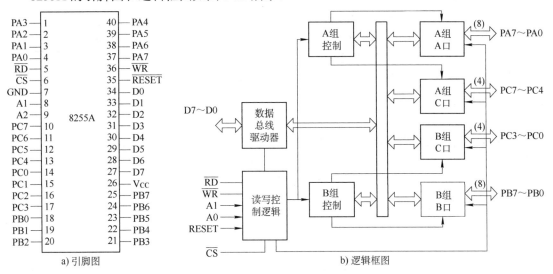

图 8-20　8255A 引脚图和逻辑框图

引脚定义如下：

D0～D7：传送单片机与 8255 之间的数据、控制字和状态字。

PA0～PA7，PB0～PB7，PC0～PC7：传送 8255 与外设之间的数据和联络信息，PC0～PC7 可用作数据线或联络线。

$\overline{CS}$：片选线。

A1、A0：口选线，寻址 PA、PB、PC 数据口和控制口。

$\overline{RD}$、$\overline{WR}$：控制计算机与 8255 之间的信息传送和流向。

RESET：高电平复位，使内部寄存器全部清零。

逻辑结构如下：

（1）数据总线驱动器

双向三态 8 位驱动器，是 8255A 和系统总线连接的通道，以实现单片机与 8255A 芯片的数据传送。

（2）并行 I/O 端口，A 口、B 口和 C 口

功能由编程决定，每个口有各自的特定。

A 口：具有一个 8 位数据输出锁存/缓冲器和一个 8 位数据输入锁存器，可编程为 8 位输入输出或双向寄存器。

B 口：具有一个 8 位数据输出锁存/缓冲器和一个 8 位数据输入缓冲器（不锁存），可编程作为 8 位输入或输出寄存器，但不能双向输入输出。

C 口：具有一个 8 位数据输出锁存/缓冲器和一个 8 位数据输入缓冲器（不锁存）。可分为两个 4 位口使用。C 口除作输入、输出口使用外，还可以作为 A 口、B 口选通方式操作时的状态控制信号。

（3）读/写控制逻辑

CS：8255A 的片选引脚端。

151

$\overline{RD}$：读控制端，当$\overline{RD}$=0时，允许单片机从8255A读取数据或状态字。

$\overline{WR}$：写控制端，当$\overline{WR}$=0时，允许单片机将数据或控制字写入8255A；

A1、A0：口地址选择。通过A1、A0可选中8255A的四个寄存器。口地址选择见表8-2。

RESET：复位控制端。当RESET=1时，8255复位。复位后控制寄存器被清除，所有接口（A、B、C）被置入输入方式。

（4）A组B组控制块

每个控制块接收来自读/写控制逻辑的命令和内部数据总线的控制字，并向对应口发出适当的命令。

A组控制块控制A口及C口的高4位。

B组控制块控制B口及C口的低4位。

表8-3列出了CPU对8255A端口的寻址和操作控制。

表8-2　口地址选择

A1～A0	寄存器
0　0	寄存器A（A口）
0　1	寄存器B（B口）
1　0	寄存器C（C口）
1　1	控制寄存器（控制口）

表8-3　CPU对8255A端口的寻址和操作控制

$\overline{CS}$	$\overline{RD}$	$\overline{WR}$	A1 A0	操　作
0	1	0	00	D0～D7→PA口
0	1	0	01	D0～D7→PB口
0	1	0	10	D0～D7→PC口
0	1	0	11	D0～D7→控制口
0	0	1	00	PA口→D0～D7
0	0	1	01	PB口→D0～D7
0	0	1	10	PC口→D0～D7
1	×	×	××	D0～D7呈高阻
0	1	1	××	D0～D7呈高阻
0	0	0	××	非法操作
0	0	1	11	非法操作

CPU向控制寄存器输出控制字，决定8255A的工作方式。控制字分为两种：当D7=1时，是8255A操作方式控制字；当D7=0时，则是对端口C置1/置0控制字。控制字必须送入控制寄存器（控制口）。8255A的控制字格式如图8-21所示。

8255A有方式0、方式1、方式2三种操作方式。

（1）方式0

方式0输出具有锁存功能，输入没有锁存，也称为基本I/O方式。PA、PB、PC可分别被定义为方式0输入或方式0输出，适用于无条件传输数据的设备，如读一组开关状态、控制一组指示灯，不使用应答信号，CPU可以随时读出开关状态，随时把一组数据送指示灯显示。

（2）方式1

方式1又称为应答I/O方式，有选通输入和选通输出两种。A口和B口皆可独立地设置成这种工作方式，在方式1下，A口和B口通常用于传送和它们相连外设的I/O数据，C口用作A口和B口的握手联络线，以实现查询或中断方式传送I/O数据。

152

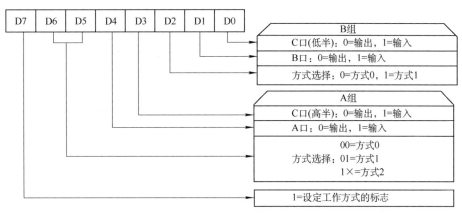

a) 操作方式控制字

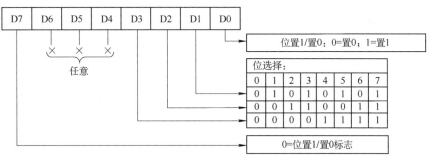

b) 端口C置1/置0控制字

图 8-21　8255A 控制字格式

1）方式 1 输入。PA、PB 口方式 1 输入时 8255A 的逻辑结构如图 8-22 所示。

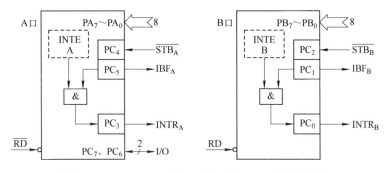

图 8-22　PA、PB 口方式 1 输入时 8255A 的逻辑结构

$\overline{STB}$：设备的选通信号输入线，低电平有效，通常是外设给 8255A 的信号，表示外设给 8255 的数据已准备好。

IBF：端口锁存器满标志输出线，高电平有效。IBF 和设备相连。

INTR：中断请求信号线，高电平有效。当 $\overline{STB}$、IBF、INTE 都为"1"时，INTR 就置"1"。

INTE：8255A 端口内部的中断允许触发器。"1"表示中断允许（人工设置）。

2）方式 1 输出。PA、PB 口方式 1 输出时 8255A 的逻辑结构如图 8-23 所示。

$\overline{OBF}$：输出锁存器满状态标志输出线，表示 CPU 已将数据输出到此端口。

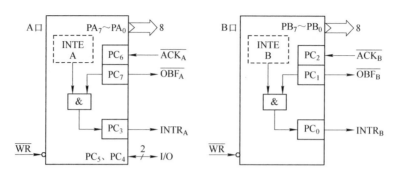

图 8-23　PA、PB 口方式 1 输出时 8255A 的逻辑结构

$\overline{ACK}$：设备响应信号输入线，表示外设已取走数据。

INTR：中断请求信号输出线，高电平有效。当 $\overline{OBF}$、$\overline{ACK}$ 和 INTE 都为"1"时，INTR 被置"1"，发出中断请求。

（3）方式 2

方式 2 又称为双向选通 I/O 方式,仅对 PA 口有意义。方式 2 使 PA 口成为 8 位双向三态数据总线口,既可发送数据又可接收数据。PA 口工作在方式 2 时,PB 口仍可作方式 0 和方式 1 I/O 口,PC 口高 5 位作状态控制线。图 8-24 为 PA 口方式 2 的逻辑结构。

【例 8-1】　如图 8-25 所示,在 8255 的 PA 端接有 8 个按键,PB 端口接有 8 个发光二极管,编写程序实现按下某一按键,相应发光二极管发光的功能。

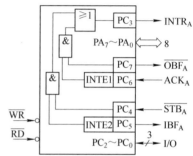

图 8-24　PA 口方式 2 逻辑结构

154

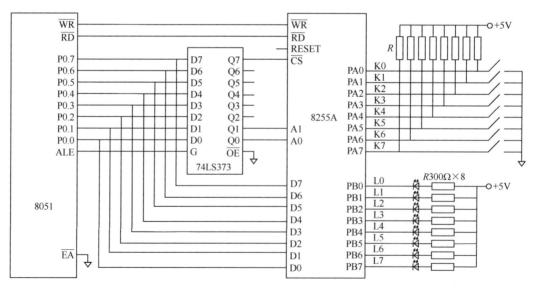

图 8-25　8255A 口的 8 个键控制 B 口的 8 盏灯

解:由图可知,P0.7=0 选中 8255,当 A1 A0（P0.1 P0.0）为 00、01 对应 PA 口和 PB 口,当 A1 A0 为 11 时对应控制口,其余地址写 1。这样 A 口、B 口、控制口地址分别为 xx7CH、xx7DH、xx7FH。设定 PA 口方式 0 输入,B 口方式 0 输出,控制字 10010000B=90H。

汇编程序如下：

```
        MOV     R0, #7FH        ; 指向 8255 的控制端口
        MOV     A, #90H         ; 控制字：PA 端口输入，PB 端口输出
        MOVX    @R0, A          ; 向控制端口写控制字
LOOP:   MOV     R0, #7CH        ; 指向 8255 的 PA 端口
        MOVX    A, @R0          ; 取开关信息
        INC     R0              ; 指向 8255 的 PB 端口
        MOVX    @R0, A          ; 驱动 LED 发光
        SJMP    LOOP
```

C 语言程序如下：

```c
#include   "reg51.h"
#include   "absacc.h"
#define uchar unsigned char
uchar   i;
void main(void)
{
    i=0x90;
    PBYTE[0x7F]=i;
    i=PBYTE[0x7C];
    PBYTE[0x7D]=i;
}
```

8.4.2 串行扩展 I/O

MCS-51 系列单片机的并行 I/O 接口与外部 RAM 是统一编址的，即扩展并行 I/O 接口要占用单片机的外部 RAM 的空间。若用串行的方法扩展 I/O 接口，既不占用片外的 RAM 地址，又能节省硬件开销，经济、实用。

通过单片机串行口的方式 0 用于 I/O 扩展，其前提是串行口未被占用，有一定的局限性。PCA9534 是一种低功耗具有中断输出和配置寄存器的 I^2C I/O 扩展芯片，能够实现单独的 I/O 口配置，具有大电流驱动能力。PCA9534 的内部结构及相应引脚如图 8-26 所示。

SDA：串行数据线。

SCL：串行时钟线。

A0～A2：器件可编程地址输入，在 3 个地址引脚下，同一条 I^2C 总线上可以同时挂接 8 个器件。

I/O0～I/O7：准双向 I/O 口。

INT：中断输出，用来向系统主控器指明输入端口状态的改变。

V_{DD}：电源。

V_{SS}：地。

PCA9534 地址的固定位为 0100，用于识别 I^2C 的器件类型，根据 A0～A2 的配置，在地址的低 3 位选择 I^2C 总线上的目标器件。

155

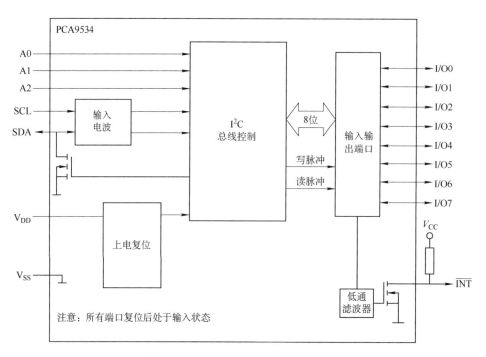

图 8-26   PCA9534 内部结构及引脚图

PCA9534 包含 1 个 8 位输入寄存器、8 位输出寄存器（用来保存输入或输出口的数据）、1 个 8 位配置寄存器（单片机通过相应的配置位选择每个 I/O 引脚是输入还是输出）和 1 个极性反转寄存器（高电平或低电平操作有效，读寄存器操作的极性根据极性反转寄存器内容而反转）。寄存器的选择和操作通过命令字节进行。PCA9534 的寄存器和命令字节见表 8-4。

表 8-4   PCA9534 寄存器和命令字节

寄存器	命令字节（HEX）	操作	默认值
输入寄存器	0x00	字节读	xxxx xxxx
输出寄存器	0x01	字节读/写	1111 1111
极性翻转寄存器	0x02	字节读/写	0000 0000
配置寄存器	0x03	字节读/写	1111 1111

PCA9534 进行总线操作，在发送完地址字节后，主控器件要发送一个命令字节，当命令字节发送后，指定的寄存器被选中，除非利用新的命令字节选择其他寄存器，否则一直对该寄存器进行操作。

（1）寄存器写操作

将地址帧的最低位置为 0，单片机发送完地址帧并且在 PCA9534 应答后，发送命令字节，在 PCA9534 应答后接着发送要写入到寄存器的数据。PCA9534 的写寄存器操作如图 8-27 所示。

（2）寄存器读操作

将地址帧的最低位置 0，单片机发送完地址帧并且在 PCA9354 应答后，发送命令字节确定要访问的寄存器。在 PCA9354 应答后，将地址帧的最低位置 1，此时单片机成为接收方，而 PCA9354 成为发送方，单片机接收 PCA9354 发出的数据，并给出应答信号。PCA9534 的读寄存器操作如图 8-28 所示。

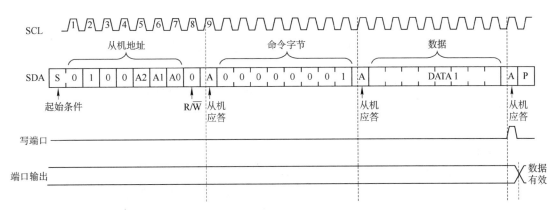

图 8-27 PCA9534 写操作

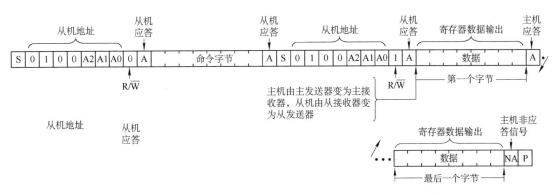

图 8-28 PCA9534 读操作

当 PCA9534 输入端口的电平状态与保存在输入寄存器相应位的状态不同时，芯片的 INT（低电平）输出变为有效，向单片机指出输入信号发生了变化。

应用 PCA9534 芯片进行串行总线 I/O 接口扩展硬件接口电路如图 8-29 所示。单片机扩展 4 位键盘输入和 4 位开关量输出信号，单片机的 P1.4 引脚与 PCA9534 的 SCL 引脚相连，P1.5 引脚与 PCA9534 的 SDA 引脚相连。

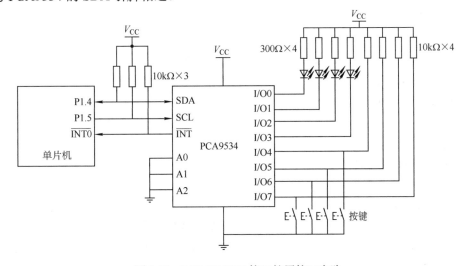

图 8-29 PCA9534 I/O 接口扩展接口电路

157

汇编程序如下：

```
        PCA9534   EQU   0x40           //定义器件从地址
        SDA       BIT   P1^4;          //模拟 I²C 数据传送位
        SCL       BIT   P1^5;          //模拟 I²C 时钟控制位
MAIN:   MOV       buff1, 0xF0;
        MOV       buff2, 0x00;
        Delay( );
        ISendStr(PCA9534, 0x03, buff1, 0x1);    //发送命令字 03,
                                                //设置 I/O7～4 为输入，I/O3～0 为输出
        IRcvStr(PCA9534, 0x00, buff2, 0x1);//从 PCA9534 数据到 buff2,读 I/O 当前状态值
        MOV       A, buff2;
        RR        A;
        RR        A;
        RR        A;
        RR        A;
        CPL       A;
        MOV       buff2, A;
        ISendStr(PCA9534, 0x01, buff2, 0x1);    //发送命令字 0x01，把数据发送出去
        SJMP      MAIN;
```

C 语言程序如下：

```c
#include "reg51.h"
#include "intrins.h"
#include "STC90.h"
#include "I2C.h"
#define uchar unsigned char
#define PCA9534 0x40
sbit SDA=P1^4;
sbit SCL=P1^5;
extern bit ISendStr(uchar sla, uchar suba, uchar *s, uchar no);
extern bit IRcvStr(uchar sla, uchar suba, uchar *s, uchar no);
void Delayms(void)
{ uchar i, j;
for (i=0; i<0xfe; i++)
{ for(j=0; j<0xff; j++);}
}
void main(void)
{ uchar buff1=0xf0;                     //配置 I/O 口的方向，高 4 位为输入口，
                                        //低 4 位为输出口
uchar buff2=0x00;
```

```
Delayms();
while(1)
{ ISendStr(PCA9534, 0x03, buff1, 0x1);        //发送命令字 03，
                                              //设置 I/O7～4 为输入，I/O3～0 为输出

  IRcvStr(PCA9534, 0x00, buff2, 0x1);          //从 PCA9534 数据到 buff2，读 I/O 当前状态值

  buff2=～(buff2<<4);
  ISendStr(PCA9534, 0x01, buff2, 0x1);         //发送命令字 0x01，把数据发送出去
}
}
```

本章小结

本章首先阐述了单片机系统并行扩展和串行扩展的一般方法。单片机并行扩展实质上就是系统与扩展芯片的三总线对接，对多芯片的扩展主要有线选法、全地址译码方法和部分地址译码方法三种片选方法。单片机串行扩展介绍了时下常用的三种总线：单总线、I^{2}C 总线和 SPI，各总线有不同的特性，各有优缺，应用设计时可根据需求选择基于各总线对应功能的芯片。然后对存储器和 I/O 接口的并行和串行扩展分别进行了详细讲解，力求通过学习能够掌握存储器和 I/O 接口串并行扩展的实际应用方法，掌握典型的存储器和 I/O 接口扩展芯片的使用。

思考题与习题

8-1　在单片机外部并行扩展中 P0 和 P2 口的作用是什么？

8-2　在单片机外部并行扩展中，为什么 P0 口要接锁存器，而 P2 口却不用接？

8-3　容量 8K×8 位的存储器各有多少条数据线和地址线？

8-4　单片机并行扩展存储器和 I/O 口的选址方法有哪些？

8-5　单总线的操作原理是什么？

8-6　单片机如何对 I^{2}C 总线中的器件进行寻址？

8-7　I^{2}C 总线在数据传送时，应答时如何进行的？

8-8　SPI 的通信方式时同步还是异步？

8-9　SPI 上挂有多个 SPI 从器件时，如何选中某一个 SPI 从器件？

8-10　I/O 接口的功能是什么？I/O 端口和 I/O 接口有什么区别？

8-11　常用的 I/O 端口编址有哪些？各自有什么特点？MCS-51 系列单片机的 I/O 端口编址采用哪种方式？

8-12　编写程序，采用 8255A 的 C 口按位置位/复位控制字，将 PC7 置 0，PC4 置 1（已知 8255A 各端口地址为 7FFCH～7FFFH）。

第 9 章 51 系列单片机接口技术

9.1 键盘接口技术

键盘作为人机交互时的输入设备，通过其可以实现参数、命令等有关信息的输入要求。按照编码方式分类，键盘可分为编码键盘和非编码键盘。如计算机键盘就是标准的编码键盘。而单片机应用系统，由于键的数量要求有限，且功能要求也不统一，往往采用是非编码键盘，如银行柜员机键盘。本节以非编码键盘为代表，分析、介绍单片机应用系统中键盘的一般接口技术。

9.1.1 键盘工作原理

单片机应用系统设计的键盘，经常采用的是触点式开关按键。根据其内部结构，一般由两个具有弹性的金属触点（引脚）组成，在外力作用下，实现接触（通）或不接触（断）；一旦外力撤销，触点恢复原位。现在广泛采用的由导电硅胶制作的键盘，原理也与之相似。

由上述触点式开关按键构成的键盘系统，键盘设计要解决两个重要问题：

1）按键的"按下"与"释放"，是表示两种状态、是非电信号，所以要通过转换电路，转换成高、低电平信号，才能由 CPU 进行识别，判断出"通"与"断"状态。

2）由于机械触点特性、弹性和人工操作键盘动作时间等因素，表现出信号不可能一瞬间完成，有一个高、低电平的变化过程，即抖动过程，完整的按键动作过程信号变化示意图如图 9-1 所示。

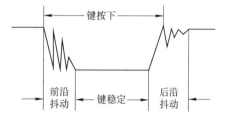

图 9-1 按键动作过程示意图

抖动过程数据不确定，尽管变化过程时间只持续几毫秒，人为感觉很短暂，但对单片机而言，CPU 是以微秒级速度工作，能完整地捕捉到整个变化过程的数据。对键盘系统，只有键盘进入稳定状态，才是系统希望的有效键盘数据，抖动过程的数据为无效时刻数据。所以，如何消去抖动，是设计键盘接口要考虑的因素。

实际应用中，消抖方法有硬件消抖和软件消抖两种，其中硬件消抖可采用阻容吸收方案。但单片机系统中，为了降低硬件成本，往往采用软件消抖方法，即当发现按键按下时，延时一定时间（一般为 10～20ms）后，再次检测，这时若检测到有键按下，就是有效的按键数据，因为抖动时刻已经"过去"，否则认为是干扰、无效数据。控制流程图如图 9-2 所示。

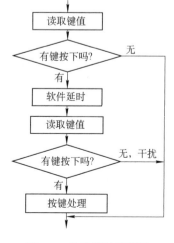

图 9-2 软件消抖流程图

按键进入"稳定"状态所得到的键值，就是有效的键盘数据，至于键是"按下"就实现此按键的功能，还是等键"释放"后，再实现按键功能；或者是键"初次"按下，去"单次"实现该键功能，还是按下一定时间后（即连续按住、未释放），去"连续"实现有关功能，用户可以根据程序复杂程序、系统功能需求等因素进行考虑。

单片机应用系统常用的接口方案，主要有独立式键盘和矩阵式键盘。

9.1.2　独立式键盘接口技术

独立式键盘也称线性键盘，具有简单、应用方便等优点，一般应用于键数量较少场合，其接口电路如图 9-3 所示。

图中，按键 S1、S2 和 S3 一端接地，另一端分别接 CPU 的 P1.0、P1.1 和 P1.2，10kΩ电阻起上拉作用。根据原理图，CPU 读取 P1 端口数据，若按键未按下时，由于上拉电阻作用，相应引脚为高电平；若某按键按下，则相应引脚为低电平。

所以，独立式键盘识别程序特点：直接读取键盘接口，判断电平低与高，就知按键处于按下与未按下（或释放）状态，且键与键之间互不影响，识别程序简单。

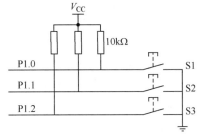

图 9-3　独立式键盘接口电路

【例 9-1】　按照图 9-3 所示原理，编写读取键值函数，流程图如图 9-4 所示。

函数功能：若返回 0，则表示无键按下；非 0，则表示有键按下，且是相应按键的键值。

具体 C51 函数程序清单如下：

```
unsigned char   Keyin(void)
{ unsigned char temp;
    P1=0x07;                    //置输入状态
    _nop_();
    temp=P1;                    //读取 P1 口数据
    temp=(～temp)&0x07;         //数据处理
    return(temp);               //返回键值
}
```

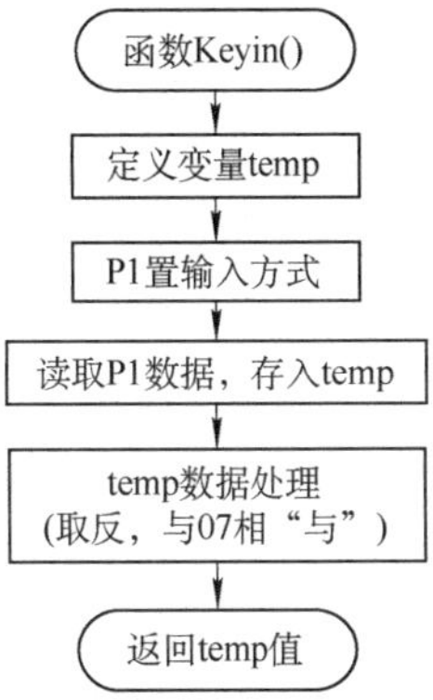

对应的汇编语言子程序如下：

```
Keyin:   MOV    P1, #07H
         NOP
         MOV    A, P1
         CPL    A
         ANL    A, #07H
         MOV    R7, A      ; R7 中存储相应键值
         RET
```

图 9-4　独立式键盘读键值流程图

实际应用中，调用该函数时，若是 0 表明是无键按下或键已释放。当非 0 时，要考虑软件消抖，只有经过消抖处理，得到的数据才认为是有效的键值数据（键码）。具体处理流程图可参考图 9-5，具体 C51 函数程序清单如例 9-2 所示。

【例 9-2】 键盘处理函数。

```c
void Keypro(void)
  { unsigned char temp;
    temp=Keyin();                //读取键值
    if(temp != 0)                //判断是否有键按下
    { Delay(Const_10ms);         //延时消抖
        temp=Keyin();            //再次读键值
        if(temp != 0)            //是否可靠按下
        {   Key_Value=temp;      //保存键值
            Flag_Key_off=0;}     //清释放标志
        else
        {   Key_Value=0;         //无效键值
            Flag_Key_off=1;}     }
    else
      { Flag_Key_off=1;}         //置位释放标志
  }
```

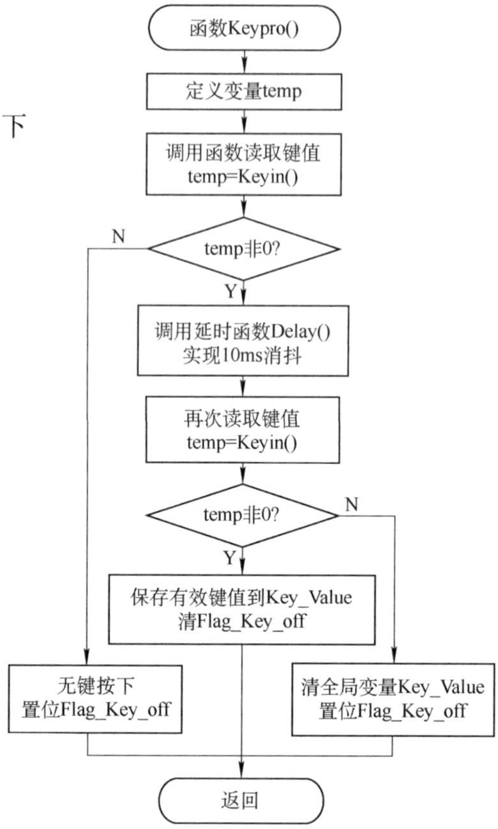

函数功能说明：

标志位 Flag_Key_off=0 表示有键按下，且全局变量 Key_Value 保存经过消抖后的有效键值数据。

Flag_Key_off=1 表示无键按下，或键已经释放（Key_Value 仍保留有效键值数据，除非是干扰信号才会清 Key_Value 值）。

对应的汇编语言子程序清单如下：

Key_Value	EQU	30H	；单元地址：存放"键值"数据
Flag_Key_off	EQU	01H	；位地址：存放"释放/按下"标志
Keypro:	ACALL	Keyin	；调用读键值子程序
	MOV	A, R7	
	JZ	Keypro1	
	ACALL	Delay10ms;	；延时 10ms
	ACALL	Keyin	
	MOV	A, R7	
	JZ	Keypro2	
	MOV	Key_Value, A	；保存键值
	CLR	Flag_Key_off	
	SJMP	Keypro0	
Keypro2:	MOV	Key_Value, #00H	
Keypro1:	SETB	Flag_Key_off	
Keypro0:	RET		

图 9-5　键盘处理程序

162

在主程序中，可以根据 Flag_Key_off 标志位，进行按键"按下"与"释放"判断。按键功能可以根据 Key_Value 键值进行识别（注意：功能程序执行后，要注意对 Key_Value 进行清零处理）。

独立式键盘一个按键就要占用一根 I/O 线，由于 CPU 引脚有限，所以不适合按键数量多的场合。这时，就要考虑矩阵式键盘。

9.1.3　矩阵式键盘接口技术

矩阵式键盘也叫行列式键盘，是将键盘分配成若干行、若干列，将按键两触点安排在行、列交叉点位置。如 $m \times n$ 键盘，共占用（m 行、n 列）根 I/O 线，但能实现（$m \times n$）个按键，大大节省了 I/O 线（其缺点是控制程序要比独立式键盘程序复杂）。

在实际应用中，为提高 CPU 的工作效率，一般先快速检查键盘中有无键按下，如有键按下，再具体识别是哪一个键按下。同样，若有键按下，也需要进行软件消抖处理。识别矩阵式键盘闭合键的方法常有两种，即行列反转法与逐行扫描法。图 9-6 为 4×4 矩阵式键盘的接口原理图。

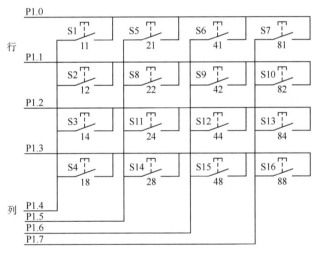

图 9-6　4×4 矩阵式键盘的接口原理图

1．行列反转法

行列反转法也称两步扫描法。

第一步：判断在哪列。行线为输出方式，全部输出 0；列线为输入方式，读取列值。

第二步：判断在哪行。列线为输出方式，全部输出 0；行线为输入方式，读取行值；即相当于第一步的行、列方式反转。当然，有些方案中，将第一步读取的数据，作为第二步的输出数据，这对结果不影响。

分两步读得的数据，就是键所在的列码（列值）和行码（行值），为了便于后续程序的处理，经常将列值和行值合并成一个字节。根据图 9-6 所示原理图，行列反转法识别键值流程图如图 9-7 所示，编写的 C51 函数程序清单如例 9-3 所示。

【例 9-3】　行列反转法函数。

```
#define Key_port        P1
unsigned char    Keyin(void)
```

```
{ unsigned char Row, Col;
    Key_port=0xf0; _nop_();        //第一步：行输出、列输入
    Col=(~Key_port)&0xf0;          //读取列值
    Key_port=0x0f; _nop_();        //第二步：列输出、行输入
    Row=(~Key_port)&0x0f;          //读取行值
    return(Col+ Row);              //键值=行值+列值
}
```

函数功能说明：从 P1 端口读取 4×4 键盘的键值，若返回 0：无键按下；非 0：相应键值（图 9-6 所示 11～88 十六进制数据，注：图上未标注 H）。

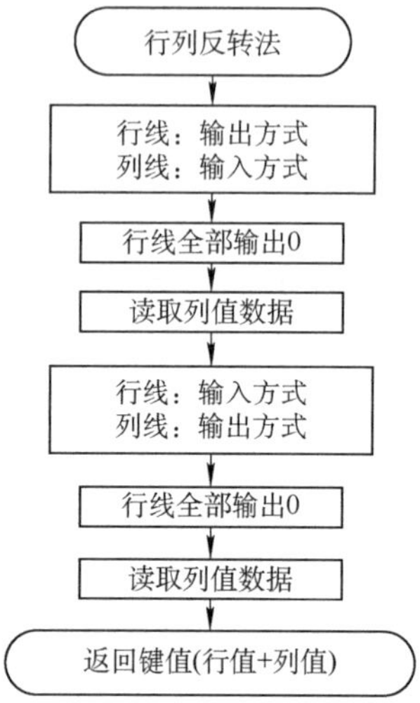

对应汇编语言子程序清单如下：

```
Key_port        EQU        P1
Keyin:
        MOV        Key_port, #0F0H
        NOP
        MOV        A, Key_port
        CPL        A
        ANL        A, #0F0H
        MOV        R7, A
        MOV        Key_port, #0FH
        NOP
        MOV        A, Key_port
        CPL        A
        ANL        A, #0FH
        ADD        A, R7
        MOV        R7, A             ; R7 存储键值
        RET
```

图 9-7　行列反转法识别键值流程图

2. 逐行扫描法

行列反转法在识别时，要求端口方向可以改变，而逐行扫描法的端口方向不用改变，其识别原理是：先通过行端口第 0 行输出低电平，其余行为高电平，然后从列端口读入列线状态，检查是否有列线为低电平。如果有某条列线变为低电平，则表示第 0 行和此列线相交的位置上的键被按下；如果没有任何一条列线为低电平，则说明第 0 行上没有键被按下。然后，向下一行端口输出数据，使该行为低电平，检测列线，如此往下逐行扫描，直到最后一行。在扫描过程中，当发现某一行有键闭合时，用此时从行端口输出的值和从列端口读入的值合成键值。根据图 9-6 所示原理图，逐行扫描法识别键值流程图如图 9-8 所示，C51 程序清单如例 9-4 所示。

【例 9-4】 逐行扫描法函数。

```
unsigned char    Keyin2(void)
{     unsigned char Line, Row, Col;
```

```
Line=4, Row=1, Col=0;
for( ; Line!=0; Line--)
{    Key_port=~Row; _nop_();    //输出行值
     Col=(~Key_port)&0xf0;      //读取列值
     if(Col !=0)    return (Row+Col);
     Row <<=1;    }//左移一位，判断下一行
return(0);    }
```

汇编语言子程序清单如下：

```
Key_port    EQU     P1
Keyin2:     MOV     R7, #4          ; Line
            MOV     R6, #1          ; Row 数据
Keyin2_1:   MOV     A, R6
            CPL     A
            MOV     Key_port, A     ; 行值输出
            NOP
            MOV     A, Key_port     ; 列值输入
            CPL     A
            ANL     A, #0F0H
            JNZ     Keyin2_2
            MOV     A, R6           ; 左移一位，扫描下一行
            RL      A
            MOV     R6, A
            DJNZ    R7, Keyin2_1    ; 所有行扫描完毕吗？
            MOV     R7, #0
            RET
Keyin2_2:   ADD     A, R6
            MOV     R7, A           ; R7 存储键值
            RET
```

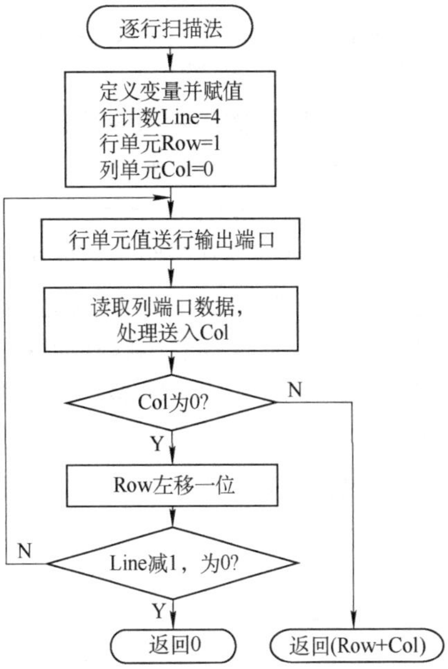

图 9-8　逐行扫描法识别键值流程图

9.2　LED 显示器接口技术

LED 是发光二极管的英文缩写，但由于构成数码管材料与发光二极管相似，所以数码管也经常用 LED 表示。由于数码管在尺寸、颜色、亮度和使用灵活性等方面具有很大优势，因此它在单片机应用中得到广泛应用。

9.2.1　LED 显示器的结构与原理

根据数码管组成结构，通常数码管是由 7 个 LED 发光管组成 8 字形而构成的，所以又称为 7 段数码管；若加上小数点就是 8 个 LED，也称 8 段数码管。为了便于描述，通常用 a、b、c、d、e、f、g、dp 来表示相应笔画，如图 9-9a 所示。

为了减少输出引脚数量,制造时将发光管内部相连,作为一公共端输出,所以根据内部连接方式,数码管可分为共阳极数码管和共阴极数码管,其数码管引脚排列及内部结构如图 9-9 所示。

共阳极数码管在应用时,将公共极 COM 接到+5V,当某一阴极为低电平时,则相应字段(笔画)就点亮,反之为高电平时,相应字段就不亮。共阴极数码管控制刚好相反,应用时将公共极 COM 接到地线 GND 上,当某一阳极为高电平时,

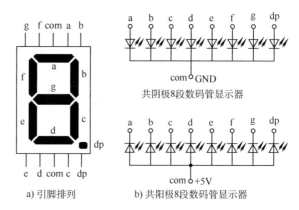

a) 引脚排列   b) 共阳极8段数码管显示器

图 9-9   数码管引脚排列及内部结构

相应字段就点亮,反之则不亮。控制共阳极数码管(或共阴极数码管)字段的数据,称为字形码(或段码),见表 9-1。

表 9-1   字形码表

显示字符	字形码		显示字符	字形码	
	共阳极	共阴极		共阳极	共阴极
0	0xC0	0x3F	9	0x90	0x6F
1	0xF9	0x06	A	0x88	0x77
2	0xA4	0x5B	B	0x83	0x7C
3	0xB0	0x4F	C	0xC6	0x39
4	0x99	0x66	D	0xA1	0x5E
5	0x92	0x6D	E	0x86	0x79
6	0x82	0x7D	F	0x8E	0x71
7	0xF8	0x07	灭	0xFF	0x00
8	0x80	0x7F	其他		

除了显示表 9-1 对应的字符外,用户还实现诸如 P、H、L 等符号,丰富显示效果。若要显示带小数点字符,只要再增加小数点位控制。

发光管只有流过适当电流(注:电流太小则亮度不够,太大则易缩短器件使用寿命或烧毁),才能点亮,所以数码管要正常显示,就要用驱动电路来驱动数码管的各个段。根据数码管的驱动方式的不同,按其工作方式可以分为静态显示和动态显示两类。

【说明】后面为了仅仅说明原理,省略限流电阻,或省略驱动器件,目的使画面更简洁、原理更明了。但读者在实际应用中,这些因素不能省略,否则无法达到相应显示效果。

9.2.2   静态显示接口技术

静态显示(驱动)也称直流驱动。设计时,将数码管的公共端 COM 强制有效(接电源 V_{CC} 或地 GND),段端(或笔画端)通过具有锁存功能的并行端口来控制,如单片机的并行口、74HC573、74HC164、8255 等。只要控制端数据不变,数码管一直保持字符的显示。所以,静态驱动的优点是编程简单,显示亮度高。

【例 9-5】   利用 P0 控制一共阴极数码管,实现字符从 0~F 的循环显示,见图 9-10。

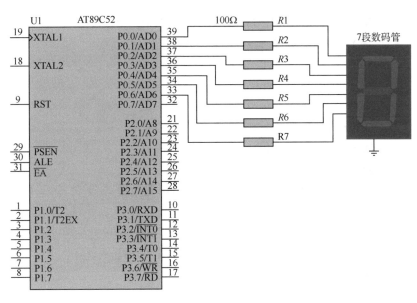

图 9-10　数字 0～F 的循环显示

图 9-10 中，Proteus 数码管模型 7SEG-DIGITAL 为共阴极数码管。注：最小系统连接省略。

程序分析：将共阴极数码管的 0～F 字形码数据送 P0 端口，即能控制效果，时间间隔可用软件延时、定时器中断延时等方案，具体 C51 程序清单如下所示。图 9-11 为显示流程图。

```c
#include <reg52.h>
#define LED_port    P0
unsigned char LED_buffer;
unsigned char code   Digital[16]={
  0x3f, 0x06, 0x5b, 0x4f, 0x66, 0x6d, 0x7d, 0x07,
  0x7f, 0x6f, 0x77, 0x7c, 0x39, 0x5e, 0x79, 0x71};
void Delay(unsigned int i)   //延时函数
  { for( ; i!=0; i--); }
void main(void)
{ LED_buffer=0;              //LED 显示数据
  while(1)
    {   LED_port=Digital[LED_buffer];
        Delay(50000);        //延时，控制显示速度
        LED_buffer++; LED_buffer&=0x0f;
    }   }
```

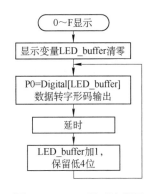

图 9-11　0～F 显示流程图

汇编语言程序清单如下：

```
LED_port     EQU     P0
LED_buffer   EQU     30H
             ORG     0000H
             LJMP    MAIN
Digital:     DB      3FH, 06H, 5BH, 4FH, 66H, 6DH, 7DH, 07H
```

167

```
          DB        7FH, 6FH, 77H, 7CH, 39H, 5EH, 79H, 71H
Delay:    MOV       R6, #200           ; 延时子程序
Del_1:    MOV       R7, #250
Del_2:    NOP
          NOP
          DJNZ      R7, Del_2
          DJNZ      R6, Del_1
          RET
MAIN:     MOV       LED_buffer, #0     ; 显示单元数据
Loop:     MOV       A, LED_buffer
          MOV       DPTR, #Digital
          MOVC      A, @A+DPTR         ; 查表得字形码
          MOV       LED_port, A
          ACALL     Delay
          INC       LED_buffer
          ANL       LED_buffer, #0FH
          SJMP      Loop
```

【例 9-6】 利用 P0、P2 控制 2 只数码管实现静态方式显示，设置 3 个独立式按键：S1 作为选择键，分别选择 P0 和 P2 数据变化；S2 作为加 1 键，S3 作为减 1 键，每按一下键，实现使 P0 或 P2 数据加/减 1。原理图如图 9-12 所示，流程图见图 9-13。

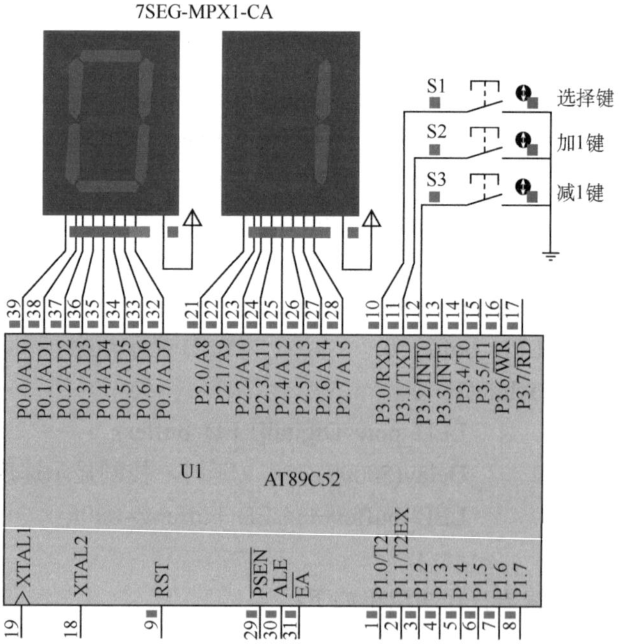

原理图说明： 7SEG-MPX1-CA 为 Proteus 中共阳极数码管的器件模型（注意：原理图中数码管未考虑限流因素、最小系统未画出）。

程序分析： 独立式按键消抖、识别键值可参考 9.1.2 节的相关内容，静态显示控制可参考上述例子，具体 C51 控制程序清单如下所示。

图 9-12　加/减 1 原理图

```
#include <reg52.h>
#include <intrins.h>
#define Key_select    0x1
#define Key_add       0x2
#define Key_dec       0x4
#define Const_10ms    1000
#define Key_port      P3
#define Key_mask      0x07
unsigned char code Display[]={0xc0, 0xf9, 0xa4, 0xb0, 0x99, 0x92, 0x82, 0xf8,
                0x80, 0x90, 0x88, 0x83, 0xc6, 0xa1, 0x86, 0x8e};
```

```
unsigned char      Key_Value;
unsigned char      Point;
unsigned char      Data_buffer[2]={0, 1};
bit   Flag_Key_off;
void Delay(unsigned int i)
  { for( ; i!=0; i--); }
unsigned char     Keyin(void);
{ unsigned char temp;
  Key_port=Key_mask;
  _nop_();
  temp=Key_port;
  temp=(~temp)&Key_mask;
  return(temp);      }
void Keypro(void);         //见例 9-2
void main(void)
{while(1)
  {Keypro();              //按键处理程序
   if(Flag_Key_off)
   { Flag_Key_off=0;   //键释放，据键值
                       //执行相应功能
    switch(Key_Value)
     { case Key_select:              //选择键功能
          Point++; Point&=1;
          Key_Value=0; break;
       case Key_add:              //加 1 键功能
          ++Data_buffer[Point];
          Key_Value=0; break;
       case Key_dec:              //减 1 键功能
          --Data_buffer[Point];
          Key_Value=0; break;
       default:Key_Value=0;
          break;
      }        }
     P0=Display[Data_buffer[0]&0x0f]; //显示输出
     P2=Display[Data_buffer[1]&0x0f];
  }}
```

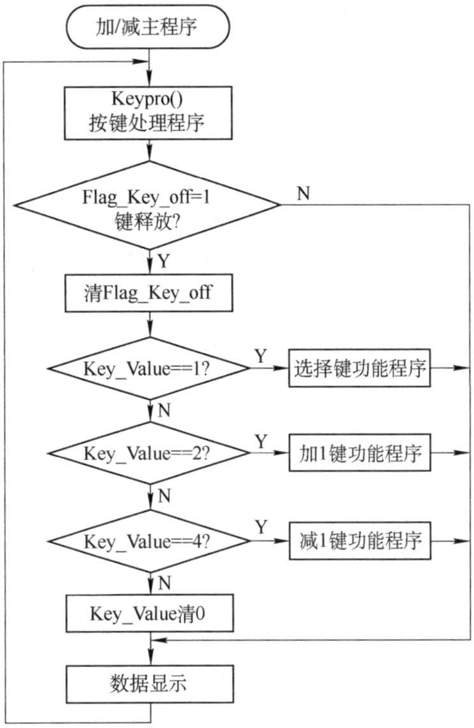

图 9-13　加/减 1 主程序流程图

汇编语言子程序清单如下：

```
Data_buffer      EQU      30H
Key_Value        EQU      32H;
```

```
Flag_Key_off    EQU     01H;
Key_port        EQU     P3
    ORG         0000H
    LJMP        MAIN
Display:        DB      0xc0, 0xf9, 0xa4, 0xb0, 0x99, 0x92, 0x82, 0xf8
                DB      0x80, 0x90, 0x88, 0x83, 0xc6, 0xa1, 0x86, 0x8e
Delay10ms:      MOV     R6, #10;
Del_1:          MOV     R7, #250
Del_2:          NOP
                NOP
                DJNZ    R7, Del_2
                DJNZ    R6, Del_1
                RET
```

说明：在 Proteus 中按键软件消抖延时时间可以缩小，因为虚拟模型中无抖动现象。

```
Keyin:          MOV     Key_port, #07H
                NOP
                MOV     A, Key_port
                CPL     A
                ANL     A, #07H
                MOV     R7, A
                RET
MAIN:           MOV     R0, #Data_buffer      ; R0 指向单元地址 30H 或 31H
                MOV     Data_buffer, #0       ; 显示数据单元清零
                MOV     Data_buffer+1, #0
Loop1:          ACALL   Keypro                ; 略，参见例 9-2 汇编程序
                JNB     Flag_Key_off, Loop0
                CLR     Flag_Key_off
                MOV     A, Key_Value          ; 根据键值实现各按键对应的功能
                CJNE    A, #1, Loop2
                MOV     A, R0
                XRL     A, #1
                MOV     R0, A
                SJMP    Loop4
Loop2:          CJNE    A, #2, Loop3
                INC     @R0
                SJMP    Loop4
Loop3:          CJNE    A, #4, Loop4
                DEC     @R0
Loop4:          MOV     Key_Value, #0
```

```
Loop0:          MOV     R1, #Data_buffer      ; 显示单元数据转换成字形码进行显示
                MOV     A, @R1
                ANL     A, #0FH
                MOV     DPTR, #Display
                MOVC    A, @A+DPTR
                MOV     P0, A
                INC     R1
                MOV     A, @R1
                ANL     A, #0FH
                MOV     DPTR, #Display
                MOVC    A, @A+DPTR
                MOV     P2, A
                SJMP    Loop1
```

　　静态显示由于一个数码管就要占用一个 8 位并口器件，当系统中数码管数量要求多时，就要占用大量的 I/O 端口，这增加了硬件电路的复杂性和设计成本。

9.2.3　动态显示接口技术

　　动态显示（或驱动）是将所有数码管的同名笔画端连在一起，相应控制端被称为"段控"，即所有数码管到得到相同的字形码数据。每个数码管的公共端COM由各自独立的I/O线控制，其控制端被称为"位控"，保证每一时刻仅使其中一个数码管点亮，其他均不亮。

　　通过分时、轮流控制各个数码管的 COM 端，使数码管轮流受控显示，并且不断循环控制，这就是动态显示（或驱动）。尽管实际上各位数码管并非同时点亮，但由于人的视觉暂留现象及发光二极管的余晖效应，恰当控制扫描的速度（典型时间为 1～2ms），给人的视觉印象就是一组稳定的显示数据。

　　动态显示能够节省大量的 I/O 线，设计时，可以将单个数码管通过外部连线，构成多位显示数码管系统，如图 9-14 所示连线方案。此方案虽然硬件连线、焊接等相对较麻烦，但若某个数码管损坏时，维修成本相对较低。当然，若选用图 9-15 中所示的多位一体数码管组（注：制造商已经内部将同名笔画端相连引出），其好处是连线简单、使用方便。

　　【例 9-7】　图 9-14 为由 4 个数码管利用动态方式驱动的原理图，根据此原理图编写相应驱动程序。

　　原理图说明：图中数码管假设为共阳极数码管，其中 P1.3～P1.0 实现数码管"位控"，P0 实现数码管"段控"（图中未考虑驱动电流）。

　　4 个数码管显示内容假设为数组变量 LED_buffer[]中的数据（数据大小为 0x00～0x0f）。其控制程序流程图如图 9-15 所示。

　　函数功能：Display[]为字形码数组、LED_buffer[]为显示内容。

　　程序实现：将 LED_buffer[]内容转换成字形码，送 P0。P1 从右向左，依次点亮数码管，每位显示约为 2ms。具体程序清单如下所示：

```
unsigned char code Display[]={0xc0, 0xf9, 0xa4, 0xb0, 0x99, 0x92, 0x82, 0xf8,
                              0x80, 0x90, 0x88, 0x83, 0xc6, 0xa1, 0x86, 0x8e};
```

171

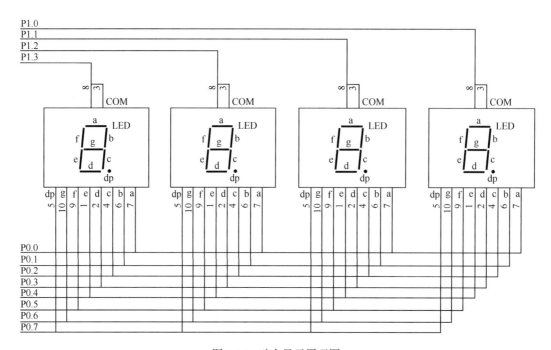

图 9-14 动态显示原理图

```
void Disp_pro(void)
{ unsigned char Line_out, i;
    Line_out=1;
    for(i=0; i<4; i++)
    {   P0=Display[ LED_buffer[i] ];      //字形码输出
        P1=(Line_out);                    //位控制
        Delay(Const_1ms);
        Line_out <<=1;      }}
```

对应汇编语言程序清单如下：

Display:	DB	0C0H,0F9H,0A4H,0B0H,99H,92H,82H,0F8H
	DB	80H,90H,88H,83H,0C6H,0A1H,86H,8EH
LED_buffer	EQU	30H
Disp_pro:	MOV	R0, #LED_buffer	; R0 指向存储单元
	MOV	R7, #4	
	MOV	R6, #1	; Line_out
Disp_pro1:	MOV	DPTR, #Display	
	MOV	A, @R0	
	MOVC	A, @A+DPTR	; 查询
	MOV	P0, A	
	MOV	A, R6	
	MOV	P2, A	
	RL	A	

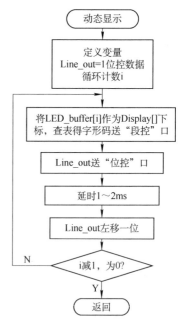

图 9-15 动态显示程序流程图

```
MOV     R6, A
ACALL   Delay1ms
INC     R0
DJNZ    R7, Disp_pro1
RET
```

【例 9-8】 计数器：利用 T0 作为计数器，对外来脉冲进行计数；利用 4 位数码管，显示所得计数值数据，见图 9-16。

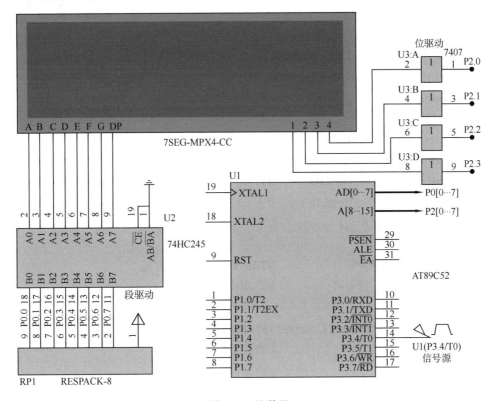

图 9-16 计数器

原理图说明： 7SEG-MPX4-CC 为四位一体共阴极数码管；74HC245 为数码管"段"数据驱动，7407 为数码管"位"数据驱动（图中驱动器件也可 PNP 或 NPN 型晶体管、ULN2803 达林顿管等，实现提供或吸收所需的"足够大"电流）。T0 用作外部计数器，Proteus 虚拟信号发生器产生 5V/10Hz 脉冲信号，作为 T0 的信号源。

程序分析： 数码管动态显示可参照上例，T0 用作计数器，实现对外部脉冲计数，计数单元 TH0、TL0 值就是数码管显示的内容，其控制流程图如图 9-17 所示，C51 程序清单如下：

```
#include <reg52.h>
#include <intrins.h>
#define Const_1ms      200
#define Led_data       P0
#define Led_line       P2
unsigned char    code    Display[]={ 0x3f, 0x06, 0x5b, 0x4f, 0x66, 0x6d, 0x7d, 0x07, 0x7f,
```

173

0x6f, 0x77, 0x7c, 0x39, 0x5e, 0x79, 0x71};

```
unsigned char    LED_buffer[4]={8, 8, 8, 8};
unsigned int      Counter;
void Delay(unsigned int i)
{ for( ; i!=0; i--); }
void Disp_pro(void)                    //动态显示函数
{ unsigned char Line_out=1, i;
   for(i=0; i<4; i++)
  { Led_line=(～Line_out);
       Led_data=Display[ LED_buffer[i] ];
       Delay(Const_1ms); Line_out <<=1;      }}
void Datapro(void)                     //数据拆分函数
{ unsigned int i;
   i=Counter;    i=i%10000;
   LED_buffer[3]=i/1000, i=i%1000;     //千
   LED_buffer[2]=i/100 , i=i%100 ;     //百
   LED_buffer[1]=i/10   , i=i%10 ;     //十
   LED_buffer[0]=i%10    ;}            //个
void main(void)
{ P3=0xff;       TMOD=5;               //T0：16 位计数器方式
 TH0=TL0=0x0;       TR0=1;             //启动计数
  while(1)
  { Counter=TH0; Counter=(Counter<<8)+TL0;
    Datapro();                         //数据拆分
    Disp_pro();                        //数据显示
  }}
```

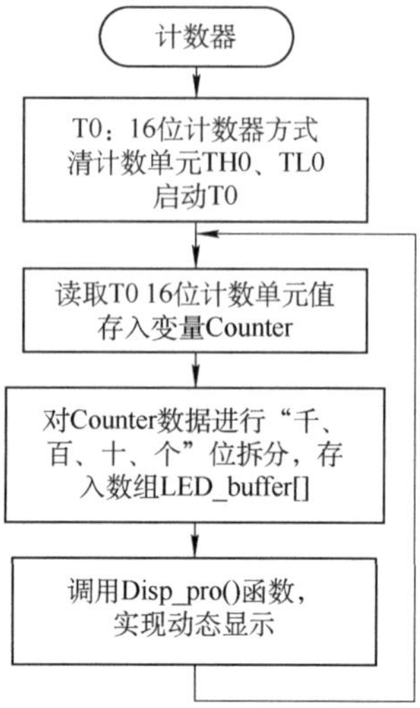

图 9-17　计数器主程序流程图

9.3　液晶显示接口技术

9.3.1　LCD 概述

　　LCD 为液晶显示器的简称，液晶本身并不发光，液晶显示器是利用液晶在电压作用下，能改变光线通过方向的特性，达到显示白底黑字（或黑底白字）等效果的目的。液晶显示器具有体积小、功耗低、抗干扰能力强等优点。

　　液晶显示模块（LCD Module，LCM）是一种将液晶显示器件、连接件、IC 电路、PCB、背光源、结构件装配在一起的组件。常见 LCM 有段式、字符型和图形点阵等。液晶屏选型要综合考虑 LCD 类型、字符与背光颜色、品牌与价格、尺寸与分辨率、亮度与使用环境温度、接口方式等多项指标。

　　下面以 LCD1602 为例，介绍单片机如何与 LCD1602 液晶进行显示接口。

9.3.2　单片机与 LCD1602 液晶显示接口

LCD1602 是一种价格低廉、应用广泛的点阵式 LCD，可实现 16×2（两行、每行 16 个）点阵的字母、数字等符号显示。LCD1602 模块大多基于 HD44780 控制器进行控制（由其构成的同类型 LCM 还有 16×1、16×4、20×2 和 20×4 等多种规格型号）。

1. LCD1602 主要特性

1）5V 工作电压，对比度可调。

2）内含复位电路。

3）提供各种控制命令，如清屏、字符闪烁、光标闪烁、显示移位等多种功能。

4）有 80B 显示数据存储器（DDRAM）。

5）内建有 192 个 5×7 点阵的字形的字符库 ROM（CGROM）。

6）8 个可由用户自定义的 5×7 点阵的自定义字符 RAM（CGRAM）。

2. LCD1602 引脚功能

LCD1602 采用标准的 16 引脚接口，其中：

引脚 1：V_{SS} 为电源地。

引脚 2：V_{CC} 接 5V 电源正极。

引脚 3：V_{EE}（或 Vo）为液晶显示器对比度调整端，使用时可以通过一个 10kΩ 的电位器调节对比度。

引脚 4：RS 为寄存器选择线：高电平 1 选择数据寄存器，低电平 0 选择指令寄存器。

引脚 5：RW 为读写信号线：高电平 1 表示读操作，低电平 0 表示写操作。

引脚 6：E（或 EN）为使能端：高电平 1 读取信息，负跳变开始执行指令。

引脚 7～14：LED0～LED7 为 8 位双向数据端。

引脚 15～16：空置或接背光电源（引脚 15 背光正极，引脚 16 背光负极）。

根据引脚功能，可以利用 CPU I/O 线直接控制 LCD1602 相应引脚，原理图如图 9-18 所示。

图中，POT 为 Proteus 中电位器器件名，LCD1602 器件名为 LM016L，RESPACK-8 为排阻。液晶数据口接 CPU 的 P0，3 根控制信号线分别受 P2 口相应线控制。

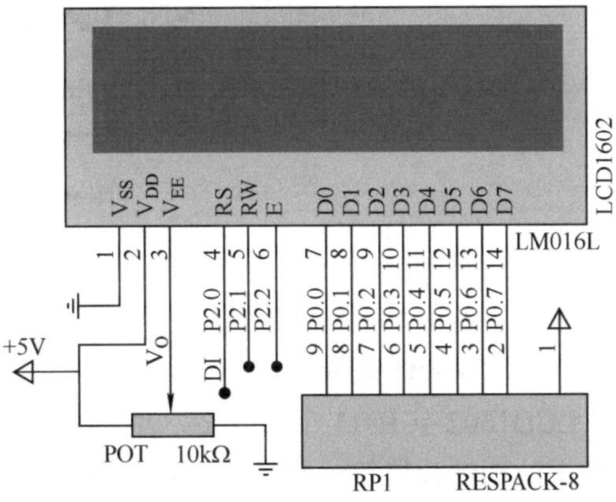

图 9-18　LCD1602 接线原理图

3. LCD1602 字符库

LCD1602 内部集成 192 种（5×7 点阵）字符库 ROM（CGROM），如图 9-19 所示。

字符码地址范围为 00H～FFH，其中 00H～07H 字符码与用户在 CGRAM 中生成的自定义图形字符的字模组相对应，应用时用户只需将要显示字符的字符码地址写入 LCD1602 相应位置的数据显示存储器（DDRAM），则 LCD1602 在其内部控制电路控制下，即可将字符在显示器上显示出来。例如，用户将 41H 写入 DDRAM，控制电路就会将对应的字符库 ROM（CGROM）中的字符"A"的点阵数据找出来显示在 LCD 上。

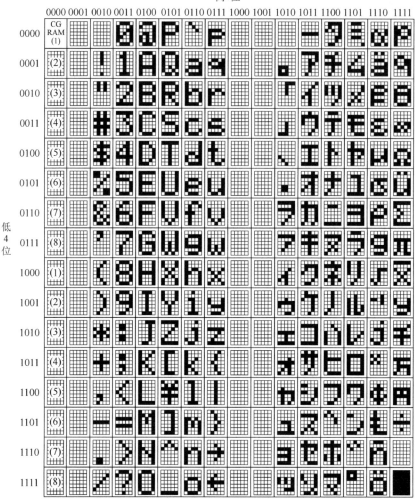

图 9-19　字符库 ROM

模块内有 80B 数据显示存储器（DDRAM），除显示图 9-19 所示 192 种字符外，还有 64B 的自定义字符 RAM（CGRAM），用户可自行定义 8 个 5×7 点阵字符。

4. LCD1602 命令字

LCD1602 共有 11 个命令字，见表 9-2。对 LCD 1602 的初始化、读、写、光标设置、显示数据的指针设置等，都是通过单片机向 LCD 1602 写入命令字来实现。

命令字功能说明如下：

（1）清屏（0x01）

功能：清 DDRAM、AC（地址计数器），光标返回地址 00H 位置（显示屏的左上方）。

（2）光标返回（0x02）

功能：归位，AC=0，光标回到地址 00H 位置（显示屏的左上方）。

（3）光标和显示模式设置（0x04）

功能：设置光标、画面移动方式。

说明：I/D 为地址指针加 1 或减 1 选择位。

表 9-2　LCD1602 命令字

序号	命令	RS (DI)	RW	D7	D6	D5	D4	D3	D2	D1	D0	执行时间/μs
1	清屏	0	0	0	0	0	0	0	0	0	1	1.64
2	光标返回	0	0	0	0	0	0	0	0	1	×	1.64
3	光标和显示模式设置	0	0	0	0	0	0	0	1	I/D	S	40
4	显示开/关及光标设置	0	0	0	0	0	0	1	D	C	B	40
5	光标或字符移位	0	0	0	0	0	1	S/C	R/L	×	×	40
6	功能设置	0	0	0	0	1	DL	N	F	×	×	40
7	CGRAM 地址设置	0	0	0	1	A5	A4	A3	A2	A1	A0	40
8	DDRAM 地址设置	0	0	1	A6	A5	A4	A3	A2	A1	A0	40
9	读忙标志或地址	0	1	BF	地址计数器 AC							
10	写数据	1	0	数据								40
11	读数据	1	1	数据								40

I/D=1，读或写一个字符后地址指针加 1；

I/D=0，读或写一个字符后地址指针减 1。

S 为屏幕上所有字符移动方向是否有效的控制位。

S=1，当写入一字符时，整屏显示左移（I/D=1）或右移（I/D=0）；

S=0，整屏显示不移动。

（4）显示开/关及光标设置（0x08）

功能：设置显示、光标及闪烁开、关。

说明：D 为屏幕整体显示控制位：D=0，关显示；D=1，开显示。

C 为光标有无控制位：C=0，无光标；C=1，有光标。

B 为光标闪烁控制位：B=0，不闪烁；B=1，闪烁。

（5）光标或字符移位（0x10）

功能：光标、画面移动。

说明：S/C 为光标或字符移位选择控制位：S/C=1，字符移动；S/C=0，光标移动。

R/L 为移位方向选择控制位：R/L=1，右移；R/L=0，左移。

（6）功能设置命令（0x20）

功能：工作方式设置（初始化命令）。

说明：DL 为传输数据的有效长度选择位。1—8 位数据接口；0—4 位数据接口。

N 为显示器行数选择控制位。1—两行显示；0—单行显示。

F 为字符显示的点阵控制位。1—显示 5×10 点阵字符；0—显示 5×7 点阵字符。

（7）CGRAM 地址设置（0x40）

功能：设置 CGRAM 地址：A5～A0=00～3FH。

说明：在 CGRAM 中，用户可以生成自定义图形字符的字模组，生成 8 组 5×7 点阵的字符字模，相对应的字符码从 CGROM 的 00H～07H 范围内选择。

（8）DDRAM 地址设置（0x80）

功能：设置 DDRAM 地址。

说明：N=0，一行显示，A6～A0=00～4FH。

　　　　N=1，两行显示，首行 A6～A0=00～27H；次行 A6～A0=40H～67H。

字符显示位置的确定：LCD1602 有 80B 的 DDRAM 缓冲区，DDRAM 地址与 LCD 显示屏上的显示位置的对应关系如图 9-20 所示。

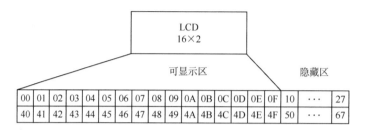

图 9-20　LCD 内部显示 RAM 的地址映射图

当向 DDRAM 的 00H～0FH（第 1 行）、40H～4FH（第 2 行）地址的任一处写数据时，字符立即显示，该区域称为可显示区域。而当写入 10H～27H 或 50H～67H 地址处时，字符不会显示出来，该区域称为隐藏区域。如果要显示写入隐藏区域的字符，需要通过字符移位命令，将它们移入可显示区域方可正常显示。

注意：在向 DDRAM 写入字符时，首先要设置 DDRAM 定位数据指针。

（9）读忙标志或地址

功能：读忙 BF 值和地址计数器 AC 值。

说明：BF 为忙标志。BF=1，表示 LCD 忙，此时 LCD 不能接收命令或数据；BF=0，表示 LCD 不忙。当 RS=0、R/W=1 及 E 为高电平时，BF 输出到 D7 引脚。

AC 表示最近一次地址设置（CGRAM 或 DDRAM）定义。

（10）写数据

功能：将数据写入 DDRAM 或 CGRAM。

（11）读数据

功能：从 DDRAM 或 CGRAM 读出数据。

5．LCD1602 的控制

LCD1602 上电后复位状态为：清除屏幕显示，设置为 8 位数据长度，单行显示，5×7 点阵字符；显示屏、光标、闪烁功能均关闭，输入方式为整屏显示不移动，I/D=1。

一个字符的操作过程表现为"读忙标志位 BF→写命令→写显示字符→自动显示"过程。

（1）状态字检测操作

每次操作之前需先进行状态字检测，只有在确认 BF=0 不忙之后，CPU 才能访问此模块，其控制流程图如图 9-21 所示。

【例 9-9】 函数功能：在 E 为高电平时，读取 LCD1602 状态数据，判断 D7（BF）是否为高电平，若为高，表示"忙"，返回 1；否则为 0。程序清单如下：

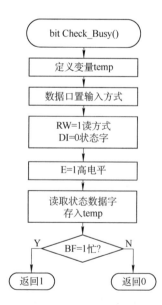

图 9-21　BF 检测流程图

178

```
bit Check_Busy(void)
{ unsigned char    temp;
    LCD_port=0xff;                //置端口为输入状态
    E=0, DI=0; RW=1;
    E=1;                         //E 高电平时，状态数据输出
    temp=(LCD_port & 0x80);
    E=0;
if(temp !=0)
        return(1);               // "忙"
    else
        return(0);               // "不忙、准备就绪"
}
```

汇编语言子程序清单如下：

```
Check_Busy:   MOV     LCD_port, #0FFH
              CLR     E
              CLR     DI
              SETB    RW
              SETB    E
              MOV     A, LCD_port
              ANL     A, #80H
              CLR     E
              JZ      Check_1
              SETB    C
              SJMP    Check_2
Check_1:      CLR         C
Check_2:      RET
```

（2）写入命令字操作

【例 9-10】 函数功能：先判断 LCD1602，不忙时，DI=0，RW=0 写命令，往端口送入形参 Command，然后 E 输出一正脉冲，流程图如图 9-22 所示，程序清单如下：

```
void LcdWriteCommand(unsigned char Command)
{ while( Check_Busy() )    { ; }
    E      =0;
    DI     =0;
    RW     =0;
    LCD_port=Command;       //形参：命令数据
    E=1; _nop_(); E=0;      //E 正脉冲
}
```

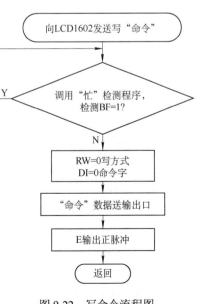

图 9-22　写命令流程图

汇编语言子程序清单如下：

```
LcdWriteCommand:
ACALL   Check_Busy              ; 检测"忙"标志
JC      LcdWriteCommand         ; "忙"，继续等待
CLR     E
CLR     DI
CLR     RW
MOV     LCD_port, R7            ; R7 入口参数：命令数据
SETB    E
NOP
CLR     E
RET
```

（3）写入数据操作

【例9-11】 数据写入过程与命令写入过程相似，流程图可参阅图9-22。程序清单如下：

```
void LcdWriteData (unsigned char dataW)
{ while( Check_Busy()) {;}
    E=0, DI=1, RW=0;
    LCD_port=dataW;             //dataW：字符数据
    E=1; _nop_(); E=0;
}
```

汇编语言子程序清单如下：

```
LcdWriteData:
        ACALL   Check_Busy          ; 判断"忙"标志
        JC      LcdWriteData        ; "忙"，继续等待
        CLR     E
        SETB    DI
        CLR     RW
        MOV     LCD_port, R7        ; R7 入口参数：字符数据
        SETB    E
        NOP
        CLR     E
        RET
```

（4）初始化操作

为了让液晶显示器显示字符，首先需对其进行初始化设置，相应过程命令数据包括：

写入命令 0x20+0x18（38H）：显示模式设置（16×2 显示，5×7 点阵，8 位数据接口）。

写入命令 0x08+0x00（08H）：显示关闭。

写入命令 0x04+0x02（06H）：写一个字符后，地址指针加1。

写入命令 0x08+0x04（0CH）：设置开显示，不显示光标。

写入命令 0x01+0x00（01H）：显示清屏，数据指针清零。

调用前面写命令函数 LcdWriteCommand()，将上述命令数据写入 LCD1602，即能实现对 LCD1602 初始化操作。

（5）应用举例

【例 9-12】　有一数组 LCD_buffer[32]存放着 16×2 个显示字符数据，编程显示函数 LCD_Disp()，实现将此数组的内容送往 LCD1602 进行显示。

程序清单如下：

```
void LCD_Set_Addr(unsigned char x, unsigned char y)
{ unsigned char temp;
    temp=0x80+x;                        //x:行地址
    if(y!=0)    temp +=0x40;            //第 y 行:y=0/1
    LcdWriteCommand(temp);    }
void LCD_Disp(void)
{    unsigned char i;
    LCD_Set_Addr(0, 0);                 //设置第 0 行（首行）地址
    for(i=0; i<16; i++)  LcdWriteData(LCD_buffer[i]); //发送字符数据
    LCD_Set_Addr(0, 1);                 //设置第 1 行（次行）地址
    for(i=16; i<32; i++)LcdWriteData(LCD_buffer[i]);
}
LCD_Set_Addr:
        MOV        A, R7              ; x
        ADD        A, #80H
        MOV        R7, A
        MOV        A, R5              ; y
        JZ         LCD_Set1          ; 第 0 行
        MOV        A, R7
        ADD        A, #40H;          ; 第 1 行
        MOV        R7, A
LCD_Set1: ACALL    LcdWriteCommand
        RET
LCD_Disp:
        MOV        R7, #0            ; x
        MOV        R5, #0            ; y
        ACALL      LCD_Set_Addr      ; 设置第 0 行地址
        MOV        R6, #16
        MOV        R0, #LCD_buffer
LCD_D1: MOV        A, @R0
        MOV        R7, A
        ACALL      LcdWriteData
        INC        R0
```

```
        DJNZ       R6, LCD_D1
        MOV        R7, #0
        MOV        R5, #1
        ACALL      LCD_Set_Addr      ; 设置第 1 行地址
        MOV        R6, #16
        MOV        R0, #LCD_buffer+16
LCD_D2: MOV        A, @R0
        MOV        R7, A
        ACALL      LcdWriteData
        INC        R0
        DJNZ       R6, LCD_D2
        RET
```

读者可调用上述所给程序，设计具体的 LCD1602 应用控制程序。

9.4 单片机与 DAC 的接口

由于单片机只能输出数字量（信号），但是某些场合常常需要输出模拟量（信号），如电动机调速、音量控制等，这时就需要 D-A 转换器。D-A 转换器（Digital to Analog Conver，DAC）是一种把数字量转变成模拟量的器件。

目前集成化的 DAC 芯片种类繁多，性能和价格等差异很大，设计者需要学会合理选用芯片，了解它们的性能和引脚特性，掌握其与单片机的接口设计方法。

9.4.1 DAC 概述

DAC 内部结构一般由数码寄存器、电子开关电路、解码网络、求和电路及基准电压等组成，按其解码网络分类，可分 T 形电阻网络、权电阻网络等。构成 DAC 的主要性能指标有以下几项：

1. 分辨率

分辨率指 D-A 接口芯片能分辨的最小输出模拟变化量，即输入数字量变化最小单位 LSB（最低有效位）所对应输出的模拟量的变化量，通常定义为"模拟输出满量程值"与"2^n"之比（n 为 DAC 的二进制位数），如式（9-1）所示。

$$分辨率 \Delta = \frac{模拟输出满量程值}{2^n} \tag{9-1}$$

例如，满量程输出为 5V，对于 8 位的 DAC，则分辨率为 $5V/2^n$，即分辨率=5V/256=19.5mV。若换成 12 位的 DAC，则分辨率=$5V/2^{12}$=1.2mV。显然，二进制位数越多，分辨率越高，即 DAC 输出对输入数字量变化的敏感程度越高。所以，习惯上用输入数字量的位数来表示器件的分辨率。

2. 输入信号的形式

芯片输入信号可分成并行和串行两种，其中并行输入具有通信速度快等优点；而串行输入的优点是占用 I/O 少，节省了数据线，但这种形式交换速度较慢，一般适用于远距离数据传输。

3．转换结果的输出形式

转换结果的输出形式有电压和电流（电流输出的 DAC，在输出端外加一个运算放大器构成的 *I-V* 转换电路，也可实现电压输出）型，电压有单极性或双极性型，有不同的输出量程，还有多通道输出等多种输出形式。

4．建立时间

建立时间是指输入的数字量发生满刻度变化时，输出模拟信号达到满刻度值的 $\pm\frac{1}{2}$LSB 所需的时间。电流输出型 DAC 的建立时间较短，一般为 50～500ns。电压输出型 DAC 的建立时间主要取决于运算放大器的响应时间。

根据建立时间的长短，可以将 DAC 分成超高速（<1μs）、高速（10～1μs）、中速（100～10μs）和低速（≥100μs）几档。

此外，DAC 的性能指标还有线性度、转换精度（绝对精度和相对精度）、失调误差、温度漂移、零点误差和满量程误差等。

9.4.2　单片机与串行 DAC TLC5615 的接口设计

TLC5615 为美国 TI 公司生产的 10 位具有串行接口、电压输出型 DAC，其最大输出电压是基准电压值的两倍，并带有上电复位功能。

1．TLC5615 主要特性

1）10 位 CMOS 电压输出。

2）5V 单电源供电。

3）三线串行接口。

4）输出电压具有和基准电压相同极性，最大输出电压可达基准电压的两倍。

5）典型建立时间 12.5μs。

6）内部上电复位。

7）低功耗（最大仅 1.75mW）。

2．引脚功能

TLC5615 采用 DIP8 或 SOP8 等形式封装，如图 9-23 所示，引脚定义如下：

1）DIN：串行数据输入端（高位在前，低位在后）。

2）SCLK：串行时钟输入端，最高频率<14MHz。

3）$\overline{\text{CS}}$：芯片片选端。

4）DOUT：级联时，串行数据输出端。

5）AGND：模拟地。

6）REFIN：基准电压输入端。

7）OUT：DAC 模拟电压输出端。

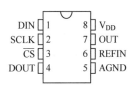

图 9-23　TLC5615 封装图

8）V_{DD}：正电源端，典型值为 5V。

根据引脚功能，TLC5615 可与单片机的通用 I/O 线相连，在程序控制下实现数据的串行通信，其示意图如图 9-24a 所示。若单片机具有 SPI 接口，可按 SPI 协议实现控制，其接线图如图 9-24b 所示。

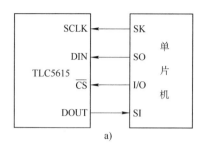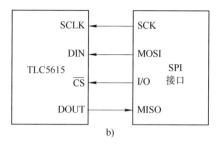

图 9-24　TLC5615 接线图

3．TLC5615 内部结构

TLC5615 内部结构如图 9-25 所示，主要电路有 10 位 DAC 电路、10 位 DAC 寄存器、16 位移位寄存器、上电复位电路和控制逻辑等。

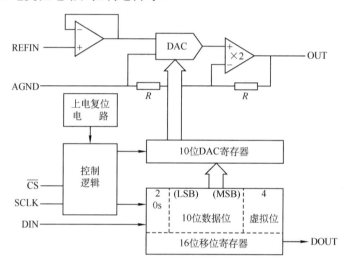

图 9-25　TLC5615 内部结构

4．TLC5615 的时序

TLC5615 的时序如图 9-26 所示。

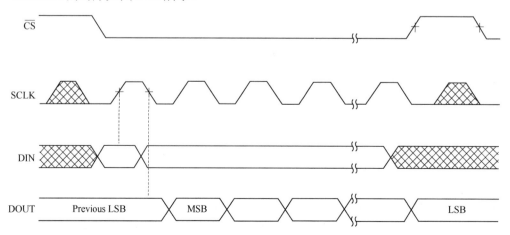

图 9-26　TLC5615 的时序图

由图 9-26 可以看出，当片选 $\overline{\text{CS}}$ 为低电平时，输入数据 DIN 由时钟 SCLK 同步输入或输出，最高有效位（MSB）在前，最低有效位（LSB）在后。SCLK 的上升沿把串行输入数据 DIN 移入内部的 16 位移位寄存器，SCLK 的下降沿输出串行数据 DOUT，片选 $\overline{\text{CS}}$ 的上升沿把数据传送至 DAC 寄存器。

输出电压 V_{OUT} 与输入数字量 D（0～3FFH）和基准电压 V_{REFIN} 关系如式（9-2）所示：

$$V_{\text{OUT}} = 2(V_{\text{REFIN}}) \frac{D}{1024} \qquad (9\text{-}2)$$

5. TLC5615 的工作方式

TLC5615 有两种工作方式：级联方式和非级联方式。

（1）非级联方式

DIN 只需输入 12 位数据，如图 9-27 所示。DIN 输入的 12 位数据中，前 10 位为 TLC5615 输入的 D-A 转换数据，且输入时高位在前，低位在后；后两位为 0。

（2）级联方式

如果使用级联功能，需要输入 16 位数据，如图 9-28 所示。数据前 4 位为虚拟位，中间 10 位为 D-A 转换数据，最后 2 位为 0。

図 9-27　非级联方式（12 位数据格式）　　　　图 9-28　级联方式（16 数据格式）

6. 应用举例

【例 9-13】锯齿波发生器：利用 TLC5615 输出锯齿波电压，Proteus 仿真原理图如图 9-29 所示。

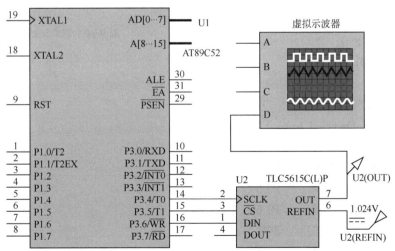

图 9-29　锯齿波发生器

原理图说明：基准电压 REFIN 由 Proteus 的 DC 信号源提供，电压设置为 1.024V；OSCILLOSCOPE 为虚拟示波器。OUT 接示波器 D 通道，并置电压探针。

程序分析：让内部单元数据从 0～0x3ff 不断加 1，并将此数据发送到 TLC5615，即能实现上述要求。TLC5615 以 12 位方式工作，其通信程序流程图如图 9-30 所示。

系统完整程序清单如下：

```
#include <reg52.h>
#include <intrins.h>
sbit  TLC5615_SCLK=P3^4;
sbit  TLC5615_CS=P3^5;
sbit  TLC5615_DIN=P3^6;
unsigned int    TLC5615_D;
void Out_TLC5615(unsigned int    Dat)
{ unsigned char i;
unsigned int    temp;
TLC5615_CS=1;
temp=(Dat<<6);
TLC5615_SCLK=0;
TLC5615_DIN=0;
TLC5615_CS=0;
for(i=12; i!=0; i--)
{    if(temp & 0x8000)
          TLC5615_DIN=1;
     else
          TLC5615_DIN=0;
     TLC5615_SCLK=1;
     temp <<=1;
     TLC5615_SCLK=0;    }
   TLC5615_CS=1;    }
void main(void)
{ while(1)
   { Out_TLC5615(TLC5615_D);
     TLC5615_D++;    }    }
```

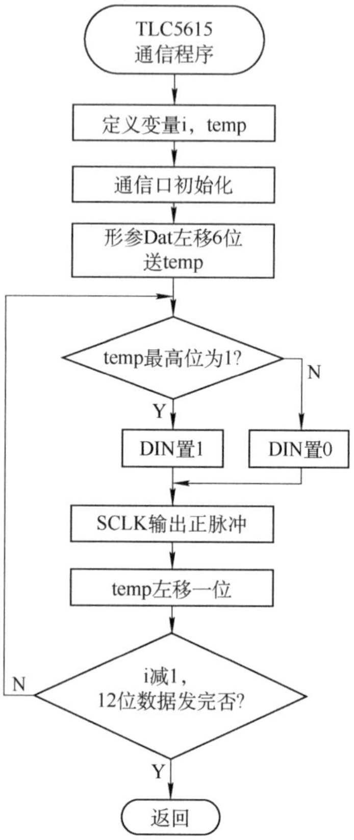

图 9-30　TLC5615 通信程序流程图

汇编程序清单如下：

```
TLC5615_SCLK    EQU      P3.4
TLC5615_CS      EQU      P3.5
TLC5615_DIN     EQU      P3.6
TLC5615_Dh      EQU      30H
TLC5615_Dl      EQU      31H
        ORG      000H
        LJMP     MAIN
TLC5615_D_L:                      ；R6、R7 构成 16 位数据左移一位
        CLR      C
```

```
                MOV     A, R7
                RLC     A
                MOV     R7, A
                MOV     A, R6
                RLC     A
                MOV     R6, A
                RET
Out_TLC5615:
                MOV     R0, #6
                SETB    TLC5615_CS
Out_1:  ACALL   TLC5615_D_L
                DJNZ    R0, Out_1
                CLR     TLC5615_SCLK
                CLR     TLC5615_DIN
                CLR     TLC5615_CS
                MOV     R0, #12
Out_2:  MOV     A, R6
                JNB     ACC.7, Out_3
                SETB    TLC5615_DIN
                SJMP    Out_4
Out_3:  CLR     TLC5615_DIN
Out_4:  SETB    TLC5615_SCLK
                ACALL   TLC5615_D_L
                CLR     TLC5615_SCLK
                DJNZ    R0, Out_2
                SETB    TLC5615_CS
                RET
MAIN:   MOV     TLC5615_Dl, #0
                MOV     TLC5615_Dh, #0
Loop:   MOV     R7, TLC5615_Dl
                MOV     R6, TLC5615_Dh
                ACALL   Out_TLC5615
                MOV     A, TLC5615_Dl      ; TLC5615_Dh、TLC5615_Dl 单元数据加 1
                ADD     A, #1
                MOV     TLC5615_Dl, A
                MOV     A, TLC5615_Dh
                ADDC    A, #0
                MOV     TLC5615_Dh, A
                SJMP    Loop
```

9.4.3 单片机与并行DAC0832的接口设计

DAC0832为8位分辨率的并行电流输出型D-A转换集成芯片，以其价廉、转换控制容易等优点，在单片机应用系统中得到广泛应用。

1. DAC0832主要特性

1）分辨率为8位。

2）电流输出，典型建立时间为1μs。

3）可双缓冲、单缓冲或直接数字输入。

4）单一电源供电（+5～+15V）。

2. DAC0832引脚功能

DAC0832引脚如图9-31所示。

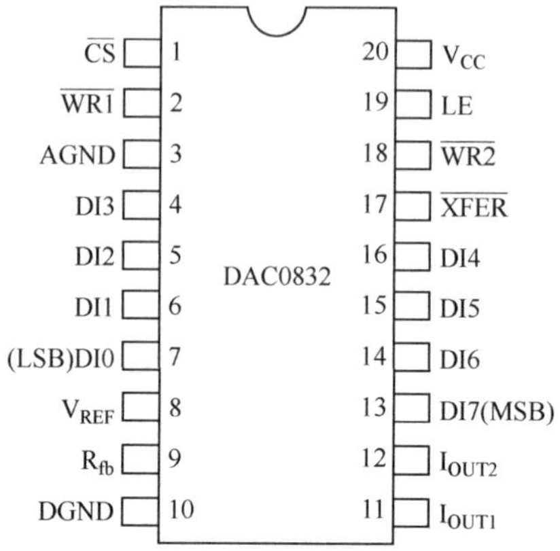

1）DI7～DI0：转换数据输入端。

2）$\overline{CS}$：片选信号，低电平有效。

3）ILE：数据锁存允许信号，高电平有效。

4）$\overline{WR1}$：第1写信号，低电平有效。

5）$\overline{XFER}$：数据传送控制信号，低电平有效。

6）$\overline{WR2}$：第2写信号，低电平有效。

图 9-31 DAC0832 引脚图

7）I_{out1}：电流输出"1"；当数据为全1时，输出电流最大；全0时输出电流最小。

8）I_{out2}：电流输出"2"；$I_{out1}+I_{out2}$=常数。

9）R_{fb}：反馈电阻端，即运算放大器的反馈电阻端。

10）V_{ref}：基准电压，是外接高精度电压源。电压范围为–10～+10V。

11）DGND：数字地。

12）AGND：模拟地。

3. DAC0832内部结构

DAC0832的内部结构框图如图9-32所示。

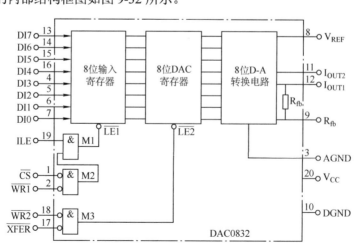

图 9-32 DAC0832 的内部结构图

它由8位输入寄存器、8位DAC寄存器、8位D-A转换电路及转换控制电路等构成，其中，"8 位输入寄存器"用于存放 CPU 送来的数字量，由 LE1 控制；"8 位 DAC 寄存器"用于存放待转换的数字量，由 LE2 控制；"8 位 D-A 转换电路"由 T 形电阻网络和电子开关组成。

4. DAC0832 工作方式

通过对 DAC0832 内部的输入寄存器和 DAC 寄存器控制，可使 DAC0832 处于不同工作方式：当 ILE=1，且 $\overline{CS}$=0 和 $\overline{WR1}$=0 时，则 $\overline{LE1}$=0，输入寄存器处于直通方式；反之处于锁存方式。当 $\overline{XFER}$=0 和 $\overline{WR2}$=0 时，则 $\overline{LE2}$=0，DAC 寄存器处于直通方式；反之，DAC 寄存器处于锁存方式。

（1）直通方式

即将 DAC0832 的 ILE 接高电平，$\overline{CS}$、$\overline{WR1}$、$\overline{XFER}$ 和 $\overline{WR2}$ 均接低电平，使输入寄存器和 DAC 寄存器都处于直通方式，DI7～DI0 端口的数据将不经缓冲锁存，直接送 D-A 转换电路进行转换。

（2）单缓冲方式

即将 DAC0832 的输入寄存器或 DAC 寄存器中的一个（常为 DAC 寄存器）处于直通方式，而另一个处于受控的锁存方式。

【例 9-14】　三角波发生器：使 DAC0832 工作于单缓冲方式，运算输出端输出一个三角波电压，仿真原理图如图 9-33 所示。

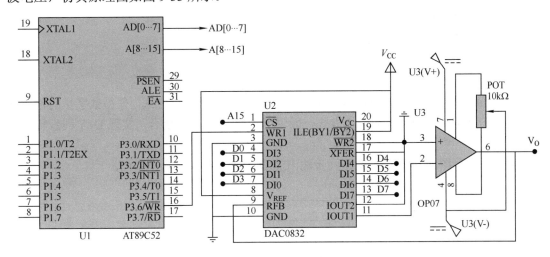

图 9-33　三角波发生器

原理图说明：图中利用地址线 A15 控制 0832 的片选，写信号 $\overline{WR}$ 控制 $\overline{WR1}$；V_{CC} 电源作为 V_{REF} 基准电压，运算放大器为 OP07，V+ 和 V−电压来自信号源 DC，分别设置为+12V 和−12V，POT 为电位器，对 OP07 进行调零。利用虚拟示波器观察输出端 V_o 的波形。由图分析，DAC0832 占据的地址为 0x7FFF。

程序分析：向 DAC0832 写入数据：0→1→2→…→255→254→…→2→1→0，如此循环，则能得到三角波信号，其控制程序如下：

```c
#include <reg52.h>
#include <absacc.h>
unsigned char i;
#define DAC0832  XBYTE[0x7fff]
```

```
void main(void)
{while(1)
  {  for(i=0;i<255;i++)     DAC0832=i;        //上升阶段
     for(i=255;i!=0;i--)     DAC0832=i;        //下降阶段
  }  }
```

对应的汇编程序清单如下：

```
        ORG     000H
        LJMP    MAIN
MAIN:   MOV     DPTR, #7FFFH        ; 指向 0832
        MOV     R2, #0FFH          ; 循环次数
        MOV     A, #00H            ; 赋初值
LOOP1:  MOVX    @DPTR, A           ; D-A 转换输出
        INC     A
        DJNZ    R2, LOOP1
        MOV     R2, #0FEH
LOOP2:  DEC     A
        MOVX    @DPTR, A
        DJNZ    R2, LOOP2
        SJMP    LOOP1
```

（3）双缓冲方式

即将 DAC0832 的输入寄存器和 DAC 寄存器都接成受控锁存方式，使得数字量的输入锁存和 D-A 转换输出分两步完成。该方式一般用于多路 D-A 转换场合，实现 D-A 同步转换、输出。

【例9-15】 图9-34是一个两路同步输出的 D-A 转换接口示意电路图。

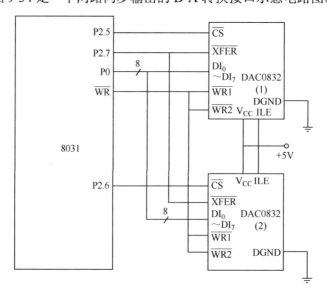

图 9-34　DAC0832 双缓冲方式接口电路

电路说明：P2.5 和 P2.6 分别选择两路 D-A 转换器的输入寄存器，控制输入锁存；P2.7 连到两路 D-A 转换器 XFER 端控制同步转换输出，$\overline{WR}$ 端与所有的 $\overline{WR1}$ 和 $\overline{WR2}$ 端相连。

根据电路图，0832 (1)输入寄存器占用地址为 DFFFH，0832 (2)输入寄存器占用地址为 BFFFH；两者 DAC 寄存器地址相同，均为 7FFFH。

程序分析：利用输出指令，将相应单元数据 data1、data2 分别送输入寄存器；再利用写信号，将输入寄存器的数据同步送入 DAC 寄存器，实现同步转换，对应的程序段如下：

XBYTE[0xdfff]=data1;　//data1 送 0832 (1)输入寄存器

XBYTE[0xbfff]=data2;　//data2 送 0832 (2)输入寄存器

XBYTE[0x7fff]=0;　　　//此处主要利用 $\overline{WR}$ 信号，将输入寄存器同步送入 DAC 寄存器

相应汇编程序：

```
MOV     DPTR, #0DFFFH        ; 指向 0832 (1)输入寄存器
MOV     A, #data1
MOVX    @DPTR, A
MOV     DPTR, #0BFFFH        ; 指向 0832 (2)输入寄存器
MOV     A, data2
MOVX    @DPTR, A
MOV     DPTR, #7FFFH         ; 同时写入 DAC 寄存器，完成 D-A 转换输出
MOVX    @DPTR，A
```

9.5　单片机与 ADC 的接口

通常传感器器件经相应转换电路产生的是模拟信号，而单片机直接能处理的是数字信号，这就需要 A-D 转换器件，将模拟信号转换成数字信号供单片机处理。

9.5.1　ADC 概述

A-D 转换器（Analog-Digital Converter，ADC）是一种能把输入模拟电压，变成与其成正比的数字量的电路芯片。按其工作方式，ADC 可分为计数器式、双积分式、逐次逼近式、并行和 Σ-Δ 式 ADC 等类型。其中：

1）计数器式 ADC 结构很简单，但转换速度也很慢，所以应用较少。

2）双积分式 ADC 抗干扰能力强，转换精度很高，虽速度不够理想，但价格低廉，故常用于数字式测量仪表中。

3）逐次逼近式 ADC 结构不太复杂，转换速度也高，在精度和价格上也适中，是目前较常用的 ADC。

4）并行 ADC 的转换速度最快，但因结构复杂而造价较高，故只用于那些转换速度极高的场合。

5）Σ-Δ 式 ADC 具有积分式与逐次逼近式的双重优点：它对串模干扰具有较强的抑制能力，性能不亚于双积分式 ADC，且比双积分式的转换速度高；与逐次逼近式相比，有较高的信噪比，分辨率高，线性度好。因此，目前 Σ-Δ 式 ADC 逐渐得到广泛重视与应用。

构成 ADC 的主要性能指标有以下几个。

1. 分辨率

分辨率即 ADC 能够分辨出输入模拟量最小变化程度。分辨率取决于 ADC 的位数，所以习惯上用输出的二进制位数 n 表示，分辨率值大小 Δ 如式（9-3）所示。

$$分辨率 \Delta = \frac{模拟输入满量程电压}{2^n} \tag{9-3}$$

例如，某型号 ADC 的满量程输入电压为 5V，可输出 12 位二进制数，则其分辨率 $=5V/2^{12}=1.22mV$。当输入电压 1.22mV 的变化，该型号 A-D 转换器件能分辨出 1LSB。

2. 转换时间与转换速率

ADC 完成一次转换所需要的时间称为 A-D 转换时间，是指从启动 ADC 开始到获得相应数据所需时间（包括稳定时间）。转换速率是转换时间的倒数，即每秒转换的次数。

ADC 按照转换速度，可分为超高速（转换时间≤1ns）、高速（转换时间≤1μs）、中速（转换时间≤1ms）、低速（转换时间≤1s）等几种不同转换速度的芯片。

3. 转换精度

ADC 转换精度反映了一个实际 ADC 在量化值上与一个理想 ADC 进行 A-D 转换的差值，可用绝对误差或相对误差表示。

4. 量化误差

ADC 的量化误差是由于有限数字对模拟数值进行离散取值（量化）而引起的误差。量化误差理论上为一个单位分辨率的 $\pm(1/2)$LSB。

此外，ADC 的性能指标还包括输出接口形式、转换结果进制、通道数量、基准电压源、工作温度、功耗和可靠性等。

9.5.2 单片机与串行 ADC ADC0832 的接口设计

ADC0832 是美国国家半导体（NI）公司生产的一种 8 位分辨率、逐次逼近型 A-D 转换芯片，具有体积小、性价比高和应用方便等优点（兼容的芯片还有 ADC0831、TLC0832 等）。

1. 主要特性

1）8 位分辨率。

2）双通道或差分输入。

3）三线串行接口（与 Microwire 兼容）。

4）工作频率为 250kHz，典型转换时间为 32μs。

5）典型功耗仅为 15mW。

2. 引脚功能

图 9-35 为 ADC0832 引脚图，其引脚定义如下：

1）$\overline{CS}$：片选使能端，低电平芯片使能。

2）CH0：模拟输入通道 0，或作为 IN+/-使用。

3）CH1：模拟输入通道 1，或作为 IN+/-使用。

4）GND：芯片地（参考 0 电位）。

5）DI：数据信号输入，选择通道控制。

6）DO：数据信号输出，转换数据输出。

7）CLK：芯片时钟输入。

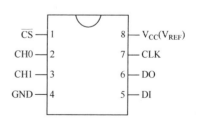

图 9-35　ADC0832 引脚图

8）V_{CC}（V_{REF}）：电源输入及参考电压输入（复用）。

3．工作时序

ADC0832 的工作时序图如图 9-36 所示。

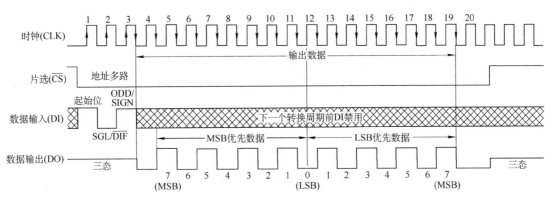

图 9-36　ADC0832 工作时序图

当$\overline{CS}$输入端置高电平，此时芯片禁用。当要进行 A-D 转换时，须先将$\overline{CS}$使能端置于低电平，并且保持低电平直到转换完全结束。芯片开始转换工作，同时由单片机向芯片时钟输入端 CLK 输入时钟脉冲，每一时钟的上升沿，DI 端数据移入内部移位寄存器。DI 端的第一逻辑位高电平，表示起始位，紧接着的两位是配置位。当起始位和配置位移入多路器寄存器，芯片转换开始。ADC0832 在输出以最高位（MSB）开头的数据流后，又以最低位（LSB）开头重新输出一遍数据流。

ADC0832 的配置位用作多路器地址寻址，多路器地址控制选择模拟通道 CH0/CH1，也决定是单端输入还是差分输入。当输入是差分时，要分配输入通道的极性。输入通道的两个输入端的任一个都可以作为正或负极。其逻辑表见表 9-3。

当配置位数据为"10"时，只对 CH0 进行单通道转换。当数据为"11"时，只对 CH1 进行单通道转换。当数据为"00"时，将 CH0 作为正输入端 IN+，CH1 作为负输入端 IN-进行输入。当数据为"01"时，将 CH0 作为负输入端 IN-，CH1 作为正输入端 IN+进行输入。

到第 3 个脉冲的下降沿之后，DI 端的输入电平就失去输入作用，此后就可以开始从 DO 读取转换后数据。

表 9-3　配置位逻辑表

多路器地址		通道号	
SGL/$\overline{GIF}$	ODD/$\overline{EVEN}$	CH0	CH1
0	0	+	−
0	1	−	+
1	0	+	
1	1		+

从第 4 个脉冲下降沿开始，由 DO 端输出转换后数据最高位 DATA7，随后每一个脉冲下降沿，DO 端输出下一位数据。直到第 11 个脉冲时，输出最低位数据 DATA0，一个字节的数据输出完成。紧接着，DO 输出相反字节的数据，即从第 11 个字节的下降沿，输出 DATA0。随后输出 8 位数据，到第 19 个脉冲时数据输出完成，也标志着一次 A-D 转换的结束。最后将$\overline{CS}$置高电平禁用芯片。

4．应用举例：电压表

【例 9-16】　利用 ADC0832 测量电位器电压，将测量结果通过 LCD1602 显示。ADC0832

部分原理图如图 9-37 所示。

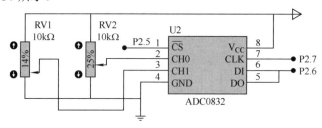

图 9-37　电压表部分原理图

原理图说明：图中，RV1 和 RV2 电位器模型为 POT-HG，ADC0832 的 DI 和 DO 相连，受 CPU 的 P2.6 控制，片选 $\overline{CS}$ 与 P2.5 相连，时钟信号 CLK 与 P2.7 相连。液晶部分接线原理图可参考前例。

根据 ADC0832 的工作时序图，可编写相应的读取数据函数，流程图如图 9-38 所示，具体程序清单如下所示：

```
sbit      ADC0832_CLK=P2^7;
sbit      ADC0832_DO=P2^6;
sbit      ADC0832_CS=P2^5;
#define   ADC0832_DI   ADC0832_DO
#define   CLK_out() {ADC0832_CLK=1,
            _nop_(), _nop_(), ADC0832_CLK=0;}
unsigned char   CH0, CH1;
unsigned char   Read_ADC0832(bit ch)
{ unsigned char   temp, i;
   ADC0832_CS=1; ADC0832_CLK=0;
   ADC0832_DI=1; _nop_();
   ADC0832_CS=0; _nop_(); _nop_();
   ADC0832_DI=1; _nop_(); CLK_out();
   ADC0832_DI=1; _nop_(); CLK_out();
   if(ch)
   { ADC0832_DI=1; _nop_(); CLK_out();}
   else
   { ADC0832_DI=0; _nop_(); CLK_out();}
      ADC0832_DO=1;
      for(i=8; i!=0; i--)
      { CLK_out();
         temp<<=1;
         if(ADC0832_DO)
            temp|=1;   }
   ADC0832_CS=1;
   return(temp);}
```

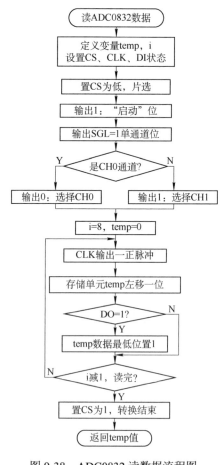

图 9-38　ADC0832 读数据流程图

程序说明： 为了提高读取数据速度，输出的反相数据可以不读，将 $\overline{\text{CS}}$ 置高，直接返回。

主函数中可以利用 CH0=Read_ADC0832(0)或 CH1=Read_ADC0832(1)语句，读取数据存放相应全局变量 CH0、CH1，再将 CH0、CH1 进行拆分处理并转换成 ASCII，放入液晶显示缓存数组 LCD_buffer[]，进行相应值的显示。液晶控制部分程序参见 9.3.2 节有关内容。

对应的汇编语言子程序如下：

```
ADC0832_CLK    EQU     P2.7
ADC0832_DO     EQU     P2.6
ADC0832_CS     EQU     P2.5
ADC0832_DI     EQU     ADC0832_DO
CLK_out:       SETB    ADC0832_CLK      ; 输出 1 脉冲
               NOP
               CLR     ADC0832_CLK
               RET
Read_ADC0832:
               SETB    ADC0832_CS
               CLR     ADC0832_CLK
               SETB    ADC0832_DI
               NOP
               CLR     ADC0832_CS
               NOP
               NOP
               SETB    ADC0832_DI
               NOP
               ACALL   CLK_out
               SETB    ADC0832_DI
               NOP
               ACALL   CLK_out
               JNC     Read_ADC1        ; 通道选择，C=0：CH0，C=1：CH1
               SETB    ADC0832_DI
               SJMP    Read_ADC2
Read_ADC1:     CLR     ADC0832_DI
Read_ADC2:     NOP
               ACALL   CLK_out
               SETB    ADC0832_DO
               MOV     R0,#8
               MOV     A,#0
Read_ADC3:
               ACALL   CLK_out
               RL      A
```

```
        JNB      ADC0832_DO, Read_ADC4
        ORL      A, #1
Read_ADC4:
        DJNZ     R0, Read_ADC3
        SETB     ADC0832_CS
        MOV      R7, A              ；R7：存储读取的数据
        RET
```

9.5.3　单片机与并行 ADC ADC0809 的接口

ADC0809 是一个 8 路模拟输入、8 位数字量并行输出的逐次逼近型 ADC，可实现 8 路模拟信号的分时采集。

1．主要特性

1）8 位分辨率。

2）8 路模拟信号输入。

3）8 位二进制转换结果，并行输出接口。

4）具有转换起停控制端。

5）典型转换时间为 100μs（时钟为 640kHz 时）。

6）基准电源上下限可设置。

7）单 +5V 电源供电。

2．ADC0809 引脚功能

ADC0809 引脚排列如图 9-39 所示，功能定义如下：

1）IN0~IN7：模拟信号输入端。

2）A、B、C：地址线，实现模拟通道 IN0~IN7 的选择。

3）ALE：地址锁存允许信号，ALE 上升沿，A、B、C 地址信号送入地址锁存器。

4）START：转换启动信号，START 上升沿时，所有内部寄存器清零；下降沿时，开始进行 A-D 转换。

5）D7~D0：三态缓冲数据线。

6）OE：输出允许信号。OE=0，数据线呈高阻；OE=1，输出转换后的结果数据。

7）CLK：时钟输入信号，最高频率为 640kHz。

8）EOC：转换结束信号。EOC=0，表示正在进行转换；EOC=1，表示转换结束。

9）V_{CC}：电源端，+5V。

9）V_{CC}：电源端，+5V。

10）$V_R(+)$、$V_R(-)$：基准电源输入端。

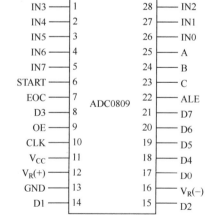

图 9-39　ADC0809 引脚图

3．ADC0809 内部结构

ADC0809 内部结构如图 9-40 所示。

工作过程：首先输入 3 位地址，并使 ALE=1，将地址存入地址锁存器中。此地址经译码选通 8 路模拟输入的其中一路到内部比较器。START 上升沿将逐次逼近寄存器复位，下降沿

启动 A-D 转换；转换期间 EOC 保持低电平，直到 A-D 转换完成，EOC 变为高电平，指示 A-D 转换结束，相应结果数据存入锁存器。当 OE 输入高电平时，输出三态门打开，转换结果的数字量输出到数据总线上。

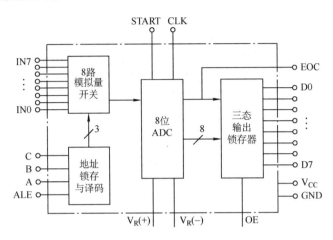

图 9-40　ADC0809 内部结构框图

4．ADC0809 典型接口

ADC0809 的典型接口如图 9-41 所示。

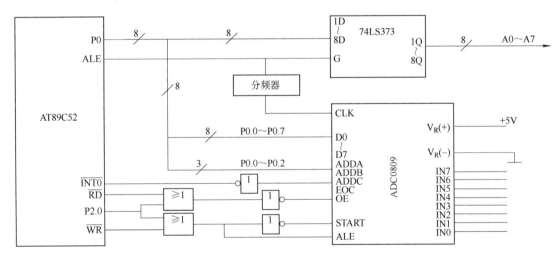

图 9-41　ADC0809 典型接口

由于单片机 ALE 输出频率为 $f_{osc}/6$，经过适当分频，可作为 ADC0809 的转换时钟输入端。在启动 A-D 转换时，由单片机的写信号 $\overline{WR}$ 和 P2.0 控制 ADC 的地址锁存和转换启动。在读取转换结果时，用低电平的读信号 $\overline{RD}$ 和 P2.0 引脚经"或非门"后产生的正脉冲作为 OE 信号，用来打开三态输出锁存器。

5．ADC0809 的控制方式

ADC0809 控制方式通常可以采用定时、查询和中断三种方式。

（1）定时传送方式

由于 ADC 的转换时间已知、固定（如转换时间为 128μs），可以设计一延时子程序，当启动转换后，CPU 调用该延时子程序（为了提高可靠性，延时时间一般稍大于 A-D 转换所需时间）。等时间一到，转换已经完成，就可以读取数据。

特点：电路连接简单，但 CPU 费时较多。

（2）查询方式

采用查询法就是将转换结束信号接到 I/O 接口的某一位，或经过三态门接到单片机数据总线上。A-D 转换开始之后，CPU 就查询转换结束信号，即查询 EOC 引脚的状态：若它为低电平，表示 A-D 转换正在进行，可继续查询；若查询到 EOC 变为高电平，则给 OE 线送一个高电平，便从线上提取 A-D 转换后的数字量。

特点：占用 CPU 时间，但设计程序比较简单。

（3）中断方式

采用中断方式传送数据时，将转换结束信号接到单片机的中断申请端，当转换结束时申请中断，CPU 响应中断后，通过执行中断服务程序，使 OE 引脚变高电平，读取 A-D 转换后的数字量。

特点：在 A-D 转换过程中不占用 CPU 的时间，且实时性强。

6. 应用举例

【例 9-17】 要求：根据图 9-41 所示电路，设计一个 8 路模拟量输入的巡回检测系统，使用中断方式采样数据，把采样转换所得的数字量按序存于片内 RAM 的单元中。

由图 9-41 所示，ADC0809 占用地址为 FE00H～FE07H，其数据采集的初始化程序和中断服务程序如下：

```
#include <reg52.h>
unsigned char   xdata   ADC0809[]   _at_   0xfe00;
unsigned char   Result[8], Point;
void main(void)
    {   EA=EX0=1, IT0=1;              //允许 INT0 边沿中断
        ADC0809[Point]=0;            //启动 ADC0809 转换
        while(1);
    }
void   INT_pro(void)   interrupt   0
{ Result[Point]=ADC0809[Point];
   if(++Point==8)   Point=0;
   ADC0809[Point]=0;                 //再次启动
}
```

汇编语言程序如下：

```
Result          EQU       60H
ADC0809_addr    EQU       0FE00H
                ORG       0000H
                LJMP      MAIN
                ORG       0003H
                LJMP      INT_pro
```

MAIN:	MOV	R0, #Result	；数据存储单元地址
	MOV	DPTR, #ADC0809_addr	；ADC0809 首地址:0FE00H
	MOV	R2, #08H	
	SETB	IT0	
	SETB	EX0	；沿触发方式
	SETB	EA	
LOOP:	MOVX	@DPTR, A	；启动 A-D 转换，A 的值无意义
	SJMP	$	
INT_pro:	MOVX	A, @DPTR	
	MOV	@R0, A	
	INC	DPTR	
	INC	R0	
	DJNZ	R2, INT_0	；8 路完毕?
	MOV	DPTR, #ADC0809_addr	
	MOV	R0, #Result	
	MOV	R2, #08H	
INT_0:	MOVX	@DPTR, A	；再次启动 A-D 转换
	RETI		

9.5.4　单片机与数模/模数转换器 PCF8591 的接口设计

PCF8591 是一个具有 4 路模拟输入、1 路模拟输出的 I²C 总线接口的 8 位 A-D 转换器件。

1. PCF8591 主要特性

1）8 位逐次逼近型 ADC。

2）4 个模拟输入，可编程为单端或差分输入。

3）1 路模拟输出。

4）I²C 总线串行 I/O 接口。

5）通道自动增量选择。

6）单电源供电，电压范围为 2.5～6V。

2. PCF8591 引脚功能

PCF8591 引脚如图 9-42 所示。

1）AIN0～AIN3：模拟信号输入端。

2）A0～A2：引脚地址线端。

3）V_{DD}、V_{SS}：电源端正、负端。

4）SDA、SCL：I²C 总线的数据线、时钟线。

5）OSC：外部时钟输入端或内部时钟输出端。

6）EXT：内部、外部时钟选择线，使用内部时钟时，EXT 接地。

7）AGND：模拟信号地。

8）AOUT：D-A 转换模拟电压输出端。

9）V_{REF}：基准电源端。

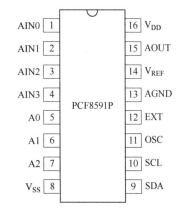

图 9-42　PCF8591 引脚图

3. PCF8591 内部结构

PCF8591 的内部结构如图 9-43 所示。其中，3 个地址线 A2、A1、A0 用于硬件地址编址，设置 I^2C 总线中地址字（地址字格式：1001 A2A1A0 读/写），即允许最多 8 个器件连接到 I^2C 总线而不需要额外的片选线。

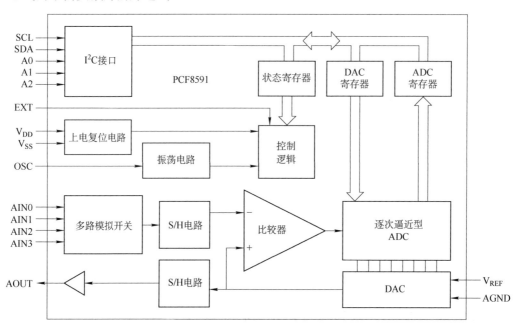

图 9-43　PCF8591 内部结构

AIN0～AIN3 是 4 路模拟输入，通过控制字的设置，可以构成单端或差分输入，将模拟量经逐次逼近比较得到相应的数字量。EXT 是时钟选择引脚，如果接高电平，表示用 OSC 外部时钟输入（频率范围为 0.75～1.25MHz）；如果接低电平，则用内部时钟。

AOUT 为 D-A 转换后模拟电压输出端，当控制位 bit6 有效时，则可实现模拟信号的输出。V_{REF} 为基准电源端，由外界提供基准参考信号。

4. PCF8591 读/写控制

PCF8591 采用标准 I^2C 协议进行通信，最高工作频率为 100kHz。命令序列从 CPU 发出启动信号 S 开始，到停止信号 P 结束，读/写操作控制过程如下：

（1）写操作控制（见图 9-44）

| S | 1001 A2A1A0　0 | A | 控制字 | A | DATA | A | P/S |

图 9-44　写操作控制过程

其中："控制字"数据格式如图 9-46 所示，"A"为 PCF8591 的响应信号。通过写操作，可以实现 D-A 数据的输出，或设置 A-D 的通道及输入形式。

（2）读操作控制（见图 9-45）

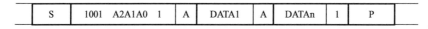

| S | 1001 A2A1A0　1 | A | DATA1 | A | DATAn | 1 | P |

图 9-45　读操作控制过程

CPU 发出读操作命令，可以连续从 PCF8591 中读取 A-D 转换结果的数据。

5. PCF8591 编程控制

PCF8591 的 A-D 转换初始化设置主要实现选择输入方式和选择通道，控制过程如下：首先发出启动信号，写入地址字数据（写操作），接收响应信号，再写入控制字数据，响应信号后，发出停止信号 P。程序清单如下：

```
void  Init_PCF8591(unsigned
char cmd)
   { I2C_start(); //启动信号 S
     I2C_sendbyte(0x90);
     //地址字：写命令
     I2C_waitack();
     I2C_sendbyte(cmd);
     //控制字：通道选择
     I2C_waitack();
     I2C_stop();    //停止信号 P
   }
```

若从 PCF8591 读取 A-D 转换后数据，操作过程如下：发出启动信号，写入地址字数据（读操作），接收响应信号；然后转入读数据操作，接收来自 PCF8591 的数据，向出响应信号，可连续从 PCF8591 读数据，直至发出停止信号 P。程序清单如下：

```
unsigned  char  PCF8591_ADC
(void)
   { unsigned char temp;
     I2C_start();
     I2C_sendbyte(0x91);
     //地址字：读命令
     I2C_waitack();
     temp=I2C_receivebyte();
     //接收 A-D 转换结果
     I2C_sendack(1);
     I2C_stop();
     return temp;  }
```

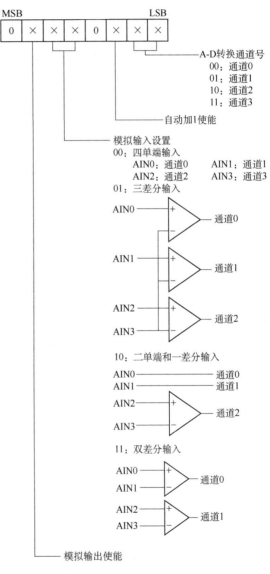

图 9-46　PCF8591 控制字格式

可以使用 PCF8591 实现 D-A 转换输出，其控制过程：首先发出启动信号，写入地址字数据（写操作），接收响应信号，再写入控制字数据：使能 D-A 转换，响应信号后就可向 PCF8591 写入需进行 D-A 转换的数据，等待响应后最后发出停止信号 P。程序清单如下：

```
void  PCF8591_DAC(unsigned char dat)
   {  I2C_start();
```

```
I2C_sendbyte(0x90);          //地址字：写命令
I2C_waitack();
I2C_sendbyte(0x40);          //控制字：D-A 转换使能
I2C_waitack();
I2C_sendbyte(dat);           //D-A 转换输出数据
I2C_waitack();
I2C_stop();    }
```

说明：因为 PCF8591 采用的是标准 I^2C 通信协议，相关函数调用可参阅前面章节相关描述内容。

本章小结

本章主要围绕人机接口设备：键盘和显示器，模拟量输入/输出器件 ADC、DAC 等内容，介绍有关接口技术，具体包括：

1）键盘的工作原理和消抖方法；接口方法；独立式键盘和矩阵式键盘各自的特点和应用。

2）矩阵式键盘识别键值方法：行列反转法与逐行扫描法。

3）数码管按内部连接方式，可分为共阳极数码管和共阴极数码管，相应的字形码。

4）LED 显示接口：静态显示和动态显示，各自特点和应用。

5）LCD1602 的特性、引脚功能、接口方法、命令字和编程应用。

6）DAC 的主要性能指标，包括分辨率、输入信号的形式、转换结果输出形式、建立时间等。

7）TLC5615 的特性、引脚功能、工作时序、工作方式和编程应用。

8）DAC0832 的特性、引脚功能、工作方式和编程应用。

9）ADC 分类、特点和主要性能指标（分辨率、转换时间、转换精度、量化误差等）。

10）ADC0832 的特性、引脚功能、工作时序、配置和编程应用。

11）ADC0809 的特性、引脚功能、接口方法、控制方式和编程应用。

12）PCF8591 的特性、引脚功能、控制方法和编程应用。

思考题与习题

9-1 按键抖动有哪两种？单片机系统常用的抖动方法是何种？画出其控制过程流程图。

9-2 试比较独立式和矩阵式键盘的特点及适用场合。

9-3 利用 AT89S52 的 P0.3～P0.0 口，设计一个四键键盘，请画出原理图并编制相应控制程序。

9-4 利用 AT89S52 的 P1 口设计一电路实现 3×4 键盘，请画出原理图并编制相应控制程序。

9-5 数码管有哪两种类型？如何确定其段码？

9-6 LED 数码管按工作方式可哪两类？简述各自特点和适用场合。

9-7 设计一系统，实现 16 个按键对应的 0～F 的显示，要求考虑驱动电路，请画出相应原理图，并编写完整的控制程序。

9-8　简述液晶显示器特点及适用场合。

9-9　请写出 LCD1602 的初始化程序。

9-10　D-A 转换芯片的主要性能指标有哪些？

9-11　简述 TLC5615 的主要功能。

9-12　TLC5615 工作于基准电压为 2V 场合，则其最小分辨电压为多少？

9-13　TLC5615 有哪两种工作方式？试说明其数据格式组成。

9-14　利用 TLC5615 设计一个三角波信号发生器系统，请画出完整的原理图，并编写相应控制程序。

9-15　DAC0832 的工作方式有哪三种工作方式？如何实现？

9-16　试利用 DAC0832 设计一电路，实现输出锯齿波信号，请画出完整的原理图，并编写相应控制程序。

9-17　ADC 可分哪几种？请简述各自的特点。

9-18　ADC0832 的工作电压为 5V，则其能分辨的最小输入电压是多少？

9-19　如何利用 ADC0832 实现差分信号的测量？

9-20　利用 ADC0832 和 LCD1602，设计一系统实现电压测量，即利用 LCD1602 显示 ADC0832 测量后的电压数据，请画出完整的原理图，并编写相应控制程序。

9-21　简述 ADC0809 的主要功能。

9-22　请利用 ADC0809 和 LED 数码管，设计一系统实现电压表，要求画出完整的原理图，并编写相应控制程序。

9-23　简述 PCF8591 的主要功能。

9-24　简述 PCF8591 控制字的格式。

9-25　I^2C 总线有何特点？简述 I^2C 总线的通信原理。

9-26　利用 PCF8591 作为模拟电压采集器件，四位一体数码管作为显示器，实现电压的显示，请根据要求绘制完整的硬件原理图，并编写相应的控制程序。

9-27　利用 PCF8591 输出模拟电压，当按一下加 1 键，电压就增加；当按一下减 1 键，电压则减少。请画出相应的原理图，并编写完整的控制程序。

第10章　51系列单片机应用系统的开发环境

10.1　51系列单片机应用系统开发的软、硬件环境

10.1.1　单片机应用系统开发的软、硬件环境构成

当用户目标系统设计完成后，需要应用软件的支持，用户目标才能成为一个满足用户要求的单片机应用系统。但该用户目标系统不具备自开发能力，需要借助于单片机仿真器（也称单片机开发系统）完成该项工作。一个典型的单片机系统开发环境组成如图 10-1 所示，由 PC、单片机仿真器、用户目标系统、编程器和几条连接电缆组成。软件由 PC 上的单片机集成开发环境软件和编程器软件构成。

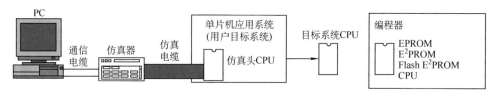

图 10-1　典型的单片机系统开发环境

单片机仿真器的工作步骤是：取下用户目标系统的单片机芯片（目标系统 CPU），把仿真器上的 CPU 仿真头插入用户目标系统 CPU 相应的位置，这样就将仿真器中的 CPU 和 ROM 出借给了目标系统。PC 通过仿真器和目标系统建立一种透明的联系，程序员可以观察到程序的运行（实际上程序在仿真器中运行）和 CPU 内部的全部资源情况。仿真器中的程序运行完全受仿真器的监控程序控制，该监控程序与 PC 上运行的集成开发环境相配合，使得人们可以修改和调试程序，并能观察程序的运行情况。

待程序调试完成后，将编程器通过通信电缆连接到 PC，将调试好的程序通过编程器写入单片机芯片或目标系统上的程序存储器。从用户目标系统上拔掉仿真头 CPU，即完成了单片机的仿真调试，然后换上写入程序的单片机芯片（目标系统 CPU），得到独立的单片机应用系统，也称为脱机运行。脱机运行有时和仿真运行并不完全一致，还需要返回仿真过程继续调试。上述过程有时可能要重复多次。

10.1.2　使用 JTAG 界面的单片机开发环境

JTAG 是 1990 年被 IEEE 批准为与 IEEE 1149.1 兼容的一种国际标准测试协议，主要用于芯片内部测试。现在多数的高级器件都支持 JTAG 协议，如 DSP、FPGA 器件等。标准的 JTAG 接口有 4 线，即 TMS、TCK、TDI、TDO，分别为模式选择、时钟、数据输入和数据输出线。JTAG 最初是用来对芯片进行测试的，基本原理是在器件内部定义一个测试访问口（Test Access Port，TAP），通过专用的 JTAG 测试工具对内部节点进行测试。JTAG 测试允许多个器

件通过 JTAG 接口串联在一起，形成一个 JTAG 链，能实现各个器件的分别测试。现在 JTAG 接口还常用于实现在系统编程（In System Programmable，ISP），对单片机内部的 Flash E^{2}PROM 等器件进行编程。

　　JTAG 编程方式是在线编程，这种方式不需要编程器。新一代的单片机芯片内部不仅集成了大容量的 Flash E^{2}PROM，芯片还具有 JTAG 接口，可接 JTAG ICE 仿真器，PC 提供高级语言开发环境，支持 C 语言和汇编语言，不仅可以下载程序，还可以在系统调试程序，具有调试目标系统的所有功能。在 JTAG 单片机的开发环境中，JTAG 适配器提供了计算机通信接口到单片机 JTAG 接口的透明转换，并且不出借 CPU 和程序存储器给应用系统，使得仿真更加贴近实际目标系统。单片机内部已集成了基于 JTAG 的协议调试和下载程序。JTAG 单片机的开发环境如图 10-2 所示。

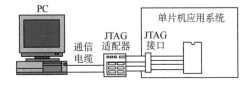

图 10-2　JTAG 单片机的开发环境

10.1.3　单片机的在线编程

　　进行单片机开发时，编程器通常是必不可少的。仿真、调试完的程序需要借助编程器写入单片机芯片内部或外接的程序存储器中。编程器对一般的开发者来说是一笔不小的投入，写入程序也需要将电路板上的单片机芯片拔下和插上，比较麻烦。

　　随着单片机技术的发展，出现了可以在线编程的单片机。在线编程主要有两种方式，即在系统编程（ISP）和在应用编程（IAP）。ISP 一般通过单片机专用的串行编程接口对单片机内部的 Flash 存储器进行编程，而 IAP 是从结构上将 Flash 存储器映射为两个存储体，当运行一个存储体上的用户程序时，可对另一个存储体重新编程，之后将控制从一个存储体转向另一个。ISP 的实现一般需要很少的外部电路辅助，而 IAP 的实现更加灵活，通常可利用单片机的串行接口接到计算机的 RS232 口，通过专门设计的固件程序对内部存储器编程。ISP 和 IAP 为单片机的实验和开发带来了很大的方便和灵活性，利用 ISP 和 IAP，不需要编程器就可以进行单片机的实验和开发，单片机芯片可以直接焊接到电路板上，调试结束即为成品，甚至可以远程在线升级或改变单片机中的程序。

10.2　Keil C51 高级语言集成开发环境——μVision4 IDE

10.2.1　Keil C51 软件简介

　　Keil C51 是美国 Keil Software 公司出品的 51 系列兼容单片机 C 语言软件开发系统，与汇编语言相比，C 语言在功能上、结构性、可读性、可维护性上有明显的优势，因而易学易用。Keil 提供了包括 C 编译器、宏汇编、链接器、库管理和一个功能强大的仿真调试器等在内的完整开发方案，通过一个集成开发环境（μVision）将这些部分组合在一起。如果用户使用 C 语言编程，那么 Keil 几乎就是他的不二之选，即使不使用 C 语言而仅用汇编语言编程，其方便易用的集成环境、强大的软件仿真调试工具也会令用户事半功倍。

　　使用汇编语言或 C 语言要使用编译器，以便把写好的程序编译为机器码，才能把 HEX 可执行文件写入单片机内。Keil μVision 是众多单片机应用开发软件中最优秀的软件之一，它支持众多不同公司的 MCS51 架构的芯片，甚至 ARM。它集编辑、编译、仿真等于一体，它的界面和常用的微软 VC++的界面相似，界面友好，易学易用，在调试程序，软件仿真方面也有很强大的功能。因此很多开发 51 应用的工程师或普通的单片机爱好者，都对它十分喜欢。

2009 年 2 月，Keil μVision4 发布，Keil μVision4 引入灵活的窗口管理系统，使开发人员能够使用多台监视器，并提供了视觉上的表面对窗口位置的完全控制的任何地方。新的用户界面可以更好地利用屏幕空间和更有效地组织多个窗口，提供一个整洁、高效的环境来开发应用程序。新版本支持更多最新的 ARM 芯片，还添加了一些其他新功能。

2011 年 3 月，ARM 公司发布的集成开发环境 RealView MDK 开发工具中集成了 Keil μVision4，其编译器、调试工具实现与 ARM 器件的最完美匹配。

μVision4 在 μVision3 的成功经验的基础上增加了以下内容：

1）系统查看程序（System Viewer）窗口提供了设备外围寄存器信息，这些信息可以在 System Viewer 窗口内部直接更改。

2）调试恢复视图（Debug Restore Views）允许保存多个窗口布局，为程序分析迅速选择最适合的调试视图。

3）多项目工作空间（Multi-Project Workspace）为处理多个并存的项目提供了简化的方法，如引导加载程序和应用程序。

4）扩展了设备仿真（Device Simulation）功能以支持许多新设备，如 Luminary、NXP 和东芝生产的基于 ARM Cortex-M3 处理器的 MCU、Atmel SAM7/9 及新的 8051 衍生品，如 Infineon XC88x 和 SiLABS 8051Fxx。

5）支持许多调试适配器接口（Debug Adapter Interfaces），包括 ADI miDAS Link、Atmel SAM-ICE、Infineon DAS 和 ST-Link。

10.2.2　μVision4 IDE 界面介绍

安装了 Keil μVision4 软件后，可双击桌面上的 Keil μVision4 图标进入 IDE 环境，界面包括标题栏、菜单栏、快捷工具栏、项目窗口、文件编辑窗口、输出窗口、状态栏等组成，如图 10-3 所示。

图 10-3　Keil μVision4 IDE 界面

10.2.3　µVision4 IDE 的举例使用

设项目名为 8LED，采用标准 AT89C52 芯片。

1）选择"Project"→"New µVision Project"命令，如图 10-4 所示。

2）在弹出的 Create New Project 对话框中选择要保存项目文件的路径，例如保存到 8LED 的目录中，在"文件名"文本框中输入项目名 8LED，如图 10-5 所示，然后单击"保存"按钮。

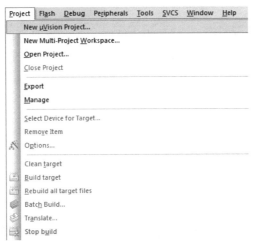

图 10-4　Project 菜单

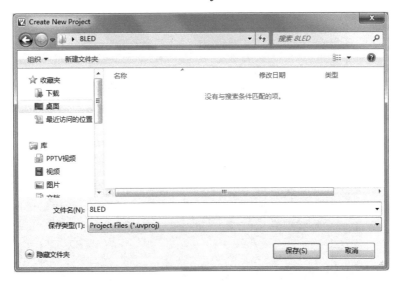

图 10-5　Create New Project 对话框

3）这时会弹出一个对话框，要求选择单片机的型号。读者可以根据使用的单片机型号来选择。Keil C51 几乎支持所有的 80C51 内核的单片机，这里以常用的 AT89C52 为例来说明。先选择 Atmel 公司，再选择 AT89C52 芯片，如图 10-6 所示，右边 Description 栏中显示该单片机的基本说明，然后单击"OK"按钮，弹出将 8051 初始化代码复制到项目中的询问对话框，如图 10-7 所示。单击"是"按钮，出现如图 10-8 所示窗口，这时，左边项目窗口的 Source

Group 1 下就会出现 STARTUP.A51 文件。如果需要重新命名 Target 1 和 Source Group 1，在左侧 Project Workspace 区单击 Target 1，再次单击 Target 1，即可重新命名 Target 1。用同样的方法可以修改 Source Group 1。这里不做修改，使用默认名称。

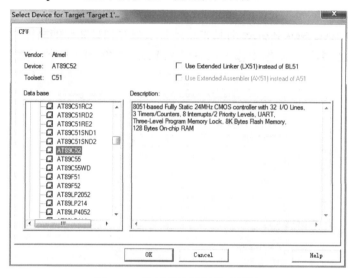

图 10-6　选择单片机型号对话框

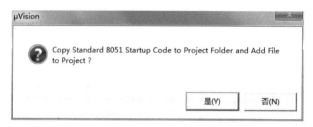

图 10-7　选择是否加入初始化代码询问信息

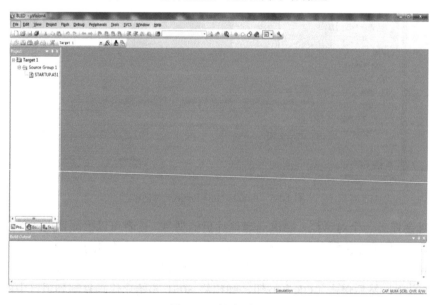

图 10-8　新建项目

208

4）这时需要新建一个源程序文件，建立一个汇编语言或 C 语言文件，如果已经有源程序文件，可以忽略这一步。选择"File" → "New" 命令，如图 10-9 所示。

5）在弹出的程序文本框中输入一个简单的程序，如图 10-10 所示，具体内容见本节后面的内容。

6）选择"File" → "Save As" 命令或单击工具栏 按钮，保存文件。在弹出的如图 10-11 所示的对话框中，选择要保存的路径，在"文件名"文本框中输入文件名。注意，一定要输入扩展名，如果是 C 语言程序文件，则扩展名为.c；如果是汇编文件，则扩展名为.asm 或.a51；如果是 ini 文件，则扩展名为.ini。这里需要保存 C 语言源程序文件，所以输入扩展名.c，单击"保存"按钮。此处保存文件名为 8LED.C。

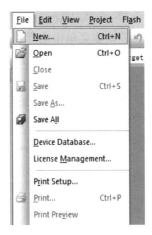

图 10-9　File 菜单

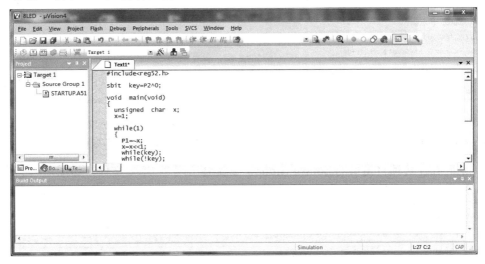

图 10-10　程序文本框

图 10-11　Save As 对话框

7）将 8LED.c 文件加入到项目中。鼠标右键单击左边项目窗口中的 Source Group 1，在弹出的快捷菜单中选择 "Add Files to Group 'Source Group 1'" 命令，如图 10-12 所示。然后在弹出的对话框中，选择刚刚建立的文件 8LED.c，文件类型选择 C Source file（*.c），单击 "Add" 按钮，如图 10-13 所示。如果是汇编文件，则选择 "Asm Source file"，如果是目标文件，则选择 "Object file"，如果是库文件，则选择 "Library file"。如果要添加多个文件，可以不断添加或一起选中添加。添加完毕后，单击 "Close" 按钮，关闭该对话框。

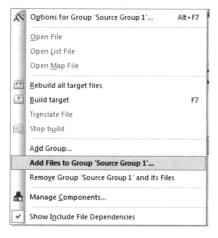

图 10-12 "Add Files to Group 'Source Group 1'" 命令

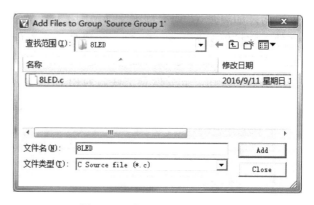

图 10-13 "Add Files to Group 'Source Group 1'" 对话框

8）这时在左边项目窗口的 Source Group 1 下就会出现 8LED.c 文件，如图 10-14 所示。

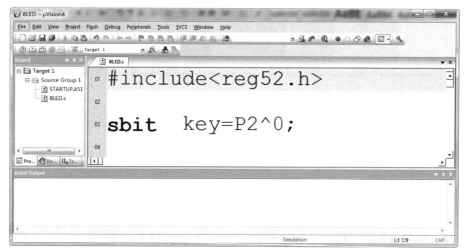

图 10-14 向项目里添加 8LED.c 文件

9）接下来要对目标进行一些设置。选择 "Project" → "Options for Target 'Target 1'" 命令，或右键单击左边项目窗口的 Target 1，在弹出的快捷菜单中选择 "Options for Target 'Target 1'" 命令，会弹出如图 10-15 所示的对话框。在这里，对话框中各选项卡的大部分内容均使用默认值，仅有少许地方需要改动，现将改动部分做些介绍。

① Device Target 选项卡。Xtal（MHz）：设置单片机工作的频率，默认值是 24.0，即 24MHz，

这里改为 80C51 单片机常用的 11.0592MHz。其他使用默认值。

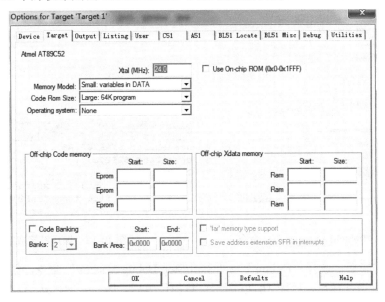

图 10-15　"Options for Target'Target 1'"对话框的 Target 选项卡

② Output 选项卡。单击"Output"标签，切换到"Output"选项卡，"Create HEX File"前的方框要打勾选中，如图 10-16 所示，表示编译后形成 HEX 文件。如果编译之后没有生成 HEX 文件，就是因为这个选项没有被选中。HEX 文件为最终目标文件，需要写入目标系统的程序存储器中。Proteus 和μVision4 联调时也需要 HEX 文件。

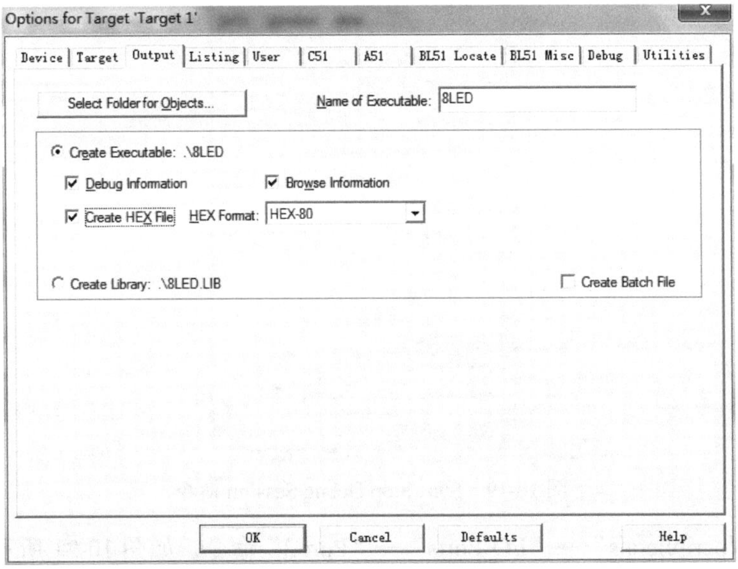

图 10-16　"Output"选项卡

最后单击"OK"按钮关闭对话框。

10）编译链接程序，按<F7>键或选择"Project"→"Rebuild all target files"命令，如图 10-17 所示。如果没有错误，则编译链接成功，下面"Build Output"窗口中会显示编译链接成功的信息，如图 10-18 所示。

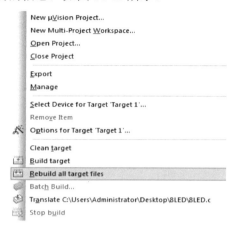

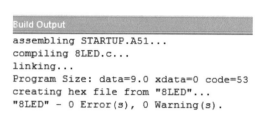

图 10-17　Rebuild all target files 命令　　　　　图 10-18　编译链接成功的信息

11）编译完毕后，选择"Debug"→"Start/Stop Debug Session"命令，如图 10-19 所示，即可进入 Debug 调试环境，如图 10-20 所示。装载代码后，Debug 调试环境左下角 Command 窗口中显示出装载成功信息。

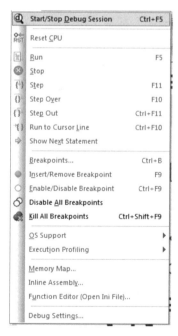

图 10-19　Start/Stop Debug Session 命令

12）选择"peripherals"→"I/O-Ports"→"Port 2"命令，如图 10-21 所示，调出 P2 口，即可查看 P2 口信号，如图 10-22 所示。接着选择"peripherals"→"I/O-Ports"→"Port 1"命令，调出 P1 口，即可查看 P1 口信息。按<F5>键或 按钮启动程序全速运行，反复勾选 P2.0，即可看到 P1 口的空位在连续移动。运行没有问题后，选择"Debug"→"Stop"命令或 按钮停止全速运行。再选择"Debug"→"Start/Stop Debug Session"命令退出 Debug 调试环境。

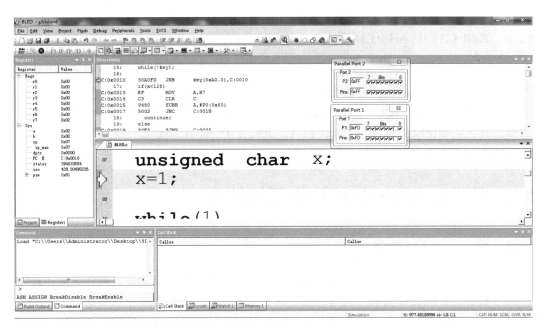

图 10-20　Debug 调试界面

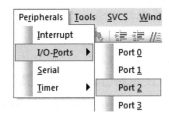

图 10-21　调出 P2 模拟端口

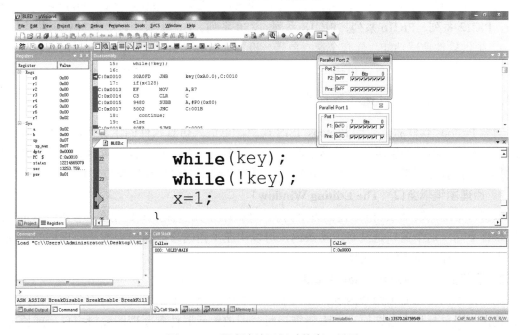

图 10-22　程序连续运行时的窗口显示

10.2.4　Keil C51 中 printf 函数

printf 函数是极为方便的信息输出函数，能将程序中的各种变量的值快速格式化并输出到控制台，其在程序调试和测试中无处不在，C 语言教材的示例程序中经常要用它作为输出。

在前面介绍μVision4 IDE 的使用中也用到了 printf 函数，Keil C51 的 printf 函数使用也极为方便，只要初始化串口后，关中断，TI=1，就能使用 printf 函数直接将信号输出到串口。在μVision4 IDE 调试时，打开串口窗口，就能看到带格式的输出。

10.3　基于 Proteus 的单片机系统仿真

10.3.1　Proteus 软件简介

Proteus 软件是英国 Labcenter Electronics 公司出版的 EDA 工具软件，可完成从原理图布图、PCB 设计、代码调试到单片机与外围电路的协同仿真，真正实现了从概念到产品的完整设计，是目前世界上唯一将电路仿真软件、PCB 设计软件和虚拟模型仿真软件三合一的设计平台，其处理器模型支持 8051、HC11、PIC、AVR、ARM、8086 和 MSP430 等，2010 年又增加了 Cortex 和 DSP 系列处理器，并持续增加其他系列处理器模型。

Proteus 软件主要具有以下特点：

1）有强大的原理图绘制功能。

2）实现了单片机仿真和 SPICE 电路仿真相结合，具有模拟电路仿真、数字电路仿真、单片机及其外围电路的系统仿真、RS232 动态仿真、I^2C 调试器、SPI 调试器、键盘和 LCD 系统仿真的功能；有各种虚拟仪器，如示波器、逻辑分析仪、信号发生器等。

3）支持主流单片机系统的仿真。目前支持的单片机类型有 68000 系列、8051 系列、AVR 系列、PIC12 系列、PIC16 系列、PIC18 系列、Z80 系列、HC11 系列以及各种外围芯片。

4）提供软件调试功能，具有全速、单步、设置断点等调试功能，同时可以观察各变量以及寄存器等的当前状态，并支持第三方编译和调试环境，如 wave6000、Keil 等软件。

10.3.2　ISIS 7 Professional 界面介绍

安装 Proteus 软件后，启动 Proteus ISIS 模块，可进入仿真软件的主界面，如图 10-23 所示。可以看出，ISIS 的编辑界面是标准的 Windows 软件风格，由标准工具栏、主菜单栏、绘图工具栏、仿真控制工具栏、对象选择窗口、原理图编辑窗口和预览窗口等组成。

1．原理图编辑窗口（The Editing Window）

该窗口是用来绘制原理图。蓝色方框内为可编辑区，元器件要放到里面。与其他 Windows 应用软件不同，这个窗口是没有滚动条的，可以用左上角的导航窗口来改变原理图的可视范围，也可用鼠标滚轮来缩放实现。

2．预览窗口（The Overview Window）

左上角窗口可以显示两个内容：在元器件列表中选择一个元器件时，它会显示该元器件的预览图；当鼠标焦点落在原理图编辑窗口时（即放置元器件到原理图编辑窗口后或原理图编辑窗口中单击鼠标后），就变成原理图的导航窗口，会显示整张原理图的缩略图，并会显示一个绿色的方框，绿色方框里面的内容就是当前原理图窗口中显示的内容，因此可以用鼠标在上面单击来改变绿色方框的位置，从而改变原理图的可视范围。

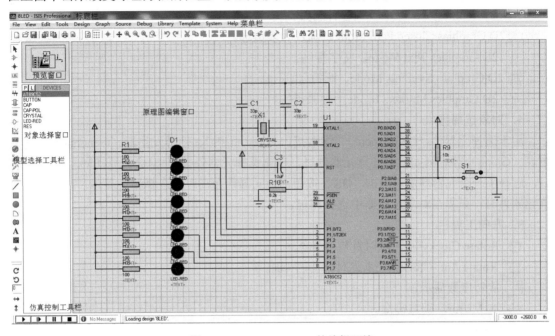

图 10-23　Proteus ISIS 7 的编辑环境

3．模型选择工具栏（Mode Selector Toolbar）

（1）主要模型（Main Modes）

Selection Mode，用于即时编辑元器件参数（先单击该图标，再单击要修改的元件）。

Component Mode，选择元器件，默认选择。

Junction Dot Mode，放置连接点。

Wire Label Mode，放置标签（相当于网络标号）。

Text Script Mode，放置文本。

Buses Mode，用于绘制总线。

Subcircuit Mode，用于放置子电路图。

（2）配件（Gadgets）

Terminals Mode，终端接口，有 VCC、地、输出口、输入口等。

Device Pins Mode，器件引脚，用于绘制各种引脚。

Graph Mode，仿真图表，用于各种分析，如噪声分析（Noise Analysis）等。

Tape Recorder Mode，录音机。

Generator Mode，信号发生器。

Voltage Probe Mode，电压探针，使用仿真图表时要用到。

Current Probe Mode，电流探针，使用仿真图表时要用到。

Virtual Instruments Mode，虚拟仪表，示波器等。

（3）2D 图形（2D Graphics）

2D Graphics Line Mode，画各种直线。

215

■ 2D Graphics Box Mode，画各种方框。

● 2D Graphics Circle Mode，画各种圆。

⌒ 2D Graphics Arc Mode，画各种圆弧。

◐◑ 2D Graphics Closed Path Mode，画各种多边形。

A 2D Graphics Text Mode，文字标注。

S 2D Graphics Symbols Mode，画符号。

╬ 2D Graphics Markers Mode，画原点等。

4．对象选择器

用于选择元器件（Component）、终端接口（Terminals）、信号发生器（Generator）、仿真图表（Graph）等。例如，要选择元器件时，单击选择元器件按钮➡会打开 Pick Devices 窗口，选择了一个元器件后，单击"OK"按钮，该元器件会在对象选择器中显示，以后要用到该元器件时，只需在对象选择器中选择即可。

5．方向工具栏

↻ Rotate Clockwise，顺时针旋转 90°。

↺ Rotate Anti-Clockwise，逆时针旋转 90°。

|0⎯ 旋转度数显示。

↔ X-Mirror，垂直镜像。

↕ Y-Mirror，水平镜像。

使用方法：元器件放置前，在对象选择器中先用鼠标左键单击选中元器件，再从方向工具栏中选择相应的旋转图标；元器件放置后，在原理图编辑窗口中先用鼠标右键单击选中元器件，再从快捷菜单中选择相应的旋转图标。

6．仿真工具栏

▶ 运行。

▶| 单步运行。

‖ 暂停。

■ 停止。

10.3.3 ISIS 7 Professional 的举例使用

设文件名为 8LED，采用标准 AT89C52 芯片。

1．建立文件

从 Windows "开始"菜单中打开 Proteus 7 Professional 菜单，选择 ISIS 7Professional 选项，如图 10-24 所示，或双击桌面图标ISIS，即可运行 ISIS 7Professional，运行后的主界面如图 10-25 所示。

单击工具栏中的▤按钮，将文件保存到上一节中建立的 8LED 文件夹里，文件名为 8LED，文件类型为 ISIS 7.0 Design File，如图 10-26 所示。

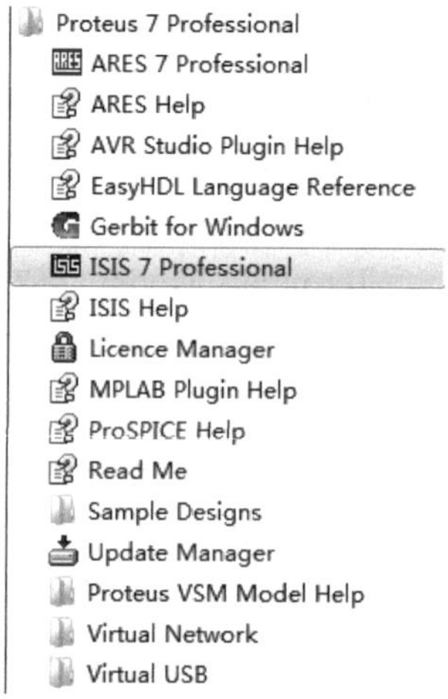

2．将库元件加入文件

在对象选择窗口中单击▣按钮（Pick from Libraries），弹出"Pick Devices"窗口，在

图 10-24　Proteus 7 Professional 菜单

"Keywords"框中输入"AT89C52"（不区分大小写），在"Results"框中发现有两项结果，如图 10-27 所示。选中第一项"AT89C52"，单击"OK"按钮，或双击第一项"AT89C52"，即可将元器件库中的元器件 AT89C52 加入到对象选择窗口中去。

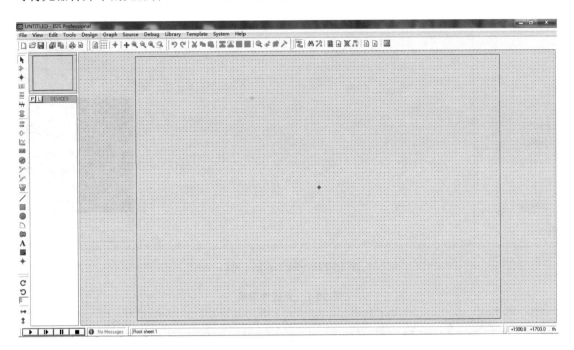

图 10-25　ISIS 7Professional 主界面

图 10-26　保存文件

按照上述操作，将表 10-1 中的元器件一一加入到对象选择窗口中去，如图 10-28 所示。

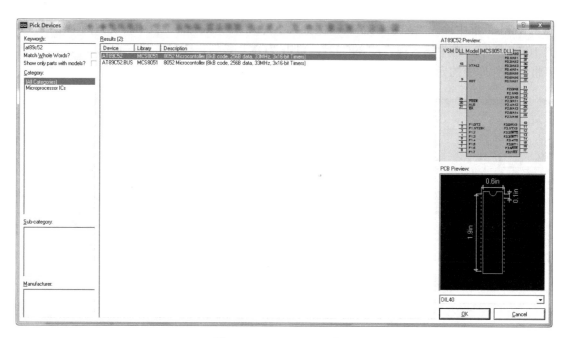

图 10-27 Pick Devices 窗口

表 10-1 元器件清单

元器件编号	元器件名称	说明
U1	AT89C52	单片机
LED1~LED8	LED-RED	红色发光二极管
R1~R10	RES	电阻
X1	CRYSTAL	晶振
C1~C2	CAP	无极性电容
C3	CAP-POL	有极性电容
S1	BUTTON	按键

3．放置元器件

单击 ⇨ 按钮，在对象选择窗口中就出现刚刚加入的所有元器件。用鼠标左键单击选中 **AT89C52**，将鼠标移动到原理图编辑窗口。再次用鼠标左键单击，所选元器件即悬挂在鼠标上，移动鼠标，在合适的位置上左键单击放下所选元器件。按照上述操作，将所有对象选择窗口中的器件一一放到原理图编辑窗口。

图 10-28 对象选择窗口中的元器件

【注意】 若元器件位置需要移动，先用鼠标左键单击元器件，使元器件变红选中，然后再用鼠标左键按住元器件不放，移动鼠标即可拖动元器件，拖动元器件到合适的位置，松开鼠标左键即可再次放下元器件。

4．放置电源和地

图 10-29 TERMINALS 窗口列表

单击工具箱中的 按钮，对象选择窗口出现 TERMINALS 列表，如图 10-29 所示，和上述元件操作步骤一样，选择 POWER 和 GROUND 向原理图编辑窗口添加电源和地。

至此，元器件布局完成，如图 10-30 所示。

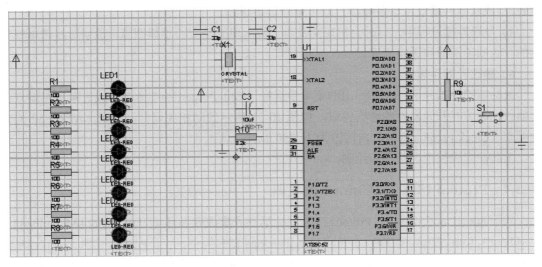

图 10-30　元器件布局

5. 元器件连线

ISIS 具有自动连线功能，默认开启，使用上方工具栏中的 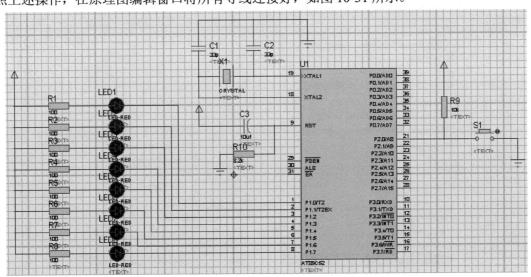 按钮可以实现自动连线的开启和关闭。只要选择一根连线的起始点和结束点，它就会自动寻找合适的路径进行连接。

移动鼠标到一个元器件的一端引脚，软件会自动捕捉该元器件的电气连接点，此时鼠标符号由箭头符号变成笔形符号，单击鼠标左键即可从改点引出导线。将鼠标移动到另一元器件的一端引脚，软件再次自动捕捉该元器件的电气连接点，单击鼠标即可完成导线连接。按照上述操作，在原理图编辑窗口将所有导线连接好，如图 10-31 所示。

图 10-31　8LED 电路原理图

注意：

1）连线过程中可用鼠标左键单击手动放置固定点，并由此点继续连线。

2）如果连线过程中出现错误，可用鼠标右键释放本次连线操作。

3）如果一条导线连接错误，可用鼠标右键单击该条导线，在弹出的菜单中选择"Delete Wire"，或鼠标右键双击该条导线，即可删除该条导线。

4）导线连接过程中，有时会出现交叉点。若出现的是实心小黑圆点，说明导线是电气连接的，否则说明导线无电气连接。

6. 修改元器件属性

鼠标右键单击元器件，在弹出的菜单中选择"Edit Properties"命令，或者鼠标左键双击元器件，即可打开元器件的编辑窗口，如图 10-31 所示改动相关属性。注意，AT89C52 的时钟频率（Clock Frequency）框内应改为 11.0592MHz。

至此，完成整个电路图的绘制。

10.3.4　Proteus ISIS 与μVision4 的联调

对于 80C51/80C52 系列，Proteus ISIS 支持第三方集成开发环境 IDE，例如 IAR Embedded Workbench、Keil μVision4 IDE。本书以 Keil μVision4 IDE 为例，介绍 Proteus ISIS 与＆μVision4 的联调。联调所需的 vdmagdi.exe 插件可以在安装盘里找到，或到 Labcenter 公司网站上下载，安装该插件并进行必要的设置后即可实现与 Keil μVision4 IDE 的联调。

1. Proteus ISIS 的设置

在 Proteus ISIS 中打开一个原理图文件，从菜单中选择"Debug"→"Use Remote Debug Monitor"命令，如图 10-32 所示。

2. Keil μVision4 IDE 的设置

在 Keil μVision4 IDE 中打开一个工程，从菜单中选择"Project"→"Options for Target 'Target1'"命令，如图 10-33 所示。在弹出的窗口中选择"Debug"选项卡，选中右边的"Use"项，在其后的下拉列表中选择"Proteus VSM Simulator"项，如图 10-34 所示，最后单击"OK"按钮。

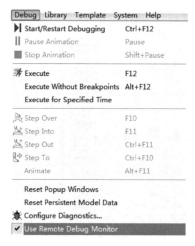

图 10-32　"Use Remote Debug Monitor"命令

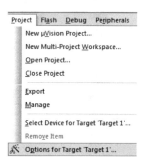

图 10-33　"Project"菜单

3. Proteus ISIS 与 Keil μVision4 的联调

在 Keil μVision4 的环境下，选择菜单"Debug"→"Start/Stop Debug Session"命令，如

图 10-35 所示，进入调试模式（见图 10-36），然后切换到 Proteus ISIS 环境（见图 10-37），发现其同时进入调试模式。此时，Proteus ISIS 的运行完全依赖于外部调试器 Keil μVision4。

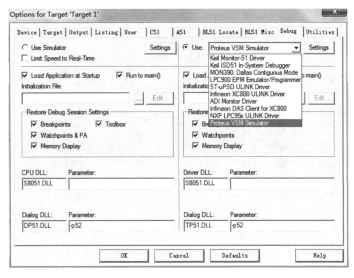

图 10-34　"Debug" 选项卡

图 10-35　Start/Stop Debug Session 命令

图 10-36　Keil μVision4 调试环境

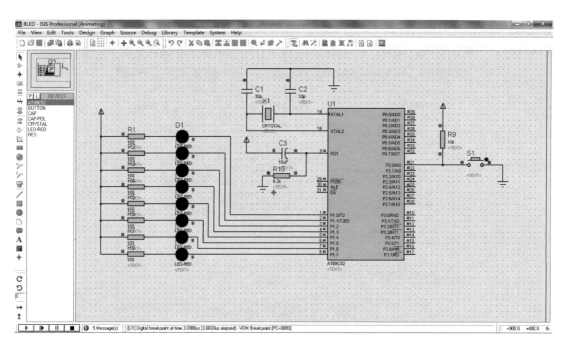

图 10-37　Proteus ISIS 调试环境

本章小结

本章主要介绍了 Keil C51 μVision 4 和 Proteus ISIS 7 Professional 两种 EDA 软件，并以 8LED 举例来学习两种软件的使用，最后介绍了 Keil μVision 4 和 Proteus ISIS 7 Professional 的联合调试方法，联合调试方法大大地增强了单片机开发系统的调试能力。

思考题与习题

10-1　简述一个典型的单片机系统开发环境组成。

10-2　简述单片机仿真器的工作步骤。

10-3　什么是 ISP？什么是 IAP？具有这些功能的单片机有哪些特点？

10-4　单片机系统的编程语言有哪几种？单片机的 C 语言有哪些优点？

10-5　用 Proteus ISIS 和 Keil μVision4 软件设计一个 8LED 流水灯电路，要求有三种以上的流水花样，要求实现 Proteus ISIS 和 Keil μVision4 的联调。

第 11 章　51 系列单片机应用系统设计

11.1　单片机应用系统结构及设计过程

单片机应用系统是一个相当复杂的系统，需要设计者对软硬件设计都非常了解。

一般来说，一个单片机应用系统的设计应该分为以下几步：

1. 确定系统的技术要求

确定系统的技术要求是系统设计的依据和出发点，整个设计过程都必须围绕这个技术要求来工作。在设计过程中，应对所设计系统的技术可行性进行分析，对系统的性能、成本、可靠性、可操作性、经济效益进行综合考虑，确定一个合理的技术指标，提高所设计的应用系统的性能、经济效益，使所设计的系统有较好竞争力。

2. 总体设计

在任务和技术指标确定之后，要进行调查研究和查阅资料，以完成系统的总体设计。总体设计的主要任务是确定系统的功能，研究系统的可行性，估计系统成本，确定系统的整体方案。

在满足系统的基本技术性能指标前提下，选择合适的单片机。现在单片机的型号很多，性能都比较好，应该从市场能否长期供货、是否有较完善的开发装置和相应的应用资料方面来考虑单片机的型号，要根据应用产品的数量及开发情况来选择单片机。元器件的选择包括传感器、模拟电路、I/O 电路和存储器电路等，这些元器件在总体设计阶段只需了解大体的市场情况，待硬件设计时最后确定。

总体设计时，还应划分硬件和软件的功能。一般说来，硬件和软件具有一定的互换性，有些由硬件实现的功能也可以由软件来完成，反之亦然。若用硬件完成一些功能，可以提高工作速度，但增加了硬件成本；若用软件代替某些硬件的功能，可使硬件成本降低，但会引起系统工作速度的降低和软件工作量的增加。因此，总体设计时，必须在硬件和软件之间权衡。如果系统比较庞大，则需要划分功能模块，确认各个模块的功能目标、相互间的接口等问题。

3. 硬件设计

在确定了整体方案的基础上，根据方案中对系统和功能的要求、元器件的选型，然后设计单片机和外围器件的接口和驱动电路，画出原理图并进行验证，还需要考虑硬件的抗干扰、功耗等问题。

4. 软件设计

软件是系统的灵魂。此部分可以在硬件设计的后期与硬件设计同步进行。软件设计的目标是根据硬件的结构设计出相应的功能程序，并在硬件平台上进行功能测试，根据测试结果进行进一步的修改。

5. 系统整体测试

在软硬件设计完成后，必须进行系统的整体测试。测试系统功能是否完备，硬件设计整体是否合理。此外，应对系统在相应环境下的稳定性、抗干扰性进行测试。

6．系统功能扩展、升级、完善

在系统设计时还需考虑到今后产品的更新问题，应该保留升级的接口，做好今后升级的准备。

51 系列单片机的应用系统根据用途的不同，它们的硬件和软件的结构差别很大，但系统研制的方法和步骤是基本相同的，一般的设计过程如图 11-1 所示。

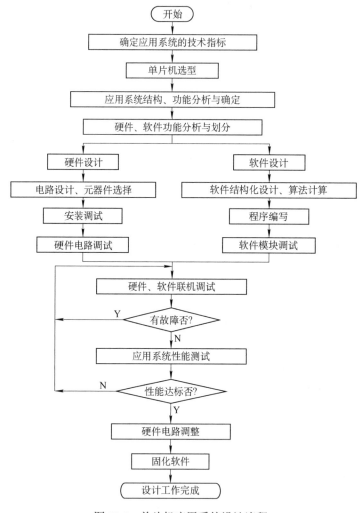

图 11-1　单片机应用系统设计流程

11.1.1　硬件设计

1．单片机的选择

CPU 是最主要的元器件。选择 CPU 时，应主要考虑其主频、运算速度、ROM 和 RAM的容量、I/O 接口情况以及开发装置的使用情况，应该尽量在满足系统设计的条件下选用自己熟悉的 CPU。

2．数据存储器和 I/O 接口

对于数据存储器容量的需求，各个系统之间差别较大。对于常规的智能仪表和实时控制器，51 系列单片机的片内 RAM 已能满足要求，若需扩展少量 RAM，可使用 E^{2}PROM 芯片；对于数据采集系统，往往需要有较大容量的 RAM，这时 RAM 电路选择的原则是尽可能减少芯片的数量。在选择 I/O 接口电路时，应从性能、价格和负载等方面考虑，选用标准的 I/O 接口电路使编程方便、应用灵活、负载小，但它的 I/O 线和一些功能往往得不到充分利用，造成浪费。

3．地址译码电路

MCS-51 系列单片机是根据地址来选择外部扩展电路进行信息交换的。外部电路的地址由所选的地址译码方法来确定，通常采用全地址译码方法或线选法。

4．总线驱动器

MCS-51 系列单片机的外部扩展空间是很大的，但扩展总线口（P0、P2）和控制信号线的负载能力是有限的（P0 口为 8 个 LSTTL 电路，P2 口为 4 个 LSTTL 电路）。若所扩展的电路负载超过总线负载能力，系统便不能可靠地工作，这时在总线上必须加驱动器。常用的总线驱动器为双向 8 路三态缓冲器 74LS245 和单向 8 路三态缓冲器 74LS244。

5．其他外围电路

由于单片机的特点，它被大量地应用于工业测控系统。在测量和控制系统中，经常需要对一些现场物理量进行测量或者将其采集下来进行信号处理之后再反过来去控制被测对象设备。在这种情况下，应用系统的硬件设计就应包括与此有关的外围电路。

11.1.2　软件设计

软件设计是系统设计中最为关键的工作。在进行总体设计时，要考虑单片机系统的硬件和软件之间的关系，使软件能很好地服务于硬件，使总体设计更合理。

1．确定任务

根据系统软、硬件的功能，确定软件应完成什么功能。作为实现控制功能，应明确控制对象、控制信号及控制时序；作为实现处理功能的软件，应明确输入是什么、做什么样的处理（即处理算法)、产生何种输出。

2．设计软件结构

首先，要确定整个系统的输入、输出要求，CPU 与外界接口的信息交换方式，传递信息的速率和信息的状态。其次，要确定输入输出信息的处理方式，确定输入数据的类型是开关量还是模拟量，确定输出数据的类型和交换方式。

软件结构的设计与程序的设计技术密切相关。程序设计技术则提供了程序设计的基本方法。在单片机应用系统中，最常用的程序设计方法是模块程序设计。模块程序设计具有结构清晰、功能明确、设计简便、程序模块可共享、便于功能扩展及便于程序维护等特点。为了编制模块程序，要将软件功能划分为若干子功能模块，然后确定出各模块的输入、输出及相互间的联系。

通常软件编写可独立进行，编好的程序有些可以脱离硬件运行和测试，有些可以在局部硬件支持下完成调试。软件与硬件不同，它的正确与否主要由程序本身所决定。但有时候，使软件产生错误的条件没有发生，虽然通过上百上千次的运行，也不一定会发生问题，而且软件的问题和硬件潜在的故障混合在一起，就更加难以查找和判别。所以，软件能正常运行并不说明这个软件不存在缺陷，只是发生故障的条件没有存在而已。因此，在软件设计时，除了在结构上采取相应措施以外，还要抓住那些偶然出现的异常现象，反复运行和测试，使用各种方法确定发生错误的大致范围、发生错误的条件，尽量把故障排除在样机试制阶段，减少以后正常运行时的麻烦。

11.2　单片机应用系统的抗干扰技术

单片机应用系统在现场使用过程中，往往会遇到比较复杂和恶劣的工作环境，因此系统会出现各种各样的故障，干扰是主要原因之一。如何使单片机应用系统能长期、可靠地工作，是一个十分重要的问题。

11.2.1　干扰源

在单片机应用系统中，主要存在空间辐射干扰、信号通道干扰、电源干扰和数字电路引起的干扰。抗干扰就是针对干扰的产生性质、传播途径、侵入的位置和侵入的形式，采取适当的方法消除干扰源，抑制耦合通道，减弱电路对噪声干扰的敏感性，通常需要采取"综合治理"的措施。

11.2.2　硬件抗干扰方法

1．合理选择元器件

根据电器参数选择合理元器件以满足系统性能要求，应尽量选用集成度高、温漂小、抗干扰性能好以及功耗小的元器件。

2．电源干扰的抑制

在交流电网进线端并接压敏电阻，吸收浪涌电压，也可防雷。高频电感与电路电容组成的低通滤波器，可抑制电网引入的高频噪声。可采取模拟电路与数字电路的电源分开、电源浮空技术、使用电源隔离变压器、隔离电源技术和电源滤波技术。在设计滤波器时，必须注意让谐振频率远小于干扰频率。

3．电磁场干扰的抑制

1）选用外时钟频率低的微控制器。

2）减少过孔数目，缩短导线长度，减小信号传输中的畸变。

3）减小来自电源的噪声。

4．接地技术

单片机测控系统中，高频电路应就近多点接地，低频电路应单点接地。交流地和信号地不能共用。可将系统中的各个部分全部与大地浮置起来，但系统中的各机壳应接地。对于数字地，印制电路板中的地线，应做成网状，而且其他布线不要形成环路，特别是环绕外周的环路，印制电路板中的条线不能长距离平行，不得已时，应加隔离电极和跨接线或屏蔽。

5．通道干扰

（1）隔离技术

隔离分为对模拟信号的隔离和对数字信号的隔离。对数字信号的隔离，通常采用光耦合器。这种方法信号的传递是通过光信号实现的，没有直接的电信号连接，因此隔离了干扰的传递途径，但这种方法隔离不断辐射、感应干扰，且光耦合器件隔离传导干扰的能力只有 1kV

左右。对于模拟信号的隔离，通常采用隔离放大器，利用隔离放大器内的变压器将信号磁耦合，隔断通路的线路连接，从而切断干扰源，也可采用光耦合器实现模拟信号隔离，即由电压-频率转换器（VFC）把模拟信号转换成数字信号再通过光耦合器隔离，而光耦合器的输出信号在由频率-电压转换器（FVC）转换成模拟信号。

（2）通道中元器件选择与抗干扰

多路转换器的输入常常受到各种环境噪声的污染，尤其易受到共模噪声的干扰。在多路转换器输入端接入共模扼流圈，可抑制外部传感器引入的高频共模噪声。转换器高频采样时产生的高频噪声，应在单片机与 A-D 转换器之间采用光耦合器隔离。在传感器工作环境复杂和恶劣时，应选择测量放大器，使其在微弱信号系统中用作前置放大器。

（3）布线抗干扰设计

为防止长线传输中的窜扰，采用交叉走线是行之有效的办法。长线传送时，功率线、载流线和信号线分开，电位线和脉冲线分开。存储器的布线抗干扰设计，一般采取的措施有：数据线、地址线、控制线要尽量缩短，以减少对地电容。由于开关噪声严重，要在电源入口处以及每片存储芯片的 V_{CC} 与 GND 引脚之间接入去耦电容。由于负载电流大，电源线和地线要加粗，走线尽量短。印制电路板两面的三总线互相垂直，以防止总线之间的电磁干扰。总线的始端和终端要配置合适的上拉电阻，以提高高电平噪声容限，增加存储器端口在高阻状态下抗干扰能力和削弱反射波干扰。三总线与其他扩展板相连接时，通过三态缓冲门后连接，可以有效防止外界电磁干扰，改善波形和削弱反射干扰。

11.2.3　软件抗干扰方法

在提高硬件系统抗干扰能力的同时，软件抗干扰以其设计灵活、节省硬件资源、可靠性好的特点，越来越受到重视。软件抗干扰的主要内容为消除模拟输入信号的噪声（如数字滤波技术）和程序运行混乱时使程序重入正轨。下面以 51 系列单片机系统为例，针对后者提出几种有效的抗干扰方法。

1．指令冗余

单片机取指令过程是先取操作码，再取操作数。当单片机受干扰出现错误，程序便脱离正常轨道"乱飞"。在关键地方人为插入一些单字节指令，或将有效单字节指令重写称为指令冗余。通常是在双字节指令和三字节指令后插入两个字节以上的 NOP。这样即使乱飞程序飞到操作数上，由于空操作指令 NOP 的存在，避免了后面的指令被当作操作数执行，程序自动纳入正轨。

2．拦截技术

拦截是指将乱飞的程序引向指定位置，再进行出错处理。常用的有两种方法：一种是软件陷阱技术，另一种是软件"看门狗"技术。

（1）软件陷阱技术

软件陷阱是指用来将捕获的乱飞程序引向复位入口地址 0000H 的指令。当乱飞程序进入非程序区，冗余指令便无法起作用。通过软件陷阱，拦截乱飞程序，将其引向指定位置，再进行出错处理。通常在 EPROM 中非程序区填入以下指令作为软件陷阱：

NOP

NOP

LJMP　0000H

（2）软件"看门狗"技术

若失控的程序进入"死循环"，通常采用"看门狗"技术使程序脱离"死循环"。通过不断检测程序循环运行时间，若发现程序循环时间超过最大循环运行时间，则认为系统陷入"死循环"，需进行出错处理。

11.3　基于单片机的温室温度控制系统

11.3.1　系统简介

温室作物生产与大田作物生产的主要区别是温室中的小气候环境可以根据作物生长的需要进行实时的控制。温室的小气候环境包括温度、湿度、二氧化碳浓度、光照、通风等环境变量。本节仅针对温度环境变量，基于 Proteus 软件设计了一种以 AT89C52 单片机为控制芯片的温室温度控制系统。该系统通过键盘设定作物的适宜生长温度，使用 DS18B20 数字温度传感器对温度进行实时检测（可将实测温度送往上位机），通过 LCD1602 液晶显示器实时显示设定温度和实测温度，以红色发光二极管和绿色发光二极管分别表示升温设备和降温设备，根据温度范围控制理论调节温室的温度，以保证作物适宜的生长。

11.3.2　硬件设计

系统硬件电路如图 11-2 所示。整个系统包括控制芯片和系统配置电路、温度测量电路、温度控制电路、温度显示电路、温度报警电路、键盘电路和通信电路等。

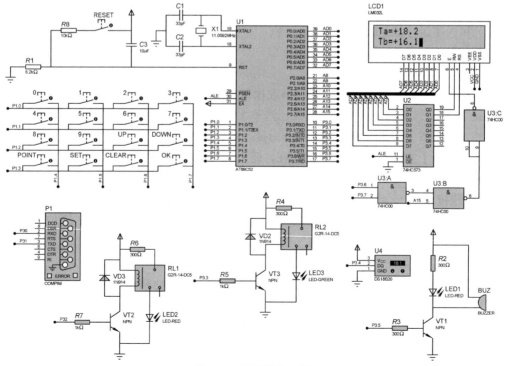

图 11-2　系统硬件电路

1. 控制芯片和系统配置电路

控制芯片选用 Atmel 公司的 AT89C52。AT89C52 是采用 CHMOS 工艺的 8 位单片机,片内有 8KB 的 Flash E^2PROM,256B 的 RAM。

系统配置电路主要包括时钟电路、复位电路、电源电路、存储器配置电路等,这些构成了单片机的最小系统。其中时钟电路中的晶体振荡器选用 11.0592MHz。复位电路采用上电复位和按键复位组合。存储器配置为单片机内部的 8KB 程序存储器。本文还采用 74HC573 搭建出了单片机的 8 位数据总线和 16 位地址总线。

2. 温度测量电路

温度传感器选用 DALLAS 公司生产的一线式数字温度传感器 DS18B20。其具有 3 引脚 TO-92 小体积封装形式,温度测量范围为 −55~+125℃,可编程为 9~12 位 A-D 转换精度,测温分辨率可达 0.0625℃,被测温度用符号扩展的 16 位数字量方式串行输出,其工作电源既可在远端引入,也可采用寄生电源方式产生。多个 DS18B20 可以并联到 3 根或 2 根线上,CPU 只需一根端口线就能与诸多 DS18B20 通信,占用 CPU 的端口较少,可节省大量的引线和逻辑电路。以上特点使 DS18B20 非常适用于远距离多点温度检测系统。

3. 温度显示电路

显示器选用字符型液晶显示模块 LCD1602,可显示 2 行各 16 个字符。液晶显示器具有体积小、功耗低、抗干扰能力强等优点。字符型液晶显示模块目前在国际上已经规范化,无论显示屏规格如何变化,其电特性和接口形式都是统一的,因此只要设计一种型号的接口电路,在指令设置上稍加改动即可使用各种规格的字符型液晶显示模块。

第一行显示设定温度值,第二行显示实测温度值。

4. 温度控制电路

温度控制电路通过 2 个 5V 继电器分别控制升温设备(加热器)和降温设备(风扇)工作来调节温度。其中,红色发光二极管代替加热器,绿色发光二极管代替风扇。

采用温度范围控制可以较好地适应温度这个大惯性环境变量,以避免频繁地启动加热器和风扇,减少能量损耗,延长设备使用寿命。

5. 温度报警电路

温度报警电路采用声光报警。声音报警采用 5V 蜂鸣器,灯光报警采用红色发光二极管。当报警电路工作时,蜂鸣器会发出 500Hz 的刺耳报警声,红色发光二极管会不停闪烁。

6. 键盘电路

键盘电路采用为 4×4 的行列式键盘,以节约单片机的 I/O 引脚资源。本电路主要完成作物的适宜生长温度的设定。

7. 通信电路

通信电路主要是方便日后系统电路扩展升级所用,上位机可通过网络对各个温室进行实时监控,例如温度数据的实时收集、作物生长温度的设定等。

11.3.3　软件设计

1. 系统程序

系统程序采用 C 语言的模块化设计,主要包括初始化程序、键盘检测程序、温度测量程序、温度显示程序、温度控制程序、通信程序等。系统程序流程图如图 11-3 所示。系统开始运行后，先对硬件进行初始化，接着对键盘进行检查，然后读取 DS18B20 的温度数据，将其显示在 LCD1602 上，并依据温度比较的结果进行相应的温度调节和声光报警动作，再将实测温度数据送往上位机，最后返回到键盘检查进行重复循环。

2. 温度检测和转换程序

每隔 1s 就读取 1 次数字温度传感器 DS18B20 的数据，并将数据转换成适合液晶显示器显示的十进制数。

DS18B20 的工作协议流程如下：初始化→ROM 操作指令→存储器操作指令→数据传输，其工作时序包括初始化时序、写时序和读时序。

DS18B20 的主要函数如下所示：

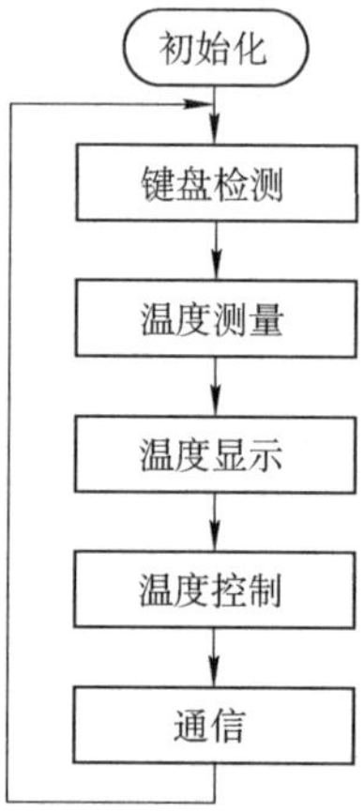

```
/*读温度数据函数*/
unsignedintread_temp()
{
unsigned char data temperature[2];
unsigned char i;
unsignedintwTemp;
    ds1820_reset();
    ds1820_write_data(0xcc);              //跳过 ROM 命令
    ds1820_write_data(0x44);              //温度转换命令
    ds1820_reset();
    ds1820_write_data(0xcc);
    ds1820_write_data(0xbe);              //读命令
for(i=0; i<2; i++)
    {
        temperature[i]=ds1820_read_data(); //先读温度数据的低 8 位、再读高 8 位
    }
    ds1820_reset();
wTemp=((unsigned int)temperature[1])*256+temperature[0];
return(wTemp);
}


bit ds1820_reset()
{
unsigned char i;
bit flag;
DS1820_DQ=0;                          //拉低总线
    for(i=240; i>0; i--);             //延时 480μs
    DS1820_DQ=1;                      //释放总线
    for(i=40; i>0; i--);             //延时 80μs
flag=DS1820_DQ;
```

图 11-3　系统程序流程图

```
        for(i=200; i>0; i--);                    //延时 400μs 等待总线恢复
    return(flag);
    }

    void ds1820_write_data(unsigned char ds1820_wdat)
    {
    unsigned char i, j;
    for(i=8; i>0; i--)
        {
            DS1820_DQ=0;
            for(j=2; j>0; j--);                  //延时 4μs
            DS1820_DQ=ds1820_wdat&0x01;          //发送 1 位
            for(j=30; j>0; j--);                 //延时 60μs
            DS1820_DQ=1;
            ds1820_wdat>>=1;
        }
    }

    unsigned char ds1820_read_data()
    {
    unsigned char i, j, ds1820_rdat=0;
    for(i=8; i>0; i--)
        {
            ds1820_rdat>>=1;
            DS1820_DQ=0;
            delay_10us();
            DS1820_DQ=1;
        for(j=4; j>0; j--);                      //延时 8μs
    if(DS1820_DQ==1)
            ds1820_rdat|=0x80;
            for(j=30; j>0; j--);                 //延时 60μs
            DS1820_DQ=1;
        }
    return(ds1820_rdat);
    }

    /*温度格式转换函数*/
    voidTempChange(intTempHex)
    {
```

```
floatTz;
Tx=TempHex*0.0625;
if(TempHex<0)
    {
Tb[0]='-';
TempHex=～TempHex+1;
    }
else
Tb[0]='+';
Tz=TempHex*0.0625;
TempHex=Tz*10+0.5;
Tb[1]=48+TempHex/100;
Tb[2]=48+TempHex%100/10;
Tb[3]='.';
Tb[4]=48+TempHex%100%10;
}
```

3．温度控制程序

温度控制程序采用温度范围控制理论，整个系统有 5 个温度值，分别为设定温度值、工作温度上限值、工作温度下限值、报警温度上限值和报警温度下限值。

温度控制程序流程图如图 11-4 所示。当实测温度处于工作温度上下限值范围内时，加热器和风扇均不工作。当实测温度高于工作温度上限值时，风扇工作，开始进行降温；当实测温度低于工作温度下限值时，加热器工作，开始进行升温；当实测温度高于温度报警上限值或低于温度报警下限值时，报警电路开始工作；当实测温度被调节到温度报警上下限值范围内时，报警电路停止工作。

温度控制函数如下所示：

```
/*温度控制函数*/
voidTempControl(void)
{
charTxy;
Txy=Tx-Ty;
if(Txy>4)
  {
      Alarm=1;
     SubTemp=1;
     AddTemp=0;
  }
else if(Txy>1)
  {
      Alarm=0;
```

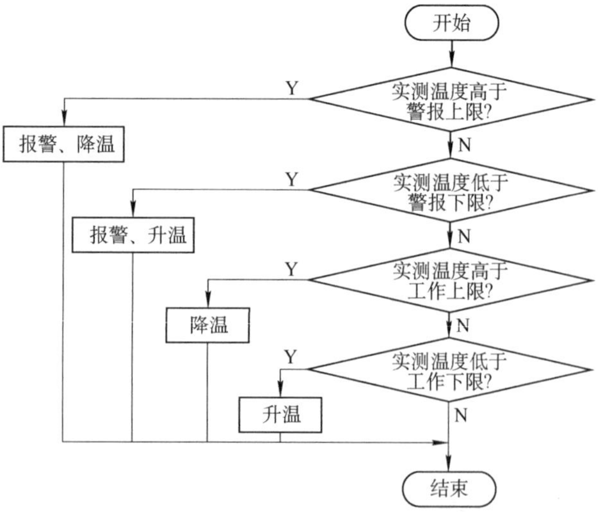

图 11-4　温度控制程序流程图

```
                SubTemp=1;
                AddTemp=0;
            }
        else if(Txy>-2)
                {
                    Alarm=0;
                SubTemp=0;
                AddTemp=0;
                }
            else if(Txy>-5)
                    {
                        Alarm=0;
                SubTemp=0;
                AddTemp=1;
                    }
                else
                    {
                        Alarm=1;
                SubTemp=0;
                AddTemp=1;
                    }
        }
```

本章小结

　　本章先介绍了 51 系列单片机应用系统的一般开发和研制过程，然后通过一个实例——温室温度控制系统来对 51 系列单片机应用系统的软、硬件设计等方面做出分析和讨论。

思考题与习题

11-1　简述单片机应用系统的设计流程。

11-2　在单片机应用系统中，主要有哪些类型的干扰？通常采用哪些方式进行消除干扰？

11-3　什么是单片机的拦截技术？常用哪几种方法？

11-4　单片机的选型主要考虑哪些参数？

11-5　单片机电气隔离技术的目的是什么？常用的电气隔离技术有哪些？

附　　录

附录 A　ASCII 码对照表

高位 低位		0 000	1 001	2 010	3 011	4 100	5 101	6 110	7 111
0	0000	NUL	DLE	SP	0	@	P	、	p
1	0001	SOH	DC1	!	1	A	Q	a	q
2	0010	STX	DC2	"	2	B	R	b	r
3	0011	ETX	DC3	#	3	C	S	c	s
4	0100	EOT	DC4	$	4	D	T	d	t
5	0101	ENQ	NAK	%	5	E	U	e	u
6	0110	ACK	SYN	&	6	F	V	f	v
7	0111	BEL	ETB	'	7	G	W	g	w
8	1000	BS	CAN	(	8	H	X	h	x
9	1001	HT	EM	)	9	I	Y	i	y
A	1010	LF	SUB	*	:	J	Z	j	z
B	1011	VT	ESC	+	;	K	[	k	{
C	1100	FF	FS	,	<	L	\	l	|
D	1101	CR	GS	—	=	M	]	m	}
E	1110	SO	RS	.	>	N	↑	n	~
F	1111	SI	US	/	?	O	←	o	DEL

表中符号说明：

NUL：空	DLE：数据链换码
SOH：标题开始	DC1：设备控制 1
STX：正文结束	DC2：设备控制 2
ETX：本文结束	DC3：设备控制 3
EOT：传输结束	DC4：设备控制 4
ENQ：询问	NAK：否定
ACK：承认	SYN：空转同步
BEL：报警符	ETB：信息组传送结束
BS：退一格	CAN：作废
HT：横向列表	EM：纸尽
LF：换行	SUB：减
VT：垂直制表	ESC：换码
FF：走纸控制	FS：文字分隔符
CR：回车	GS：组分隔符
SO：移位输出	RS：记录分隔符
SI：移位输入	US：单元分隔符
SP：空格	DEL：作废

附录 B MCS-51 系列单片机汇编语言指令表（A）

序号	助记符	指令功能	对标志位影响				操作码
			Cy	AC	OV	P	
1	MOV A, Rn	A←Rn	×	×	×	√	E8H～EFH
2	MOV A, direct	A←(direct)	×	×	×	√	E5H
3	MOV A, @Ri	A←(Ri)	×	×	×	√	E6H，E7H
4	MOV A, #data	A←data	×	×	×	√	74H
5	MOV Rn, A	Rn←A	×	×	×	×	F8H～FFH
6	MOV Rn, direct	Rn←(direct)	×	×	×	×	A8H～AFH
7	MOV Rn, #data	Rn←data	×	×	×	×	78H～7FH
8	MOV direct, A	direct←A	×	×	×	×	F5H
9	MOV direct, Rn	direct←Rn	×	×	×	×	88H～8FH
10	MOV direct1, direct2	direct1←(direct2)	×	×	×	×	85H
11	MOV direct, @Ri	direct←(Ri)	×	×	×	×	86H，87H
12	MOV direct, #data	direct←data	×	×	×	×	75H
13	MOV @Ri, A	(Ri)←A	×	×	×	×	F6H，F7H
14	MOV @Ri, direct	(Ri)←(direct)	×	×	×	×	A6H～A7H
15	MOV @Ri, #data	(Ri)←data	×	×	×	×	76H～77H
16	MOV DPTR, #data16	DPTR←data16	×	×	×	×	90H
17	MOVC A, @A+DPTR	A←(A+DPTR)	×	×	×	√	93H
18	MOVC A, @A+PC	A←(A+PC)	×	×	×	√	83H
19	MOVX A, @Ri	A←(Ri)	×	×	×	√	E2H，E3H
20	MOVX A, @DPTR	A←(DPTR)	×	×	×	√	E0H
21	MOVX @Ri, A	(Ri)←A	×	×	×	×	F2H，F3H
22	MOVX @DPTR, A	(DPTR)←A	×	×	×	×	F0H
23	PUSH direct	SP←SP+1, (direct)→(SP)	×	×	×	×	C0H
24	POP direct	direct←(SP), SP←SP-1	×	×	×	×	D0H
25	XCH A, Rn	A⇆Rn	×	×	×	√	C8H，CFH
26	XCH A, direct	A⇆(direct)	×	×	×	√	C5H
27	XCH A, @Ri	A⇆(Ri)	×	×	×	√	C6H，C7H
28	XCHD A, @Ri	A3～A0⇆(Ri)3～(Ri)0	×	×	×	√	D6H，D7H

算术运算指令

序号	助记符	指令功能	对标志位影响				操作码
			Cy	AC	OV	P	
1	ADD A, Rn	A←A+Rn	√	√	√	√	28H～2FH
2	ADD A, direct	A←A+(direct)	√	√	√	√	25H
3	ADD A, @Ri	A←A+(Ri)	√	√	√	√	26H，27H
4	ADD A, #data	A←A+data	√	√	√	√	24H
5	ADDC A, Rn	A←A+Rn+Cy	√	√	√	√	38H～3FH

235

（续）

序号	助记符	指令功能	对标志位影响				操作码
			Cy	AC	OV	P	
6	ADDC A, direct	A←A+(direct)+Cy	√	√	√	√	35H
7	ADDC A, @Ri	A←A+(Ri)+Cy	√	√	√	√	36H，37H
8	ADDC A, #data	A←A+data+Cy	√	√	√	√	34H
9	SUBB A, Rn	A←A-Rn-Cy	√	√	√	√	98H～9FH
10	SUBB A, direct	A←A-(direct)-Cy	√	√	√	√	95H
11	SUBB A, @Ri	A←A-(Ri)-Cy	√	√	√	√	96H，97H
12	SUBB A, #data	A←A-data-Cy	√	√	√	√	94H
13	INC A	A←A+1	×	×	×	√	04H
14	INC Rn	Rn←Rn+1	×	×	×	×	08H～0FH
15	INC direct	direct←(direct)+1	×	×	×	×	05H
16	INC @Ri	(Ri)←(Ri)+1	×	×	×	×	06H，07H
17	INC DPTR	DPTR←DPTR+1	×	×	×	×	A3H
18	DEC A	A←A-1	×	×	×	√	14H
19	DEC Rn	Rn←Rn-1	×	×	×	×	18H～1FH
20	DEC direct	direct←(direct)-1	×	×	×	×	15H
21	DEC @Ri	(Ri)←(Ri)-1	×	×	×	×	16H，17H
22	MUL AB	BA←A*B	0	×	√	√	A4H
23	DIV AB	A÷B=A···B	0	×	√	√	84H
24	DA A	对 A 进行 BCD 调正	√	√	√	√	D4H

逻辑运算和移位指令

序号	助记符	指令功能	对标志位影响				操作码
			Cy	AC	OV	P	
1	ANL A, Rn	A←A∧Rn	×	×	×	√	58H～5FH
2	ANL A, direct	A←A∧(direct)	×	×	×	√	55H
3	ANL A, @Ri	A←A∧(Ri)	×	×	×	√	56H～57H
4	ANL A, #data	A←A∧data	×	×	×	√	54H
5	ANL direct, A	direct←(direct)∧A	×	×	×	×	52H
6	ANL direct, #data	direct←(direct)∧data	×	×	×	×	53H
7	ORL A, Rn	A←A∨Rn	×	×	×	√	48H～4FH
8	ORL A, direct	A←A∨(direct)	×	×	×	√	45H
9	ORL A, @Ri	A←A∨Ri)	×	×	×	√	46H，47H
10	ORL A, #data	A←A∨data	×	×	×	√	44H
11	ORL direct, A	direct←(direct)∨A	×	×	×	×	42H
12	ORL direct, #data	direct←(direct)∨data	×	×	×	×	43H
13	XRL A, Rn	A←A⊕Rn	×	×	×	√	68H～6FH
14	XRL A, direct	A←A⊕(direct)	×	×	×	√	65H
15	XRL A, @Ri	A←A⊕(Ri)	×	×	×	√	66H，67H
16	XRL A, #data	A←A⊕data	×	×	×	√	64H
17	XRL direct, A	direct←(direct)⊕A	×	×	×	×	62H

（续）

序号	助记符	指令功能	对标志位影响				操作码
			Cy	AC	OV	P	
18	XRL　direct, #data	direct←(direct)⊕data	×	×	×	×	63H
19	CLR　A	A←0	×	×	×	√	E4H
20	CPL　A	A←$\overline{\text{A}}$	×	×	×	×	F4H
21	RL　A	A7←A0	×	×	×	×	23H
22	RR　A	A7→A0	×	×	×	×	03H
23	RLC　A	Cy—A7←A0	√	×	×	√	33H
24	RRC　A	Cy—A7→A0	√	×	×	√	13H
25	SWAP　A	A7-A4 A3-A0	×	×	×	×	C4H

控制转移指令

序号	助记符	指令功能	对标志位影响				操作码
			Cy	AC	OV	P	
1	AJMP　addr11	PC10～PC0←addr11	×	×	×	×	&0(1)
2	LJMP　addr16	PC←addr16	×	×	×	×	02H
3	SJMP　rel	PC←PC+2+rel	×	×	×	×	80H
4	JMP　@A+DPTR	PC←A+DPTR	×	×	×	×	73H
5	JZ　rel	若A=0, 则 PC←PC+2+rel 若A≠0, 则PC←PC+2	×	×	×	×	60H
6	JNZ　rel	若A≠0, 则 PC←PC+2+rel 若A=0, 则PC←PC+2	×	×	×	×	70H
7	CJNE　A, direct, rel	若A≠(direct), 则 PC←PC+3+rel 若A=(direct), 则 PC←PC+3 若A≥(direct), 则 Cy←0; 否则, Cy=1	√	×	×	×	B5H
8	CJNE　A, #data, rel	若A≠data, 则 PC←PC+3+rel 若A=data, 则 PC←PC+3 若A≥data, 则 Cy=0; 否则, Cy=1	√	×	×	×	B4H
9	CJNE　Rn, #data, rel	若Rn≠data, 则 PC←PC+3+rel 若Rn=data, 则 PC←PC+3 若Rn≥data, 则 Cy=0; 否则, Cy=1	√	×	×	×	B8H～BFH
10	CJNE　@Ri, #data, rel	若(Ri)≠data, 则 PC←PC+3+rel 若(Ri)=data, 则 PC←PC+3 若(Ri)≥data, 则 Cy=0; 否则, Cy=1	√	×	×	×	B6H, B7H
11	DJNZ　Rn, rel	若 Rn-1≠0, 则 PC←PC+2+rel 若 Rn-1=0, 则 PC←PC+2	×	×	×	×	D8H～DFH
12	DJNZ　direct, rel	若(direct)-1≠0, 则 PC←PC+3+rel 若(direct)-1=0, 则 PC←PC+3	×	×	×	×	D5H

（续）

序号	助记符	指令功能	对标志位影响				操作码
			Cy	AC	OV	P	
13	ACALL addr11	PC←PC+2 SP←SP+1, (SP)←PCL SP←SP+1, (SP)←PCH PC$_{10\sim0}$←addr11	×	×	×	×	&1(2)
14	LCALL addr16	PC←PC+3 SP←SP+1, (SP)←PCL SP←SP+1, (SP)←PCH PC$_{15\sim0}$←addr16	×	×	×	×	12H
15	RET	PCH←(SP), SP←SP-1 PCL←(SP), SP←SP-1	×	×	×	×	22H
16	RET1	PCH←(SP), SP←SP-1 PCL←(SP), SP←SP-1	×	×	×	×	32H
17	NOP	PC←PC+1 空操作	×	×	×	×	00H

位操作指令

序号	助记符	指令功能	对标志位影响				操作码
			Cy	AC	OV	P	
1	CLR C	Cy←0	√	×	×	×	C3H
2	CLR bit	bit←0	×	×	×	×	C2H
3	SETB C	Cy←1	×	×	×	×	D3H
4	SETB bit	bit←1	×	×	×	×	D2H
5	CPL C	Cy←$\overline{Cy}$	×	×	×	×	B3H
6	CPL bit	bit←$\overline{bit}$	×	×	×	×	B2H
7	ANL C, bit	Cy←Cy∧(bit)	×	×	×	×	82H
8	ANL C, /bit	Cy←Cy∧$\overline{bit}$	×	×	×	×	B0H
9	ORL C, bit	Cy←Cy∨(bit)	×	×	×	×	72H
10	ORL C, /bit	Cy←Cy∨$\overline{bit}$	×	×	×	×	A0H
11	MOV C, bit	Cy←(bit)	×	×	×	×	A2H
12	MOV bit, C	bit←Cy	×	×	×	×	92H
13	JC rel	若Cy=1, 则PC←PC+2+rel 若Cy=0, 则PC←PC+2	×	×	×	×	40H
14	JNC rel	若Cy=0, 则PC←PC+2+rel 若Cy=1, 则PC←PC+2	×	×	×	×	50H
15	JB bit, rel	若(bit)=1, 则PC←PC+3+rel 若(bit)=0, 则PC←PC+3	×	×	×	×	20H
16	JNB bit, rel	若(bit)=0, 则PC←PC+3+rel 若(bit)=1, 则PC←PC+3	×	×	×	×	30H
17	JBC bit, rel	若(bit)=1, 则PC←PC+3+rel 且 bit←0 若(bit)=0, 则PC←PC+2	×	×	×	×	10H

附录 C　MCS-51 系列单片机汇编语言指令表（B）

助记符		指令说明	字节数	周期数
		（数据传递类指令）		
MOV	A, Rn	寄存器传送到累加器	1	1
MOV	A, direct	直接地址传送到累加器	2	1
MOV	A, @Ri	累加器传送到外部 RAM（8 位地址）	1	1
MOV	A, #data	立即数传送到累加器	2	1
MOV	Rn, A	累加器传送到寄存器	1	1
MOV	Rn, direct	直接地址传送到寄存器	2	2
MOV	Rn, #data	累加器传送到直接地址	2	1
MOV	direct, Rn	寄存器传送到直接地址	2	1
MOV	direct, direct	直接地址传送到直接地址	3	2
MOV	direct, A	累加器传送到直接地址	2	1
MOV	direct, @Ri	间接 RAM 传送到直接地址	2	2
MOV	direct, #data	立即数传送到直接地址	3	2
MOV	@Ri, A	直接地址传送到直接地址	1	2
MOV	@Ri, direct	直接地址传送到间接 RAM	2	1
MOV	@Ri, #data	立即数传送到间接 RAM	2	2
MOV	DPTR, #data16	16 位常数加载到数据指针	3	1
MOVC	A, @A+DPTR	代码字节传送到累加器	1	2
MOVC	A, @A+PC	代码字节传送到累加器	1	2
MOVX	A, @Ri	外部 RAM（8 位地址）传送到累加器	1	2
MOVX	A, @DPTR	外部 RAM（16 位地址）传送到累加器	1	2
MOVX	@Ri, A	累加器传送到外部 RAM（8 位地址）	1	2
MOVX	@DPTR, A	累加器传送到外部 RAM（16 位地址）	1	2
PUSH	direct	直接地址压入堆栈	2	2
POP	direct	直接地址弹出堆栈	2	2
XCH	A, Rn	寄存器和累加器交换	1	1
XCH	A, direct	直接地址和累加器交换	2	1
XCH	A, @Ri	间接 RAM 和累加器交换	1	1
XCHD	A, @Ri	间接 RAM 和累加器交换低 4 位字节	1	1
		（算术运算类指令）		
INC	A	累加器加 1	1	1
INC	Rn	寄存器加 1	1	1
INC	direct	直接地址加 1	2	1
INC	@Ri	间接 RAM 加 1	1	1
INC	DPTR	数据指针加 1	1	2
DEC	A	累加器减 1	1	1
DEC	Rn	寄存器减 1	1	1
DEC	direct	直接地址减 1	2	2
DEC	@Ri	间接 RAM 减 1	1	1
MUL	AB	累加器和 B 寄存器相乘	1	4
DIV	AB	累加器除以 B 寄存器	1	4
DA	A	累加器十进制调整	1	1
ADD	A, Rn	寄存器与累加器求和	1	1
ADD	A, direct	直接地址与累加器求和	2	1
ADD	A, @Ri	间接 RAM 与累加器求和	1	1

（续）

	助记符		指令说明	字节数	周期数
ADD	A, #data		立即数与累加器求和	2	1
ADDC	A, Rn		寄存器与累加器求和（带进位）	1	1
ADDC	A, direct		直接地址与累加器求和（带进位）	2	1
ADDC	A, @Ri		间接 RAM 与累加器求和（带进位）	1	1
ADDC	A, #data		立即数与累加器求和（带进位）	2	1
SUBB	A, Rn		累加器减去寄存器（带借位）	1	1
SUBB	A, direct		累加器减去直接地址（带借位）	2	1
SUBB	A, @Ri		累加器减去间接 RAM（带借位）	1	1
SUBB	A, #data		累加器减去立即数（带借位）	2	1
（逻辑运算类指令）					
ANL	A, Rn		寄存器"与"到累加器	1	1
ANL	A, direct		直接地址"与"到累加器	2	1
ANL	A, @Ri		间接 RAM "与"到累加器	1	1
ANL	A, #data		立即数"与"到累加器	2	1
ANL	direct, A		累加器"与"到直接地址	2	1
ANL	direct, #data		立即数"与"到直接地址	3	2
ORL	A, Rn		寄存器"或"到累加器	1	2
ORL	A, direct		直接地址"或"到累加器	2	1
ORL	A, @Ri		间接 RAM "或"到累加器	1	1
ORL	A, #data		立即数"或"到累加器	2	1
ORL	direct, A		累加器"或"到直接地址	2	1
ORL	direct, #data		立即数"或"到直接地址	3	1
XRL	A, Rn		寄存器"异或"到累加器	1	2
XRL	A, direct		直接地址"异或"到累加器	2	1
XRL	A, @Ri		间接 RAM "异或"到累加器	1	1
XRL	A, #data		立即数"异或"到累加器	2	1
XRL	direct, A		累加器"异或"到直接地址	2	1
XRL	direct, #data		立即数"异或"到直接地址	3	1
CLR	A		累加器清零	1	2
CPL	A		累加器求反	1	1
RL	A		累加器循环左移	1	1
RLC	A		带进位累加器循环左移	1	1
RR	A		累加器循环右移	1	1
RRC	A		带进位累加器循环右移	1	1
SWAP	A		累加器高、低 4 位交换	1	1
（控制转移类指令）					
JMP	@A+DPTR		相对 DPTR 的无条件间接转移	1	2
JZ	rel		累加器为 0 则转移	2	2
JNZ	rel		累加器为 1 则转移	2	2
CJNE	A, direct, rel		比较直接地址和累加器，不相等转移	3	2
CJNE	A, #data, rel		比较立即数和累加器，不相等转移	3	2
CJNE	Rn, #data, rel		比较寄存器和立即数，不相等转移	2	2
CJNE	@Ri, #data, rel		比较立即数和间接 RAM，不相等转移	3	2
DJNZ	Rn, rel		寄存器减 1，不为 0 则转移	3	2
DJNZ	direct, rel		直接地址减 1，不为 0 则转移	3	2
NOP			空操作，用于短暂延时	1	1
ACALL	add11		绝对调用子程序	2	2

（续）

助记符		指令说明	字节数	周期数
LCALL	add16	长调用子程序	3	2
RET		从子程序返回	1	2
RETI		从中断服务子程序返回	1	2
AJMP	add11	无条件绝对转移	2	2
LJMP	add16	无条件长转移	3	2
SJMP	rel	无条件相对转移	2	2
（布尔指令）				
CLR	C	清进位位	1	1
CLR	bit	清直接寻址位	2	1
SETB	C	置位进位位	1	1
SETB	bit	置位直接寻址位	2	1
CPL	C	取反进位位	1	1
CPL	bit	取反直接寻址位	2	1
ANL	C, bit	直接寻址位"与"到进位位	2	2
ANL	C, /bit	直接寻址位的反码"与"到进位位	2	2
ORL	C, bit	直接寻址位"或"到进位位	2	2
ORL	C, /bit	直接寻址位的反码"或"到进位位	2	2
MOV	C, bit	直接寻址位传送到进位位	2	1
MOV	bit, C	进位位位传送到直接寻址	2	2
JC	rel	如果进位位为1则转移	2	2
JNC	rel	如果进位位为0则转移	2	2
JB	bit, rel	如果直接寻址位为1则转移	3	2
JNB	bit, rel	如果直接寻址位为0则转移	3	2
JBC	bit, rel	直接寻址位为1则转移并清除该位	2	2
（伪指令）				
ORG		指明程序的开始位置		
DB		定义数据表		
DW		定义16位的地址表		
EQU		给一个表达式或一个字符串起名		
DATA		给一个8位的内部RAM起名		
XDATA		给一个8位的外部RAM起名		
BIT		给一个可位寻址的位单元起名		
END		指出源程序到此为止		

（指令中的符号标识）

符号	说明
Rn	工作寄存器R0~R7
Ri	工作寄存器R0和R1
@Ri	间接寻址的8位RAM单元地址（00H~FFH）
#data8	8位常数
#data16	16位常数
addr16	16位目标地址，能转移或调用到64KB ROM的任何地方
addr11	11位目标地址，在下条指令的2KB范围内转移或调用
Rel	8位偏移量，用于SJMP和所有条件转移指令，范围为-128~+127
Bit	片内RAM中的可寻址位和SFR的可寻址位
Direct	直接地址，范围片内RAM单元（00H~7FH）和80H~FFH
$	指本条指令的起始位置

241

参 考 文 献

[1] 林立, 张俊亮. 单片机原理及应用——基于 Proteus 和 Keil C[M]. 3 版. 北京: 电子工业出版社, 2017.

[2] 赵德安. 单片机原理与应用[M]. 2 版. 北京: 机械工业出版社, 2015.

[3] 陈桂友, 等. 单片机应用技术基础[M]. 北京: 机械工业出版社, 2015.

[4] 卞晓晓, 等. 基于 MSP430 单片机原理及应用[M]. 西安: 西安电子科技大学出版社, 2015.

[5] 吴险峰. 单片机基础技能实战[M]. 西安: 西北工业大学出版社, 2016.

[6] 谭浩强. C 程序设计[M]. 4 版. 北京: 清华大学出版社, 2010.

[7] 李晓林, 等. 单片机原理与接口技术[M]. 3 版. 北京: 电子工业出版社, 2015.

[8] 张志良. 单片机原理与控制技术——双解汇编和 C51[M]. 3 版. 北京: 机械工业出版社, 2013.

[9] 张毅刚, 等. 单片机原理及接口技术[M]. 北京: 人民邮电出版社, 2011.

[10] 陈忠平, 等. 单片机原理及接口[M]. 2 版. 北京: 清华大学出版社, 2011.